中央高校基本科研业务费专项资金项目（项目编号：3142015024）
河北省物联网监控工程技术研究中心项目（项目编号：3142016020）
高等院校数据科学与大数据专业“互联网+”创新规划教材

Python 机器学习教程

顾 涛 主 编

苏瑜蓉 副主编

内 容 简 介

本书采用通俗易懂的语言深入浅出地介绍了 Python 核心语法结构及程序设计方法。全书贯穿使用单相接地故障分类的具体工程案例，详细地介绍了 Python 机器学习所涉及的基本概念、算法及编程实现。本书采用案例教学，以案例驱动学习，论述具体问题。本书适用范围广，既适合零基础编程经验的读者学习，也适合具有高级编程经验的读者参考使用。通过对本书的学习可以快速、系统地掌握 Python 程序开发方法和机器学习编程技术。全书突出工程应用，理论联系实际，具有很强的实用性。

本书可作为高等院校物联网工程、自动化、计算机科学与技术等相关专业的教学用书，也可作为相关工程技术人员的参考用书。

图书在版编目（CIP）数据

Python 机器学习教程/顾涛主编. —北京：北京大学出版社，2021.6

高等院校数据科学与大数据专业“互联网+”创新规划教材

ISBN 978-7-301-32218-5

Ⅰ.①P… Ⅱ.①顾… Ⅲ.①软件工具—程序设计—高等学校—教材 Ⅳ.①TP311.561

中国版本图书馆 CIP 数据核字（2021）第 101214 号

书　　名　Python 机器学习教程
Python JIQI XUEXI JIAOCHENG

著作责任者　顾　涛　主编

策划编辑　郑　双

责任编辑　郑　双

数字编辑　蒙俞材

标准书号　ISBN 978-7-301-32218-5

出版发行　北京大学出版社

地　　址　北京市海淀区成府路 205 号　100871

网　　址　http://www.pup.cn　新浪微博：@北京大学出版社

电子信箱　pup_6@163.com

电　　话　邮购部 010-62752015　发行部 010-62750672　编辑部 010-62750667

印 刷 者　大厂回族自治县彩虹印刷有限公司

经 销 者　新华书店

787 毫米×1092 毫米　16 开本　16.5 印张　396 千字

2021 年 6 月第 1 版　2021 年 6 月第 1 次印刷

定　　价　49.00 元

前　言

人类的发展历史就是一部宏伟的改造自然、创造工具的历史。人类通过自己的实践和智慧，不断改进生产工具，创造全新的、从未有过的工具，不断提高人类的生产效率。人类将智慧投入各类工具中。在计算机技术飞速发展的今天，人工智能(Artificial Intelligence，AI)技术获得了很大进展。1956 年夏，麦卡赛、明斯基、罗切斯特和香农等科学家共同研究和探讨了用机器模拟智能的一系列重大问题，并首次正式提出了“人工智能”这一概念，标志着一门新兴学科的诞生。在 20 世纪 70 年代，人工智能就被称为“世界三大尖端技术之一”，其他两个是空间技术和能源技术。即便在科技发展日新月异的 21 世纪，人工智能仍位列三大尖端技术之一，其他两个是基因工程和纳米科学。近 30 年来，人工智能在各个方面获得了广泛应用，取得了丰硕的成果。最典型的案例是 1997 年 5 月，IBM(国际商业机器公司)的“深蓝”超级计算机战胜了人类象棋大师加里·卡斯帕罗夫，以及 2016 年 3 月，谷歌的 AlphaGo 战胜了世界围棋冠军李世石。

这里有必要谈一下 AlphaGo。AlphaGo 的本质是一套人工智能程序，其利用神经网络、深度学习、蒙特卡洛树搜索等算法来完成围棋下子。在 AlphaGo 基础上升级了神经网络算法，升级后的 AlphaGo Zero 具有自学习功能，而且 AlphaGo Zero 利用自学习机制居然可以打败 AlphaGo！这一系列事件震惊了围棋界，世界围棋冠军柯洁曾惊叹，“在我看来它就是围棋上帝，能够打败一切”“对于 AlphaGo 的自我进步来讲，人类太多余了”。可以说人工智能技术在围棋领域内大放光彩，已经远远地将人类甩在后面。从某种意义上说，人类用机器战胜了自己。

机器学习是一门交叉学科，其研究内容主要是模拟或实现人类的学习行为，通过学习能够不断改善自身的性能以达到最优。机器学习是人工智能技术的核心，是使机器具有智能的根本实现途径。常见的机器学习算法有决策树、随机森林、人工神经网络、贝叶斯学习、支持向量机、弱学习器等。近年来提出的深度学习是机器学习中的热点研究内容之一，其在数据搜索、数据挖掘、图像识别、自然语言处理等领域取得了非凡成果。深度学习解决了很多复杂的模式识别难题，使人工智能技术获得质的飞越。可以说机器学习是最具有前途的研究领域之一。

本书结合配电网监测数据的不同机器学习分类案例，从分类曲线和泛化能力等方面评价算法效果，让读者对算法的选择有更直观的感受和领悟。全书共分 9 章。第 1 章 Python 概述及使用，介绍 Python 安装、使用及 CSV 文件使用方法。第 2 章 Python 特色数据类型与常用函数，介绍 Python 注释、元组、列表、字典、集合的概念及常用函数的使用。第 3 章 Python 语句控制及函数定义，介绍 Python 语句的分支结构和循环结构，以及函数的定义。第 4 章 Python 类、异常处理、文件，介绍 Python 类的概念与使用、异常处理方法及文件操作。第 5 章 Python 数据处理与绘图，介绍 numpy 数组、scipy 包、pandas 包、matplotlib 包的使用，以及 SQLite 操作命令。第 6 章图形用户界面设计、二维码与程序打包，介绍图形用户界面交互的必要编程知识。第 7 章 Anaconda 使用、数据分割与训练，介绍在 Python 集成开发环境 Anaconda 下进行项目快速开发。第 8 章有监督机器学习，介绍 k-近邻回归、线性回归、岭回归、Lossa 回归、Logistic 回归、线性支持向量机、决策树分类、随机森林算法、神经网络算法、核-SVM 算法、集成学习算法、弱学习机分类器算法。第 9 章无监督学习与模型泛化，介绍 k-均值聚类算法、交叉验证方法，以及提高分类器性能的参数网格搜索优化方法等内容。为了帮助读者对每章关键内容做更深入的理解与掌握，每章的最后均附有一定数目的练习题，供读者自我测试。

本书内容丰富，章节安排合理，结构紧凑，理论联系实际，具有极高的使用和参考价值。本书适合作为高等院校计算机及相关专业的教学用书，也可作为有意愿涉足机器学习领域的人员的入门与提高书籍。知识学习触类旁通，祝各位读者开卷有益。由于水平所限，书中难免存在不足和不妥之处，恳请广大读者批评指正。

本书出版受到中央高校基本科研业务费专项资金项目（项目编号：3142015024）和河北省物联网监控工程技术研究中心项目（项目编号：3142016020）资助。研究生苏瑜蓉同学组编了每章最后的习题和答案以及每章的二维码资源，并对部分章节内容做了补充。我的妻子李旭博士默默无闻地给予我大力支持，在幕后做了很多工作。本书个别内容引用了网上相关的图片资源，在此向相关作者一并表示感谢！

顾涛

2020 年 11 月 22 日

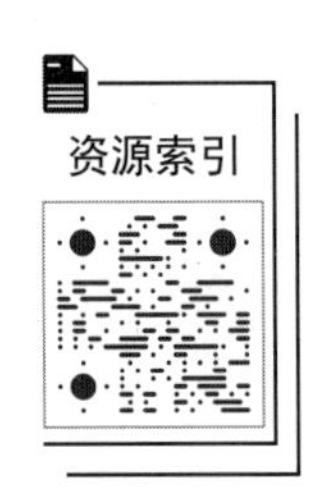

目　　录

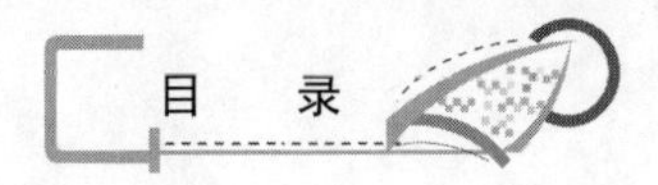
目 录

第 1 章

Python 概述及使用

荷兰人吉多·范罗苏姆(Guido van Rossum)是一位计算机领域的杰出人物，他参与设计了一种用于教学的 ABC 语言。尽管 ABC 语言非常优美且功能强大，但并没有获得成功。于是吉多一直在琢磨其失败的原因，并想开发出一款更为优秀的程序设计语言。这种思想一直占据着他的脑海，直到 1989 年的圣诞节，他决心付之行动。经过持续奋战，他开发出一款新的脚本解释程序，并将其命名为 Python。该名称取自英国 20 世纪 70 年代首播的电视喜剧《蒙提·派森的飞行马戏团》(*Monty Python's Flying Circus*)。

如今，Python 已发展成为一种开源的、解释型的、面向对象的编程语言，拥有大量的库，可广泛应用于网络编程、科学计算等各种应用程序的开发。

本章建议 2 个学时。

教学目标

- 了解 Python 语言特点。
- 会下载安装 Python 语言开发环境。
- 掌握 Python 语言程序运行方式。

教学要求

知识要点	能力要求	相关知识
Python 语言特点	(1) 语言特点; (2) Python 库	Python 库的概念
Python 安装	(1) 下载地址确定; (2) 安装运行	Python 库的安装方法
Python 程序运行	(1) 控制台运行方式; (2) 文件运行方式	语言缩进

推荐阅读资料

1. https://www.runoob.com/python/python-tutorial.html (Python 基础教程)
2. https://www.runoob.com/python/python-100-examples.html (Python 环境搭建)
3. https://www.python.org/downloads/windows

引例

编程语言学习选择

很多读者在选择学习一门编程语言前，总会有些疑问：学习这门编程语言有什么用处？能否用这门编程语言找到心仪的工作？要获得答案，首先需要读者明白自己学习某编程语言的目的是什么。这里给出一些建议：①如果准备从事嵌入式系统开发，则必须学习C、C++甚至汇编语言，这些语言是操纵底层硬件的不二选择；②如果准备从事游戏开发、移动应用、桌面应用、Web 服务、服务器应用程序开发，则 C#、C++是首选；③如果准备从事 Web 前端设计，则 Java、JavaScript、PHP、HTML 等是必须要掌握的；④如果准备从事苹果平台软件设计，则可以学习 Swift 语言；⑤如果准备从事后台服务设计，SQL、Oracle、IBM DB2 等数据库语言都需要学习；⑥如果准备从事应用程序开发、算法设计、机器学习领域，则 Python 可以胜任。

总之，嵌入式、前端、后台、应用程序这几大块，就看读者如何选择发展方向了。当方向确定后，努力掌握相应的几门编程语言，那么离实现自己的目标也就不远了。

1.1　Python 的特点

Python 的特点主要表现在以下几个方面。

1. 简单

Python 是一种简约主义编程思想语言，语法格式错落有致，改进了 C 语言大括号带来的语句摆放的随意性。阅读一段规范书写的 Python 程序，会让人感觉其结构清晰，易于理解。程序开发者可以更专注于解决问题的算法设计，而不是被语言格式搞得稀里糊涂。

2. 易学

Python 语言极其容易上手，说明文档简单明了。

3. 速度快

Python 的底层是用 C 语言编写的，很多标准库和第三方库也都是用 C 语言编写的，运行速度非常快。

4. 免费、开源

Python 语言是自由/开放源码软件(Free/Libre and Open Source Software，FLOSS)之一。使用者可以自由地发布软件拷贝、阅读它的源代码、改动代码、把它的一部分用于新的自由软件中。

5. 高层语言

用 Python 语言编写程序的时候无须考虑程序使用中的底层细节。

6. 可移植性

Python 程序可以移植到许多平台上运行，这些平台包括 Linux、Windows、FreeBSD、Macintosh、Solaris、OS/2、Amiga、AROS、AS/400、BeOS、OS/390、z/OS、Palm OS、QNX、VMS、Psion、Acom RISC OS、VxWorks、PlayStation、Sharp Zaurus、Windows CE、Pocket PC、Symbian，以及 Google 基于 Linux 开发的 Android 平台。

7. 解释型

Python 语言采用解释型方式运行，可以直接从源代码运行程序。

在计算机内部，Python 解释器把源代码转换成被称为字节码的中间形式，然后再把它翻译成计算机使用的机器语言并运行。这种方式使得 Python 使用起来更加简单，也使得 Python 程序更加易于移植。

8. 面向对象

Python 语言既支持面向过程的编程，也支持面向对象的编程。在面向过程的编程语言中，程序是由过程或仅仅是由可重用代码的函数构建起来的。在面向对象的编程语言中，程序是由数据和功能(过程)组合而成的对象构建起来的。

9. 可扩展性

Python 程序可以调用 C 语言类程序、MATLAB 等程序设计语言。

10. 可嵌入性

可以把 Python 嵌入到 C/C++程序中，从而向程序用户提供脚本功能。

11. 丰富的功能库

Python 语言之所以易学，就在于它丰富的库。它可以帮助处理各种工作，包括正则表达式、文档生成、单元测试、线程、数据库、网页浏览器、公共网关接口、文件传输、电子邮件、XML、XML-RPC、HTML、密码系统、图形用户界面、Tk 及其他与系统有关的操作。本书后面章节将介绍机器学习库的功能与使用。

1.2　下载与安装 Python

Python 有多个版本，这里我们下载 3.0 以上版本。Python 支持多平台操作系统，本书基于 Windows 10 和 Python 3.7 构建开发环境。

1.2.1　下载 Python

(1) 输入网址。打开浏览器，在地址栏中输入“https://www.python.org/downloads/windows”，按回车键，打开 Python 下载网站界面，如图 1.1 所示(因网页更新等情况，读者打开的网页可能与书中介绍的略有不同)。

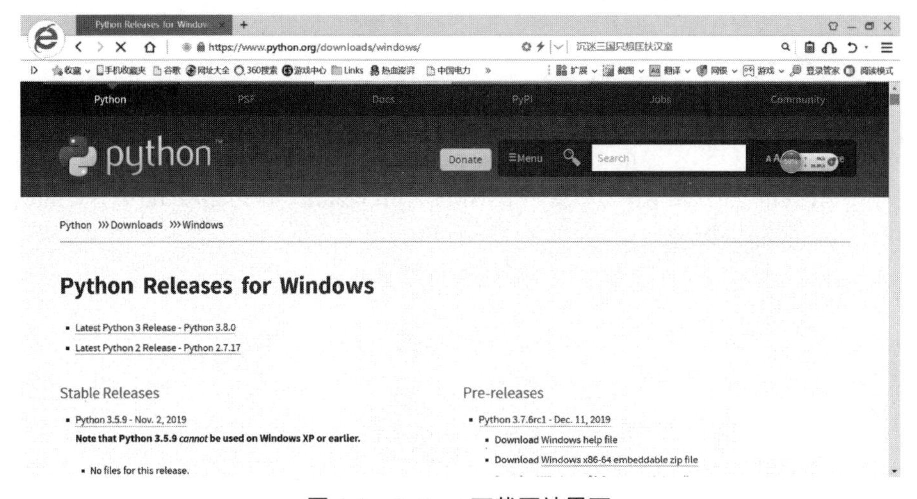

图 1.1　Python 下载网站界面

(2) 选择下载列表中的“Download Windows x86-64 executable installer”安装包，如图 1.2 所示。

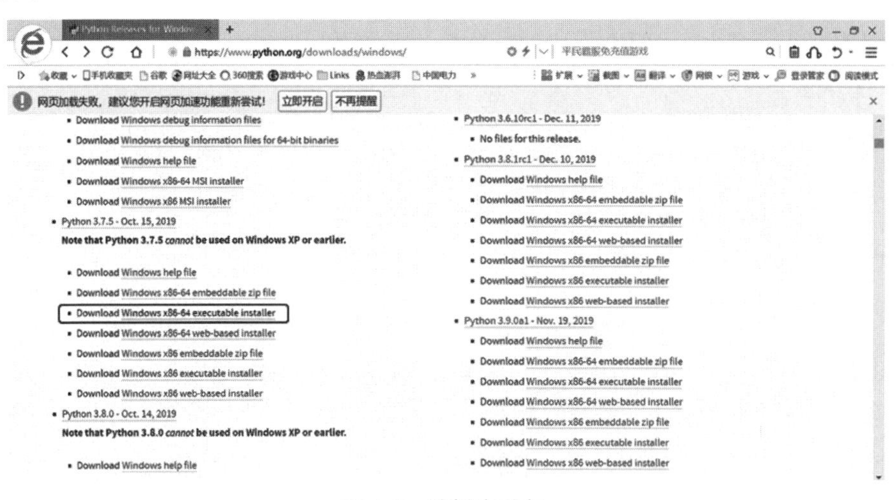

图 1.2　选择安装包

(3) 下载 Python 3.7.5 安装包，大小为 25.54MB，如图 1.3 所示。

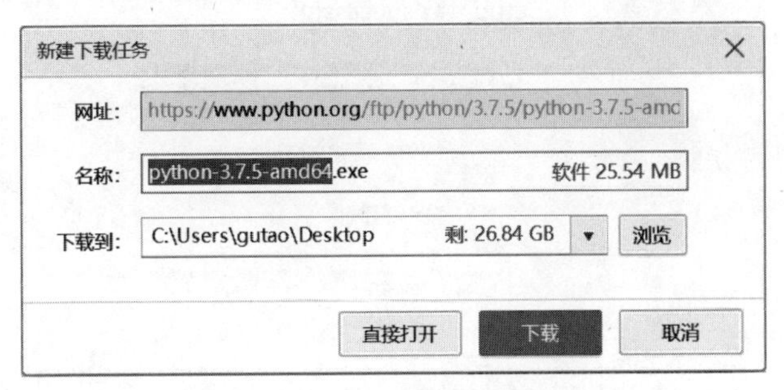

图 1.3　下载安装包

1.2.2　安装 Python

(1) 运行 python-3.7.5-amd64.exe 可执行文件，打开安装界面，如图 1.4 所示。

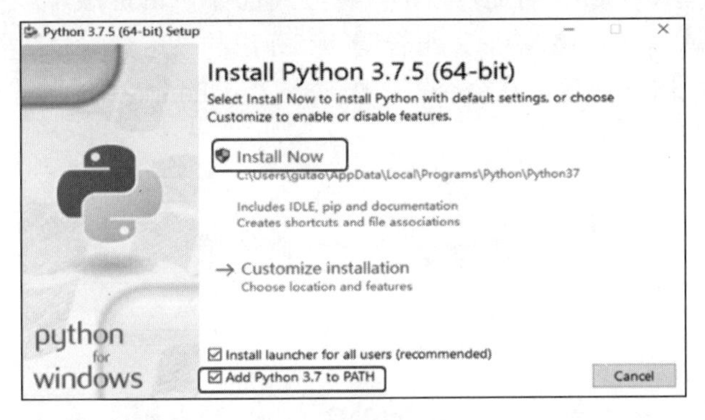

图 1.4　安装界面

(2) 一定要选中“Add Python 3.7 to PATH”复选框，添加路径，让使用命令方式更简单。单击“Install Now”，开始安装 Python，如图 1.5 所示。

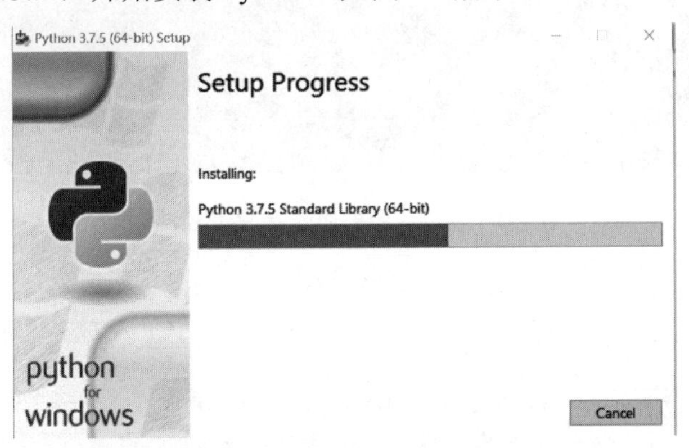

图 1.5　Python 安装进度指示

(3) 出现如图 1.6 所示的界面，说明 Python 安装成功。

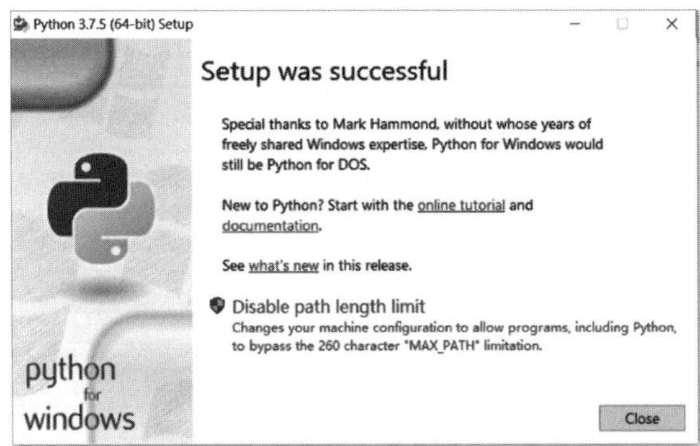

图 1.6　Python 安装成功

1.2.3　查看 Python 版本

若之前已下载过 Python，可通过以下两种方式查看 Python 版本。

(1) 在 Windows 系统中按 Win+R 组合键，在弹出的“运行”对话框中输入“cmd”来打开命令窗口，如图 1.7 所示。在命令窗口中输入“python -V”命令，即可查看所使用的 Python 版本，如图 1.8 所示。

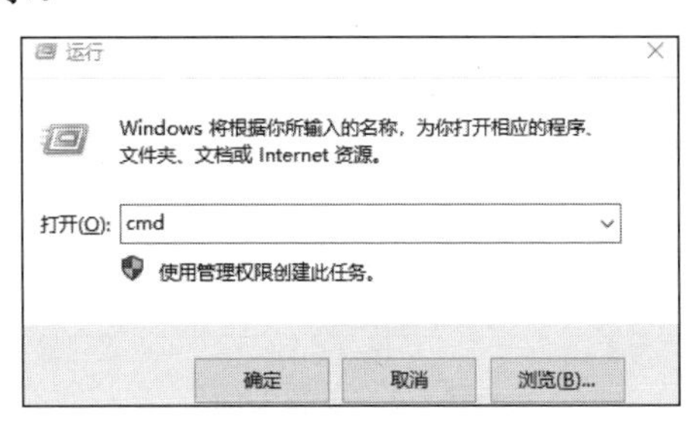

图 1.7　“运行”对话框

图 1.8　通过命令窗口查看 Python 版本

(2) 在 Python 的控制台窗口查看 Python 版本，如图 1.9 所示。

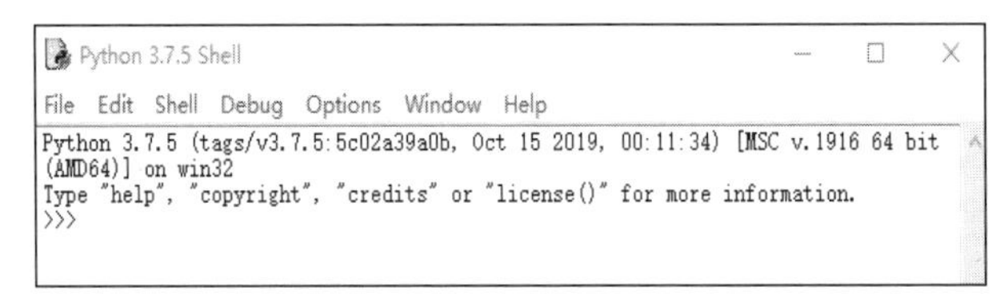

图 1.9　通过控制台窗口查看 Python 版本

1.3　Python 程序运行

Python 程序运行

Python 程序运行有多种方法，下面简单介绍其中的 3 种。

1.3.1　在控制台窗口中运行

打开 Python 的集成开发环境(Integrated DeveLopment Environment，IDLE)，在控制台窗口中输入“print('Hello,world! ')”，按回车键，即可以运行该语句，如图 1.10 所示。

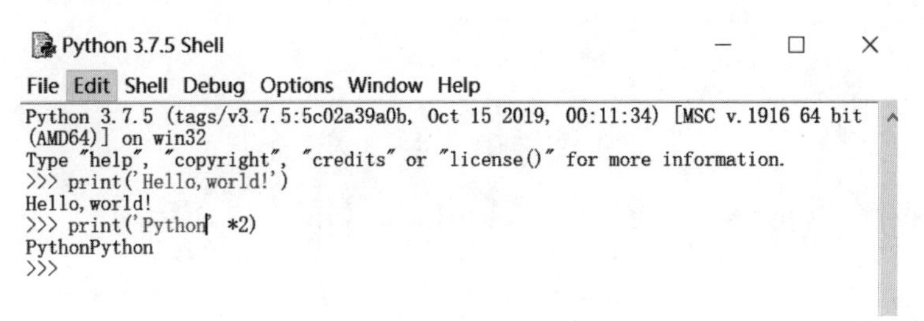

图 1.10　在控制台窗口中运行 1

注意，“>>>”符号是 Python 的命令提示符，用户输入的语句在其之后，按回车键后该语句被执行。

接着输入“print('Python' *2)”，按回车键，观察输出结果。

在控制台窗口中输入较为复杂的语句，如图 1.11 所示。

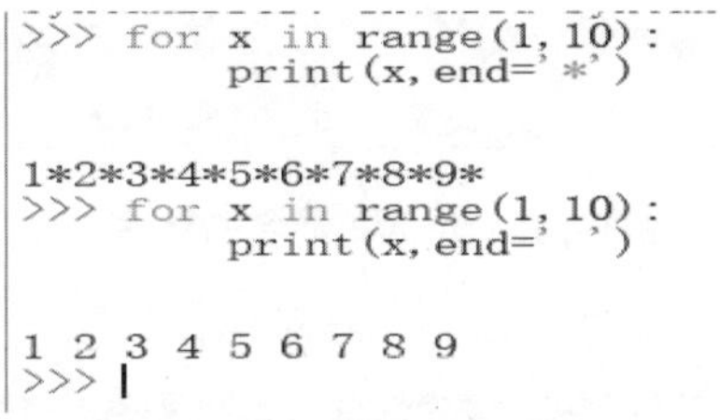

```
>>> for x in range(1,10):
        print(x,end='*')


1*2*3*4*5*6*7*8*9*
>>> for x in range(1,10):
        print(x,end=' ')


1 2 3 4 5 6 7 8 9
>>>
```

图 1.11　在控制台窗口中运行 2

```
for x in range(1,10):
    print(x,end=' ')      #输出值之间间隔用空格表示
```

Python 语言要求语句分层次，注意缩进。如果缩进不对，在调试程序时经常会出现语法错误提示。

观察语句运行的输出结果，能体会到 Python 语言简洁的特点。以上几个小例子，是一种交互运行方式，不适合大规模程序运行，输入的语句执行后，无法保存。编程者可以利用文本编辑器，将程序语句保存为.py 文件，然后通过 Python 解释器编译执行。

1.3.2 文件方式运行

正常情况下，一般使用 IDLE 编写和执行 Python 程序。选择“File”→“New”命令，新建一个文件，输入以下语句，如图 1.12 所示。

```
from math import sin
y=sin(2*3.14)
print(y)
```

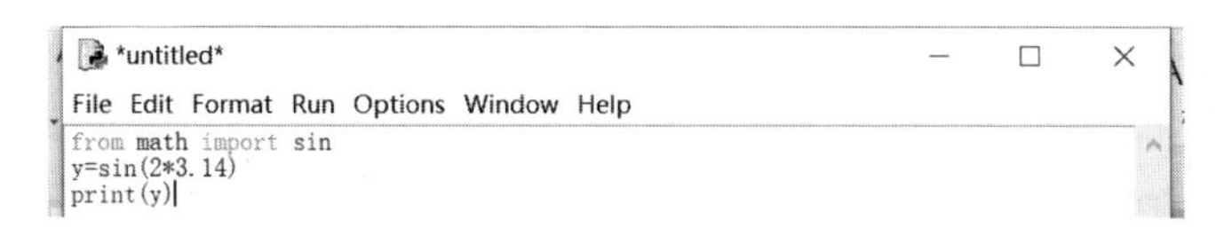

图 1.12 新建文件并输入语句

将文件保存为以.py 为扩展名的文件 chap1.py，如图 1.13 所示。

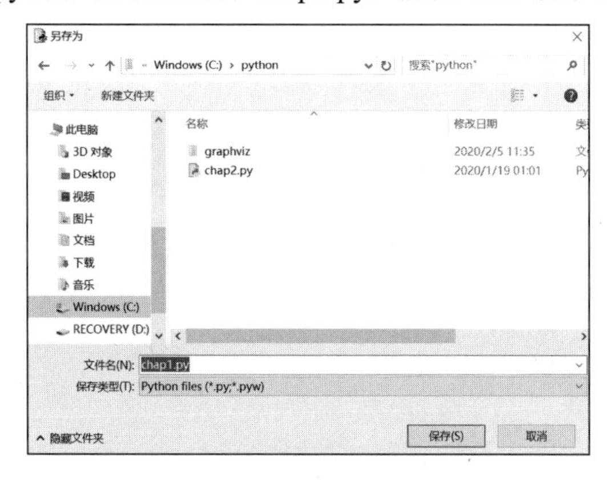

图 1.13 保存为以.py 为扩展名的文件

选择“Run”→“Run Module”命令，即可运行程序，如图 1.14 所示。

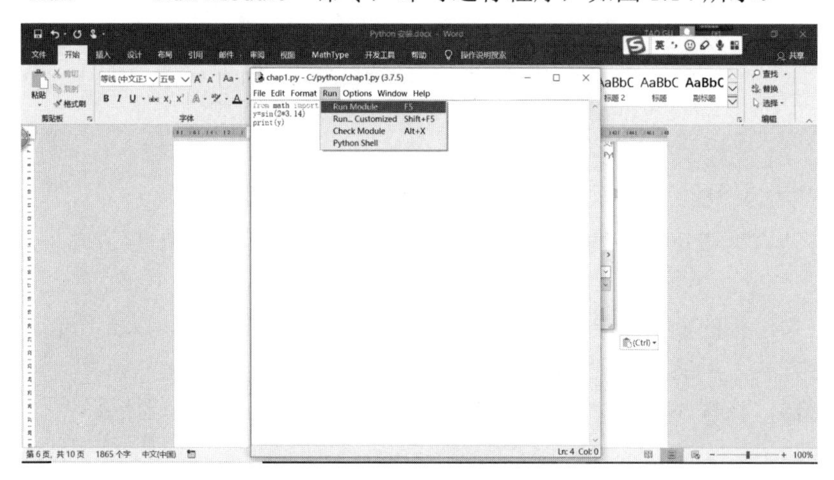

图 1.14 运行 Python 程序

运行结果如图 1.15 所示。注意，由于 3.14 不是 π，故结果不是 0。

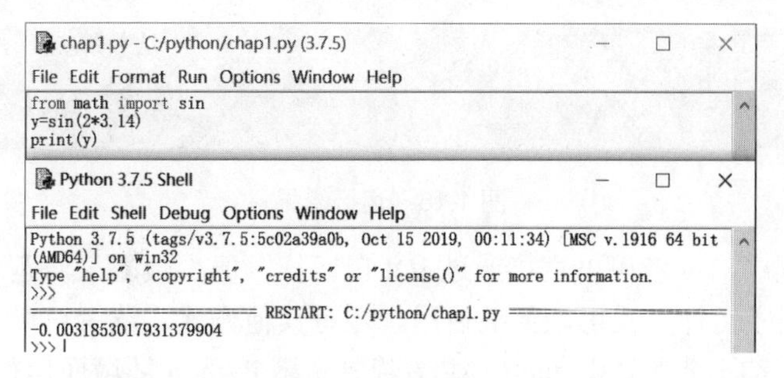

图 1.15　程序运行结果

这种程序运行方式适合规模比较大的模块化开发程序运行，但在控制台窗口中直接输入 Python 语句可以边输入边调试，具有一定的灵活性。

1.3.3　在终端窗口中运行

在 Windows 系统中，还可以从终端运行 Python 程序。通过 1.2.3 节中所述方法打开命令窗口，可使用命令 cd 进行文件系统导航，使用命令 dir 列出当前目录下的所有文件名。下面以运行 hello_world.py 程序文件为例进行演示。注意，cd 命令其实是磁盘操作系统(Disk Operating System，DOS)下的文件目录访问命令，dir 命令是 DOS 下目录和文件列表命令。

在命令窗口中输入“cd C:\Users\Administrator\AppData\Local\Programs\Python\Python37”命令，使当前路径处于 hello_world.py 文件所在目录下，如图 1.16 所示。

图 1.16　文件系统导航

输入“dir”命令，查看当前目录下是否包含 hello_world.py 文件，如图 1.17 所示。可以看到当前目录下存在所需运行的文件。

```
C:\Users\Administrator\AppData\Local\Programs\Python\Python37>dir
 驱动器 C 中的卷是 Win10
 卷的序列号是 0006-F0BB

 C:\Users\Administrator\AppData\Local\Programs\Python\Python37 的目录

2020/07/29  11:46    <DIR>          .
2020/07/29  11:46    <DIR>          ..
2020/05/20  21:45               473 cifang.py
2020/05/19  16:28    <DIR>          DLLs
2020/05/19  16:27    <DIR>          Doc
2020/07/29  11:46                23 hello_world.py
2020/05/19  16:27    <DIR>          include
2020/05/19  16:28    <DIR>          Lib
2020/05/19  16:28    <DIR>          libs
2019/10/15  00:14            30,188 LICENSE.txt
2019/10/15  00:14           711,270 NEWS.txt
2020/07/28  19:27         1,490,666 pip-20.1.1-py2.py3-none-any.whl
2019/10/15  00:12            99,856 python.exe
2019/10/15  00:12            58,896 python3.dll
2019/10/15  00:12         3,748,880 python37.dll
2019/10/15  00:12            98,320 pythonw.exe
2020/07/28  20:15    <DIR>          Scripts
2020/05/19  16:28    <DIR>          tcl
2020/05/19  16:27    <DIR>          Tools
2019/10/14  23:04            89,752 vcruntime140.dll
              10 个文件      6,328,324 字节
              10 个目录 16,200,798,208 可用字节

C:\Users\Administrator\AppData\Local\Programs\Python\Python37>
```

图 1.17　当前目录下文件

输入“python hello_world.py”命令，运行程序文件，运行结果如图 1.18 所示。

图 1.18　运行结果

对于大多数程序，读者可以直接通过 IDLE 运行，但少数复杂问题可能需要从终端运行。3 种不同的程序运行方式可以灵活使用。还有其他方式，读者可以自己试试。以上这几种运行方式其实都不能脱离 Python 环境，若要脱离 Python 环境而运行自己开发的程序，还需要其他辅助包完成，这一点留在后面的相关章节介绍。

CSV 文件的建立

1.4　CSV 文件

1.4.1　CSV 文件的建立

逗号分隔符(Comma-Separated Values，CSV)格式文件，每个字段之间用逗号分隔，文件扩展名是 csv，其文件以纯文本形式来存储表格数据(数字和文本)。Python 可以直接对此文件格式进行读取操作。后面用到的数据采用的就是这种格式的文件。如何构建 CSV 文件呢？可以在 Windows 中先打开一个记事本或其他文本编辑软件，直接输入数据，用逗号分隔，如图 1.19 所示。需要注意的是，对于逗号的输入，一定是英文输入环境下的半角逗号。

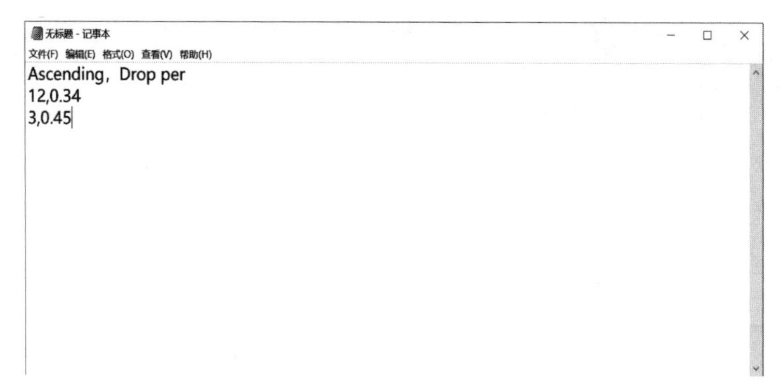

图 1.19　建立文本输入数据

在构建 CSV 文件时，需要注意以下几点。

(1) 通常，存储的数据由记录组成，典型的是每行一条记录。

(2) 开头不留空格，一行数据不能跨行输入。

(3) 使用半角逗号作为分隔符。

(4) 若数据包含列名，应居于文件第一行。

输入完毕后，按图 1.20 所示的方法保存即可形成 CSV 格式的文件。

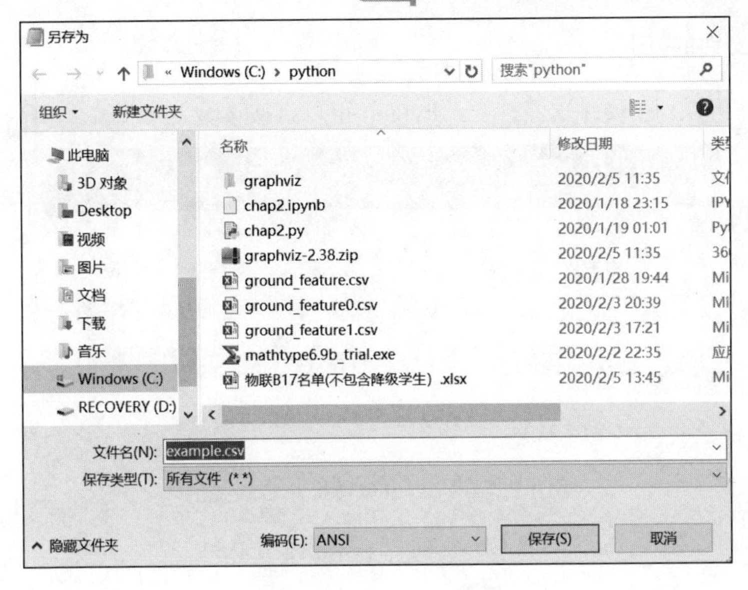

图 1.20　CSV 文件保存

保存后的 CSV 文件，其具体内容如图 1.21 所示。

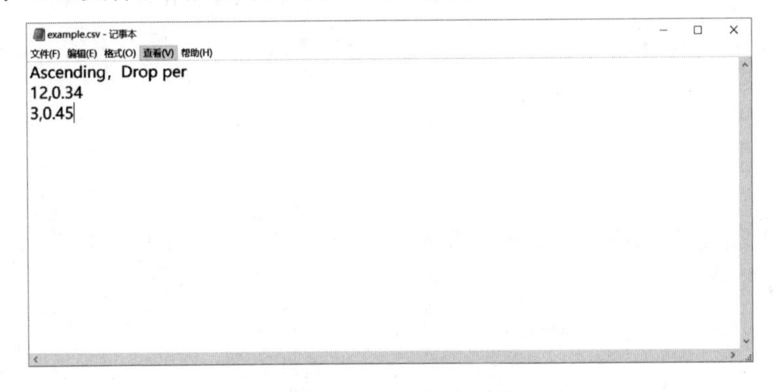

图 1.21　CSV 文件内容

在 C:\python 目录下，可以看到生成的 CSV 文件，如图 1.22 所示。

名称	修改日期	类型	大小
物联B17名单(不包含降级学生) .xlsx	2020/2/5 13:45	Microsoft Excel 工...	17 KB
mathtype6.9b_trial.exe	2020/2/2 22:35	应用程序	10,103 KB
ground_feature1.csv	2020/2/3 17:21	Microsoft Excel 逗...	1 KB
ground_feature0.csv	2020/2/3 20:39	Microsoft Excel 逗...	1 KB
ground_feature.csv	2020/1/28 19:44	Microsoft Excel 逗...	1 KB
graphviz-2.38.zip	2020/2/5 11:35	360压缩 ZIP 文件	50,689 KB
example.csv	2020/2/8 18:01	Microsoft Excel 逗...	1 KB
chap2.py	2020/1/19 01:01	Python File	8 KB
chap2.ipynb	2020/1/18 23:15	IPYNB 文件	76 KB
graphviz	2020/2/5 11:35	文件夹	

图 1.22　生成的 CSV 文件

1.4.2 CSV 文件的打开

CSV 文件可以用 Excel 软件打开，Python 可以直接读取，如图 1.23 所示。

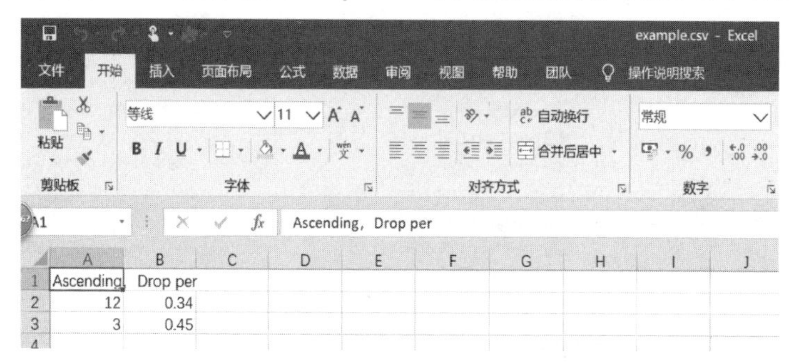

图 1.23 用 Excel 软件打开 CSV 文件

后面章节将使用 Python 读取 CSV 文件，并进行相关操作。

1.5 Python 包与模块

1.5.1 Python 包与模块简介

使用 Python 语言编程时，会大量引用他人已经开发好的各种模块。不同模块包含有很多函数供开发者使用。模块一般放在包中，从一般意义上来说，包就是文件夹，模块就是包中的 Python 文件。

从图 1.24 中可以看出，sklearn 文件夹中有一个 linear_model 文件夹，linear_model 文件夹中包含有各种以.py 为扩展名的文件模块。

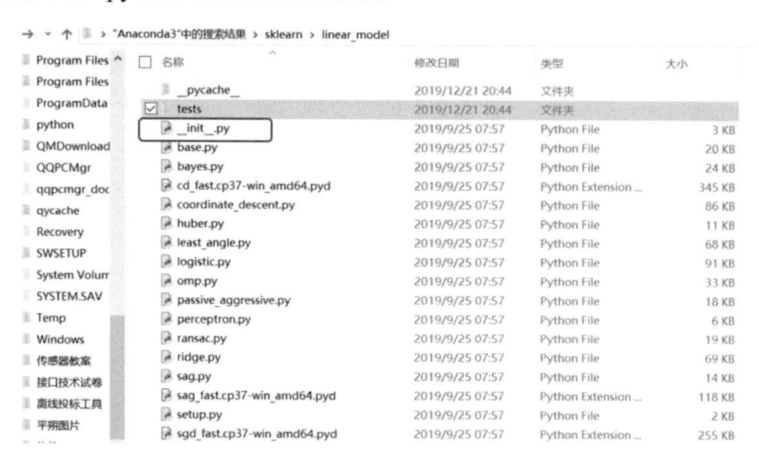

图 1.24 Python 包

注意，文件夹要变成包，必须在此文件夹中加入一个__init__.py 文件，该文件可以是空文件(见图 1.24)。不含这个文件的普通文件夹是不可以作为包使用的。

1.5.2　模块的调用

文件“ground_feature0.csv”

要调用包中的模块，可以用 1.3.2 节中使用过的 import 语句导入。

```
from math import sin
```

机器学习中的各种算法模块都集中在 sklearn 包中。例如，决策树分类(decision tree classifier)算法，可以用以下语句导入后调用。

```
from sklearn.tree import DecisionTreeClassifier
```

还可以用别名调用模块，用 as 关键字表示别名。例如，通过下面的语句，pandas 模块调用就可以用 pd 代替。

```
import pandas as pd
#读取 csv 文件，pandas 模块调用用其 pd 别名代替
df1=pd.read_csv('c:\python\ground_feature0.csv')
```

1.5.3　Python 包与模块的建立

可以将多个类似的 py 文件集中放在同一个包中，这样可以方便开发者的使用。下面通过一个例子来进行说明。

新建一个名为 packet 的文件夹，在文件夹中新建一个文件 module1.py。文件内容如下。

```
def fun1():
    print("This is module1")
```

在文件夹中再新建一个文件 module2.py，文件内容如下。

```
def fun2():
    print("This is module2")
```

将 module1.py、module2.py 作为包 packet 中的两个模块。根据 1.5.1 节中的介绍，还应建立一个名为__init__.py 的文件，写入以下内容。

```
import module1
import module2
```

至此便完成了 packet 包的建立，接下来新建文件 main.py，用来实现对包中模块的调用，文件内容如下。

```
import packet
packet.module1.fun1()
packet.module2.fun2()
```

运行 main.py，即可实现对 packet 包中模块的调用，运行结果如图 1.25 所示。

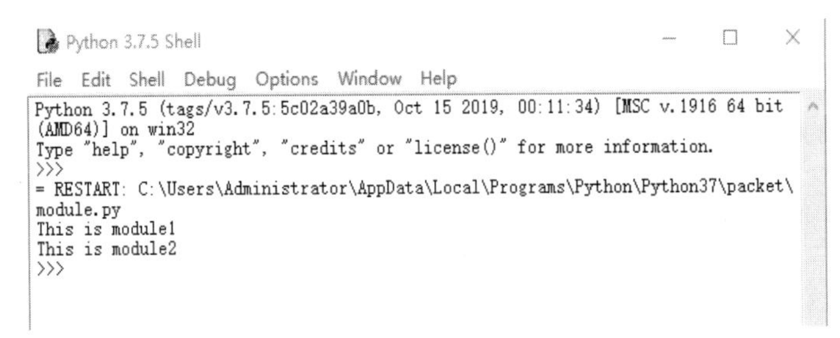

图 1.25　调用 packet 包中模块的运行结果

本 章 小 结

(1) Python 是一种开源的、解释型的、面向对象的编程语言。

(2) Python 运行方式灵活，既可以在控制台窗口中交互运行，也可以以程序文件的方式解释运行。

(3) 用户根据需要可以利用逗号分隔数据的方式构建 CSV 文件，Python 可以直接读取和操作 CSV 格式文件。

(4) Python 编程中可以用 import 语句导入已开发好的模块，利用 as 关键字可以定义所导入模块的别名，并利用别名调用所导入模块的功能函数。

习　　题

一、选择题

1．CSV 文件(　　)。

①是逗号分隔符文件　②可以用 Excel 软件打开　③Python 可以读取操作　④扩展名是.csv

A．①②　　B．①②④　　C．②④　　D．①②③④

2．可以在控制台窗口中输入(　　)命令退出 IDLE。

A．esc()　　B．close()　　C．exit()　　D．Ctrl+C

3．可查看 Python 版本的语句是(　　)。

A．improt sys
　　print(sys.version)

B．version()

C．print(sys.version)

D．improt system
　　print(system.version)

4．Python 变量名命名正确的是(　　)。

A．name　　B．message name

C．_messageName　　　　D．print

5．关于 import 的引用，说法错误的是(　　)。

A．import sys as s　　　　B．import sys,os as s,o

C．import sys as s,os as o　　　　D．import sys,as

6．在 Python 3.X 中，函数 input()的返回值是(　　)数据类型。

A．整型　　　　B．布尔型

C．字符串型　　　　D．与用户所输入的数据类型一致

7．“1==0 or 2>=1”的运算结果是(　　)。

A．True　　B．False　　C．Not　　D．TRUE

8．下面的代码段输出的结果是(　　)。

```
a=-1
a=2
b=-1
print(a,end=',')
print(b,end=',')
print(a==b,end=' ')
```

A．-1,-1,True　　B．2,-1,False　　C．2,-1,False,　　D．程序运行时报错

9．(　　)语句能够返回变量 value 的数据类型。

A．print(value)　　　　B．print(str(value))

C．print(id(value))　　　　D．print(type(value))

10．在 Python 3.X 中，(　　)语句无法输出“武汉，加油”。

A．print("武汉,加油!")　　　　B．print 武汉,加油

C．print('武汉,加油!')　　　　D．print('武汉,','加油!')

二、思考题

1．在运行 Python 程序后，自动生成的.pyc 文件的作用是什么?

2．阅读下面的 Python 语句，请问输出结果是什么?

```
a=1
b=2
print(a.bit_length())
print(b.bit_length())
```

第 1 章习题答案

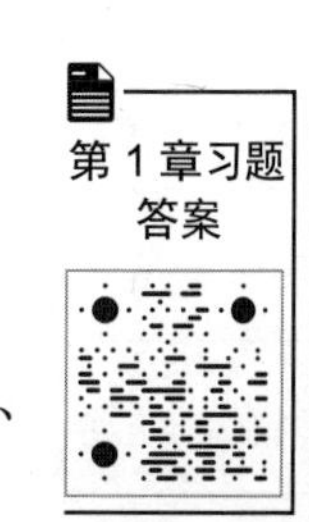

三、程序题

创建一个名为 students.csv 的文件，里面包含本班级的学生姓名、学号、年龄以及各科成绩，并尝试用 Excel 软件打开。

第 2 章

Python 特色数据类型与常用函数

本章介绍 Python 语法知识，重点介绍 Python 注释、元组、列表、字典、集合的概念。通过例子，读者可以掌握它们之间的区别与联系，以及互相转换的方法。

在程序设计中，会经常用到 Python 提供的比较有特色的内置函数，本章也一并介绍。

本章建议 2 个学时。

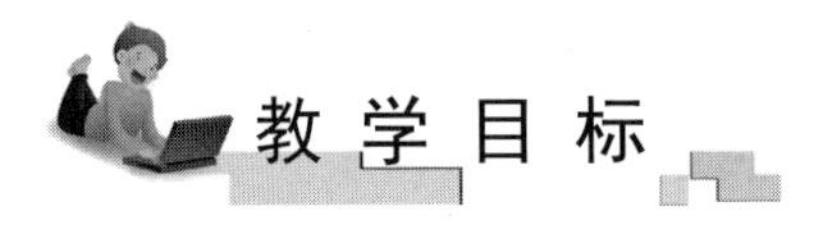

- Python 注释。
- 元组定义与使用。
- 列表定义与使用。
- 字典定义与使用。
- 集合定义与使用。
- 常用函数使用。

知识要点	能力要求	相关知识
Python 注释	(1) 单行注释; (2) 多行注释	Python 注释方法
元组	(1) 元组定义; (2) 元组使用	元组和列表的区别与联系
列表	(1) 列表定义; (2) 列表使用	列表的特点
字典	(1) 字典定义; (2) 字典使用	字典的特点

续表

知识要点	能力要求	相关知识
集合	(1) 集合定义; (2) 集合使用	集合的特点
函数	(1) 常用函数定义; (2) 常用函数使用	函数的特点

https://www.runoob.com/python/python-tutorial.html (Python 基础教程)

Python 为什么越来越火？

近年来，Python 大火，在编程语言排行榜上已进入前五，没有一种语言能够像 Python 一样迅速获取成功。究其原因，主要有以下几个方面：①Python 生逢其时，在互联网“爆炸式”发展的时代，AI 技术需求、网页信息获取、Web 开发等直接促进了 Python 的推广；②Python 语言简洁易上手，具有独具特色的数据类型、函数和丰富的库，编程者可以用较少的代码实现较为复杂的功能；③Python 应用领域比较广泛，学习门槛低，可以在前人的基础上开发出性能优异的应用程序。

2.1　Python 基础语法

2.1.1　标识符与保留字

1. 标识符

在 Python 语言中，所有标识符都可以由字母、数字、下划线组成，但不能以数字开头，且区分大小写。

若标识符以单下划线开头，则表示不能直接访问的类属性，不能通过 import 语句直接进行导入，需要通过提供的类接口进行访问；若标识符以双下划线开头，则表示类的私有成员。以双下划线开头和结尾的，则表示 Python 中特殊方法专用标识，如__init__.py。

注意，在 Python 3 中，非 ASCII 标识符也是允许的，同时还可用中文名作为变量名，读者可以自行实践验证。

2. 保留字

保留字也称关键字，是 Python 语言的重要组成部分。在定义标识符时，所有的保留字都不可作为标识符使用。为了便于了解当前版本的所有保留字，在 Python 标准库中提供了一个 keyword 模板，可以通过下面的语句进行查看，结果如图 2.1 所示。

```
import keyword
keyword.kwlist
```

```
Python 3.7.5 Shell
File  Edit  Shell  Debug  Options  Window  Help
Python 3.7.5 (tags/v3.7.5:5c02a39a0b, Oct 15 2019, 00:11:34) [MSC v.1916 64 bit
(AMD64)] on win32
Type "help", "copyright", "credits" or "license()" for more information.
>>> import keyword
>>> keyword.kwlist
['False', 'None', 'True', 'and', 'as', 'assert', 'async', 'await', 'break', 'cla
ss', 'continue', 'def', 'del', 'elif', 'else', 'except', 'finally', 'for', 'from
', 'global', 'if', 'import', 'in', 'is', 'lambda', 'nonlocal', 'not', 'or', 'pas
s', 'raise', 'return', 'try', 'while', 'with', 'yield']
>>>
```

图 2.1　Python 保留字

2.1.2　注释

程序代码中的注释部分不会被编译执行，注释只起到标注程序功能的作用，让阅读者更好地理解程序。Python 语言的注释分单行注释和多行注释两种。

1. 单行注释

单行注释用“#”开头，例如：

```
df1=pd.read_csv('c:\python\ground_feature0.csv')  #读取 csv 文件
```

标注该语句完成的功能是读取 csv 文件数据。

2. 多行注释

多行注释有两种表示方法，一种是用双引号将要注释的内容括住，另一种是用三引号将要注释的内容括住。

(1) 双引号。用双引号将多行要注释的内容括住。例如：

```
"""
Created on Tue Feb  4 11:12:13 2020

@author: gutao
"""
```

注意，每边要放 3 个双引号。

(2) 三引号。三引号也可以用作多行注释，使用方法同双引号。例如：

```
'''
Created on Tue Feb  4 11:12:13 2020

@author: gutao
'''
```

注意，每边要放 3 个单引号。

2.2　元组数据类型

在 Python 语言中有 6 个标准的数据类型，分别为 tuple(元组)、list(列表)、dictionary(字典)、set(集合)、number(数字)、string(字符串)。尤其以 tuple、list、dictionary、set 这 4 个数据类型独具特点，开发者若能正确使用它们，可以方便程序开发。下面将依次为读者介绍。

元组是 Python 语言中重要的数据类型之一。元组数据类型的定义是使用圆括号“()”将元素括起来，元素之间用逗号分隔。如果只有一个元素，也要在元素后面加一个逗号。元组的元素不能修改，不能被删除，但可以对元组进行连接组合。下面的例子中，带逗号和不带逗号的数据类型不同。

【例 2.1】　在控制台窗口中输入如图 2.2 所示的语句，观察数据类型区别。

```
>>> tup1 = (50,)
>>> type(tup1)
<class 'tuple'>
>>> tup2 = (50)
>>> type(tup2)
<class 'int'>
>>>
```

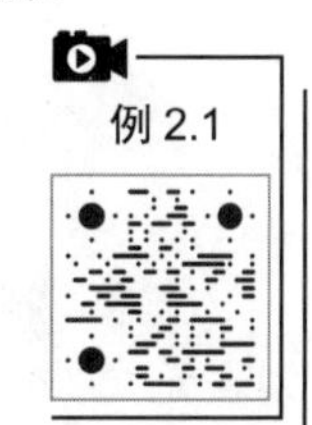

图 2.2　元组与整数类型

由运行结果可以发现，有逗号的，返回为元组类型；没有逗号的，用函数 type()返回为整数类型。

【例 2.2】　用 len()函数求取元组元素个数。在控制台窗口中输入如图 2.3 所示的语句，观察函数返回值。

```
>>> tuple_s=('Beijing','Shanghai','Nanjing')
>>> len(tuple_s)
3
>>>
```

图 2.3　求取元组元素个数

【例 2.3】　将列表转换为元组。在控制台窗口中输入如图 2.4 所示的语句，使用 tuple()函数将列表 list1 转换为元组。

```
>>> list1= ['Google', 'Taobao', 'Runoob', 'Baidu']
>>> tuple1=tuple(list1)
>>> tuple1
('Google', 'Taobao', 'Runoob', 'Baidu')
>>> |
```

图 2.4　列表转换为元组

注意，元组元素的引用用方括号实现，元组中第一个元素的索引号默认为 0。

```
>>> tuple1[1:]
('Taobao', 'Runoob', 'Baidu')
>>> tuple_s[0]
'Beijing'
```

2.3　列表、字典、集合数据类型

2.3.1　列表

列表数据类型的定义是使用方括号“[]”将元素括起来，元素之间用逗号分隔。列表索引号从 0 开始，列表可以进行截取、组合等操作。

【例 2.4】　将元组转换为列表。在控制台窗口中输入如图 2.5 所示的语句，使用 list()函数将元组转换为列表。

```
>>> list((2,4,'er',67))
[2, 4, 'er', 67]
>>> |
```

图 2.5　元组转换为列表

注意，本例中 list()函数中待转换的元组中元素是用“()”符号括起来的，函数执行后，列表元素被“[]”符号括了起来。

【例 2.5】　列表引用，用方括号实现。

```
>>> list1 = ['BOOK', 'APPLE', 1998, 2000]  #定义 list1 列表对象
>>> list1[0]  #列表引用，默认第一个元素的索引号为 0
'BOOK'
>>> list1[2:]  #列表引用
[1998, 2000]
```

注意，读者可对比一下元组元素和列表元素的引用方法。

1. 列表操作函数

(1) list.append()函数。

功能：在列表末尾添加新的对象。

(2) list.count()函数。

功能：统计某个元素在列表中出现的次数。

(3) list.extend()函数。

功能：在列表末尾一次性追加另一个序列中的多个值。

(4) list.index()函数。

功能：在列表中找出某个值第一个匹配项的索引位置。

(5) list.insert(index, obj)函数。

功能：将对象 obj 插入列表 index 前面。

(6) list.pop([index=-1])函数。

功能：移除列表中的一个元素(默认是最后一个元素)，并且返回该元素的值。

(7) list.remove(obj)函数。

功能：移除列表中某个值的第一个匹配项。

(8) list.reverse()函数。

功能：将列表中的元素反向。

(9) list.sort(cmp=None, key=None, reverse=False)函数。

功能：对原列表进行排序。

2. 列表操作函数使用

【例 2.6】　部分列表操作函数使用举例。

```
>>> list1 = ['BOOK', 'APPLE', 1998, 2000]  #建立列表
>>> list1.append('TEL')  #列表附加元素
>>> list1
['BOOK', 'APPLE', 1998, 2000, 'TEL']
>>> list1.count(1998)
1
>>> list1.insert(0,'1995')  #在索引 0 位置前插入元素'1995'
>>> list1
['1995', 'BOOK', 'APPLE', 1998, 2000, 'TEL']
>>> list1.reverse()  #列表元素逆序
>>> list1
['TEL', 2000, 1998, 'APPLE', 'BOOK', '1995']
>>> list1.sort(key=str)  #按字符大小排序
>>> list1
['1995', 1998, 2000, 'APPLE', 'BOOK', 'TEL']
>>> list1[-1]    #列表最右边的元素索引号也可以是-1，用负数作为元素索引号
'TEL'
>>> list1[-6]    #如果用负数编号，相应左侧元素索引号依次递减
'1995'
>>> list1[:-3]  #列出索引号-3 左侧元素
['1995', 1998, 2000]
```

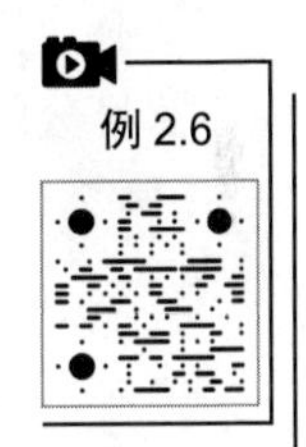

```
>>> list1[2:]  #列出索引号 2 右侧元素，包括索引号 2 元素
[2000, 'APPLE', 'BOOK', 'TEL']
>>> list1.index('APPLE')  #查看元素'APPLE'的索引号
3
>>> list2=['hello','happy', 'study', 'work']
>>> list1.extend(list2)
>>> list1
['1995', 1998, 2000, 'APPLE', 'BOOK', 'TEL', 'hello', 'happy', 'study', 'work']
>>> list1.remove('work')   #移去列表元素'work'
>>> list1
['1995', 1998, 2000, 'APPLE', 'BOOK', 'TEL', 'hello', 'happy', 'study']
>>> list1.pop()     #默认删除最后一个元素
'study'
>>> list1
['1995', 1998, 2000, 'APPLE', 'BOOK', 'TEL', 'hello', 'happy']
>>> list1.pop(0)    #用索引号删除左侧第一个元素
'1995'
>>> list1
[1998, 2000, 'APPLE', 'BOOK', 'TEL', 'hello', 'happy']
```

2.3.2 字典

字典数据类型的定义是使用花括号“{}”将元素括起来，每个元素由键和值构成，之间用冒号分隔，构成两者之间的对应关系，元素之间用逗号分隔。

【例 2.7】 字典的使用。

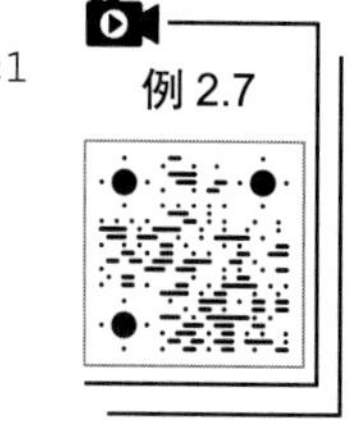


```
>>> dic1={'name':'kail','age':48,'sex':'male'}  #定义字典 dic1
>>> dic1['name']  #查看键为 name 的值
'kail'
```

注意，字典键值获取方式，用“[]”符号实现。

```
>>> if 'name' in dic1:
print(dic1['name'])    #判断键'name'是否在字典 dic1 中，若存在则输出键值
else:
print('No exists.')    #不存在，则输出 No exists
```

运行结果如图 2.6 所示，返回 kail。

```
>>> if 'name' in dic1:
	print(dic1['name'])
else:
	print('No exists.')


kail
>>>
```

图 2.6　字典使用

【例 2.8】　用 dict()、zip()函数构建字典。

```
>>> keys=['a','b','c']    #构建键
>>> values=[1,2,3,4]    #构建值，注意两者长度不一样
>>> aa=dict(zip(keys,values))  #利用 zip()函数配对键与值，利用 dict()函数构建字典
>>> aa  #查看字典
{'a': 1, 'b': 2, 'c': 3}
>>> aa['b']  #查看'b'的键值
2
```

注意，由于 keys 列表与 values 列表长度不一致，通过 zip()函数处理后，从左侧元素对齐，多余列表元素被舍弃。

字典操作函数有很多，如 get()函数、update()函数。

```
>>> aa.get('b')  #利用 get()函数获取'b'的值
2
>>> aa.update({'a':50,'d':4})  #更新'a'的键值，并增加一个'd':4 元素
>>> aa    #查看字典 aa
{'a': 50, 'b': 2, 'c': 3, 'd': 4}
>>> for item in aa:  #用变量 item 列出字典 aa 的键
    print(item,end='  ')
a  b  c  d
>>> for item in aa.items():  #items()函数以列表返回可遍历的(键,值)元组数组
    print(item,end='  ')
('a', 50)  ('b', 2)  ('c', 3)  ('d', 4)
```

2.3.3　集合

集合数据类型的定义也是用花括号“{}”把元素括起来，元素之间用逗号分隔。但与字典不同的是，集合中的元素没有键和值的定义。同一个集合中的元素是唯一的。

```
>>>x={2,67,9} #构建集合
```

【例 2.9】　使用 set()函数将列表、元组、range 对象、字符串转换为集合。

```
>>> abc=set(range(5,8))  #range(5,8)从 5 开始生成整数，步长为 1，到 8 结束，包括 8
```

```
>>> abc
{5, 6, 7}
>>> cdf=set([1,2,3,4,5]) #将列表转换为集合
>>> cdf
{1, 2, 3, 4, 5}。
```

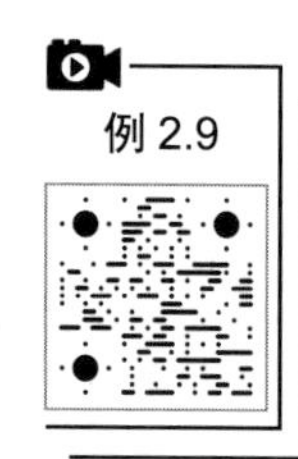

判断集合中是否有某特定元素存在，可以用下面语句实现。

```
>>> 1 in cdf  #用 in 查询集合 cdf 中是否有 1，有返回 True,无返回 False
   True
```

集合还可以用解析式表示，语句如下。

```
>>> {i for i in range(3)} #range(3)从 0 开始生成整数，步长为 1，到 3 结束，不包括 3
{0, 1, 2}
>>> {1**i for i in range(3)}
{1}
```

因为集合中不允许有重复元素出现，所以结果只有一个。元素和列表也可以用解析式表示出来。

2.4　数字、字符串数据类型

2.2 节、2.3 节所介绍的数据类型是 Python 语言中比较有特色的，本节所介绍的数字和字符串数据类型在其他语言中也比较常见，属于 Python 语言中的标准数据类型。

2.4.1　数字

在 Python 语言中，数字数据类型包括 int(整型)、float(浮点型)、bool(布尔型)、complex(复数)。

(1) 整型。与其他语言不同的是，在 Python 语言中只有 int 这一种整数类型，没有小数点和大小的限制。

(2) 浮点型。浮点型由整数部分和小数部分共同构成。

(3) 布尔型。布尔型只有两种，True 和 False。它们的值分别为 1 和 0，可以和其他数字类型相加。

(4) 复数。复数包括实部和虚部两部分，两部分都是浮点型，可以用 a+bj 或 complex(a,b)来表示。

【例 2.10】　数字类型的相互转换。

通过 int(x)函数可将 x 转换为一个整数，float(x)函数可将 x 转换为浮点型，bool(x)函数可将 x 转换为布尔型，complex(x)函数可将 x 作为复数的实部，虚部为零，转换为复数，complex(a,b)函数则可将 a 和 b 转换为复数 a+bj。具体操作如图 2.7 所示。

```
>>> a=2
>>> b=3.0;c=2+3j
>>> int(b)
3
>>> float(a)
2.0
>>> bool(a)
True
>>> complex(a)
(2+0j)
>>> complex(a,b)
(2+3j)
```

图 2.7　数字类型的相互转换

【例 2.11】　数字运算。

在 Python 语言中，运算符“/”的计算结果为浮点型，运算符“//”表示向下取整，运算符“**”表示进行幂运算。具体操作如图 2.8 所示。

```
>>> 3/2
1.5
>>> 4/2
2.0
>>> 4//3
1
>>> 2**3
8
>>>
```

图 2.8　数字运算

2.4.2　字符串

创建字符串的过程很简单，在 Python 语言中，可以通过使用双引号或单引号来创建，若是单个字符，也作为字符串来使用。例如：

```
str1="这是一个字符串"
str2='python'
```

子字符串的访问可以通过方括号的形式来截取字符串完成，语法格式如下。

```
变量[头下标:尾下标]
```

注意，用上述格式引用字符串时，可不含尾下标。

【例 2.12】　访问字符串中的值。具体操作如图 2.9 所示。

```
>>> str1="这是一个字符串"
>>> str2='python'
>>> print("str1[5]:",str1[5])
str1[5]: 符
>>> print("str2[0:3]",str2[0:3])
str2[0:3] pyt
```

图 2.9　访问字符串中的值

在访问子字符串时，不仅可以从第一个字符开始访问，也可以从最后一个字符开始访问，索引号从 0 开始，而-1 表示从末尾开始，字符串的截取如图 2.10 所示。

```
>>> print("str2[0:-2]",str2[0:-2])
str2[0:-2] pyth
>>>
```

图 2.10　字符串的截取

在字符串中还会经常使用转义字符，Python 语言用反斜杠“\”来表示转义字符。具体方法如表 2.1 所示。

表 2.1　转义字符

转义字符	描述
\(在行尾时)	续行符
\\	反斜杠符号
\'	单引号
\"	双引号
\a	响铃
\b	退格
\000	空
\n	换行符
\v	纵向制表符
\t	横向制表符
\r	回车符
\f	换页符
\oyy	八进制数 yy 代表的 ASCII 字符。例如，\o12 代表换行
\xyy	十六进制数 yy 代表的 ASCII 字符。例如，\x0a 代表换行
\other	其他的字符以普通格式输出

【例 2.13】　字符串常规运算符的使用。

```
>>> a='hello'
>>> b='world'
>>> a+b  #连接字符串 a,b
'helloworld'
>>> a*3  #输出字符串 a 三次
'hellohellohello'
>>> if('e' in a):
   print("字符串 a 中包含字符 e")
字符串 a 中包含字符 e
>>> if('p' not in a):
   print("字符串 a 中不包含字符 p")
字符串 a 中不包含字符 p
```

Python 语言中的字符串数据类型还包括许多内置函数。表 2.2 列出了许多常用的字符串内置函数，读者可根据编程需要参考选用。

表 2.2　常用的字符串内置函数

内置函数	描述
capitalize()	将字符串的第一个字符转换为大写
center(width,fillchar)	返回一个指定的宽度 width 居中的字符串，fillchar 为填充的字符，默认为空格
find(str,beg=0,end=len(string))	检测 str 是否包含在字符串中，如果指定范围 beg 和 end ，则检查是否包含在指定范围内，如果包含，返回开始的索引值，否则返回-1
lower()	将字符串中的所有大写字母转换为小写
islower()	如果字符串中包含至少一个区分大小写的字符，并且所有这些(区分大小写的)字符都是小写，则返回 True，否则返回 False
upper()	将字符串中的所有小写字母转换为大写
isupper()	如果字符串中包含至少一个区分大小写的字符，并且所有这些(区分大小写的)字符都是大写，则返回 True，否则返回 False
title()	返回标题化的字符串，即所有单词都以大写开始，其余字母均为小写
istitle()	如果字符串是标题化的，则返回 True，否则返回 False
swapcase()	将字符串中的大写字母转换为小写，小写字母转换为大写
len(string)	返回字符串长度
isspace()	如果字符串中只包含空白，则返回 True，否则返回 False
replace(str1,str2,[,max])	将字符串中的 str1 替换成 str2，如果指定 max，则替换不超过 max 次

2.5　Python 的常用函数

学习一门语言，如果事先能够了解该语言的一些常用函数，则可以提高编程效率。本节对 Python 编程中常会用到的函数进行简要介绍。

2.5.1　range()函数

格式：range(start, stop[, step])

参数：start 表示计数开始，默认从 0 开始，如 range(5)等价于 range(0,5)；stop 表示计数到 stop 结束，但不包括 stop，如 range(0,5)是[0, 1, 2, 3, 4]；step 表示步长，默认为 1，如 range(0,5)等价于 range(0,5,1)。

注意，arange(start, end, step)函数与 range()函数类似，也不含终止值，但是返回一个 array 对象。用之前需要导入 numpy 模块(import numpy as np 或 from numpy import*)，并且 arange()函数可以使用 float 型数据，这个经常在数值计算中使用。

【例 2.14】　在控制台窗口中输入如图 2.11、图 2.12 所示的语句，体会 range()函数和 arange()函数的区别。

```
>>> for i in range(5):
        print(i*i,end=' ')

0 1 4 9 16
```

图 2.11　range()函数的使用

```
>>> from numpy import *
>>> arange(1,8,3)
array([1, 4, 7])
>>> range(1,8,3)
range(1, 8, 3)
>>> for value in range(1,8,3):
        print(value)


1
4
7
>>> 
```

图 2.12　arange()函数的使用

2.5.2　enumerate()函数

格式：enumerate(sequence, [start=0])

参数：sequence 表示一个序列、迭代器或其他支持的迭代对象；start 表示索引号起始位置。

enumerate()函数用于将一个可遍历的数据对象(如列表、元组或字符串)组合为一个索引序列，同时列出数据和数据的索引号，一般用在 for 循环当中。

【例 2.15】　利用 enumerate()函数将列表对象组合起来，如图 2.13 所示。

```
>>> seasons = ['Spring', 'Summer', 'Fall', 'Winter']
>>> list(enumerate(seasons))#默认起始索引号为0
[(0, 'Spring'), (1, 'Summer'), (2, 'Fall'), (3, 'Winter')]
>>> list(enumerate(seasons,start=2))#指定起始索引号
[(2, 'Spring'), (3, 'Summer'), (4, 'Fall'), (5, 'Winter')]
>>> 
```

图 2.13　enumerate()函数使用

【例 2.16】　enumerate()函数在循环体中的使用，如图 2.14 所示。

```
>>> for i,s in enumerate(seasons,start=1):\
    print("第{0}季节:{1}".format(i,s))

第1季节:Spring
第2季节:Summer
第3季节:Fall
第4季节:Winter
>>> 
```

图 2.14　enumerate()函数在循环体中使用

2.5.3　zip()函数

zip()函数的参数是可迭代的对象，其功能是将对象中对应的元素打包成一个个元组，然后返回由这些元组组成的列表。返回的列表元素个数与最短的列表一致。

【例 2.17】　zip()函数的使用。

```
>>> a=[3,4,5]     #建立 a 列表
>>> b=['name','g','l','p']     #建立 b 列表，长度不同于 a
>>> c=[6,7,8]    #建立 c 列表
>>> zipped=zip(a,b)     #a、b 列表打包，按最短列表长度打包
>>> zipped1=zip(a,c)
>>> list(zipped)     #列表显示打包结果
[(3, 'name'), (4, 'g'), (5, 'l')]
```

2.5.4　map()函数

map()函数根据第一个函数参数对指定序列做映射。以参数序列中的每一个元素调用 function()函数完成映射，返回包含每次调用 function()函数返回值的新列表。

【例 2.18】　map()函数的使用。

```
>>> def square(x):     #定义函数
    return x**3
>>> list(map(square,[1,2,3]))     #对序列中的每个元素用 map()函数进行映射
[1, 8, 27]
>>> list(map(lambda x: x ** 2, [1, 2, 3, 4, 5]) ) #用 lambda 表达式对序列元素进行映射
[1, 4, 9, 16, 25]
```

2.5.5　sorted()函数

格式：sorted(iterable,key,reverse)参数：

iterable 表示可以迭代的对象，可以是 dict.items()、dict.keys()等；key 是一个函数，用来选取参与比较的元素；reverse 用来指定排序是倒序还是顺序，reverse 为 true 时是倒序，reverse 为 false 时则是顺序，默认为 false。

sorted()函数对所有可迭代的对象进行排序操作。

【例 2.19】　sorted()函数的使用。

```
>>> x=[23,1,34,5,6,8,9]
>>> y=sorted(x)
>>> y
[1, 5, 6, 8, 9, 23, 34]
>>> c =  {'a': 15, 'ab': 6, 'bc': 16, 'da': 95}
>>> sorted(c.keys())
['a', 'ab', 'bc', 'da']
```

2.5.6 hash()函数

hash()函数用于获取一个对象(如字符串或数字等)的哈希值。hash()函数可以应用于数字、字符串和对象，但不能直接应用于列表、集合、字典对象。hash()函数的对象字符不管有多长，返回的哈希值都是固定长度的。用此函数可以校验程序在传输过程中是否被第三方修改，如果程序在传输过程中被修改，哈希值即发生变化；如果没有被修改，则哈希值和原始的哈希值吻合。只要验证哈希值是否匹配即可验证程序是否感染病毒或被篡改。

【例 2.20】 hash()函数的使用。

```
>>> hash('abc')
7693490283285021325
>>> hash('abcd')
-3329224128031639909
>>> hash('中压配电网')
-1639361326766912224
```

2.5.7 reversed()函数

reversed()函数可以接收各种序列(如元组、列表、区间等)参数，然后返回一个“反序排列”的迭代器。该函数对参数本身不会产生影响。

【例 2.21】 reversed()函数的使用。

```
>>> seqString = 'Runoob'
>>> print(list(reversed(seqString)))
['b', 'o', 'o', 'n', 'u', 'R']
>>> seqTuple = ('R', 'u', 'n', 'o', 'o', 'b')
>>> print(list(reversed(seqTuple)))
['b', 'o', 'o', 'n', 'u', 'R']
>>> seqRange = range(5, 9)
>>> print(list(reversed(seqRange)))
[8, 7, 6, 5]
>>> seqList = [1, 2, 4, 3, 5]
>>> print(list(reversed(seqList)))
[5, 3, 4, 2, 1]
```

本 章 小 结

(1) Python 语言的注释分单行注释和多行注释，分别用不同符号区别实现。

(2) Python 是一种强类型面向对象的编程语言，所有变量类型和内置函数都是对象。元组、列表、字典、集合是 Python 语言中比较有特色的数据类型。

(3) 元组、列表、字典分别用“()”“[]”“{}”将元素括起来，通过适当的内置函数可以互相转换。集合与字典都用“{}”把元素括起来，但与字典不同的是，集合中的元素没有键和值的定义，且同一个集合中的元素是唯一的。

(4) Python 中的内置函数可以直接使用，本章介绍的 range()、enumerate()、zip()、map()、sorted()、hash()、reversed()函数是编程中常用到的。

习　　题

一、选择题

1．关于 Python 语言的注释，说法正确的是(　　)。

A．Python 语言的单行注释以“#”开头

B．Python 语言的注释以单引号开头

C．Python 语言的单行注释以“'''”开头

D．Python 语言的注释分为单引号注释和多引号注释

2．不属于可变对象的数据类型是(　　)。

A．字典

B．集合

C．元组

D．列表

3．不是元组的定义方式的是(　　)。

A．(2)　　B．(2,)　　C．(2,5)　　D．(1,2,(3,4))

4．已知 list=['apple', 'banana', 'orange']，执行语句 list.insert(1, 'pear')后，list 中的元素为(　　)。

A．list=['pear', 'apple', 'banana', 'orange']

B．list=['apple', 'pear', 'banana', 'orange']

C．list=['apple', 'banana', 'orange']

D．list=['apple', 'banana', 'orange', 'pear']

5．已知 color={'apple': 'red', 'banana': 'yellow'}，能输出“yellow”的语句是(　　)。

A．print(color.keys())

B．print(color['yellow'])

C．print(color.values())

D．print(color['banana'])

6．已知 a=set('bcadefklp')，b=ser('aqljbfba')，则执行语句 a^b 后，输出结果为(　　)。

A．{'e', 'c', 'p', 'k', 'd'}

B．{'b', 'l', 'e', 'j', 'f', 'c', 'p', 'k', 'a', 'q', 'd'}

C．{'b', 'f', 'l', 'a'}

D．{'e', 'j', 'c', 'p', 'k', 'q', 'd'}

7．已知 str='python'，下列选项中输出结果与其他三项不同的是(　　)。

A．print(str[2:4:1])

B．print(str[2:4])

C．print(str[2:-2])

D．print(str[-4:-3])

8．表达式'ababdfabeacab'.strip('ab')的值是(　　)。

A．abdfabeac

B．dfabeacab

C．dfabeac

D．dfeac

9．(　　)函数能够实现将一个列表中的元素一次性添加至另一个列表中。

A．extend()　　B．append()　　C．insert()　　D．reversed()

10．表达式{'apple':2,'orange':1}.get('pear',3)返回的值是(　　)。

A．3

B．{'pear':3}

C．{'apple':2,'orange':1, 'pear':3}

D．False

二、思考题

1．阅读下面的 Python 语句，请问输出结果是什么？

```
list1=[a,b,c]
list2=list1[:]
print(list2)
```

2．阅读下面的 Python 语句，请问输出结果是什么？

```
a = [[0,1,2], [3,4,5], [6,7,8]]
s=0
for c in a:
    for j in range(3):
        s+=c[j]
print(s)
```

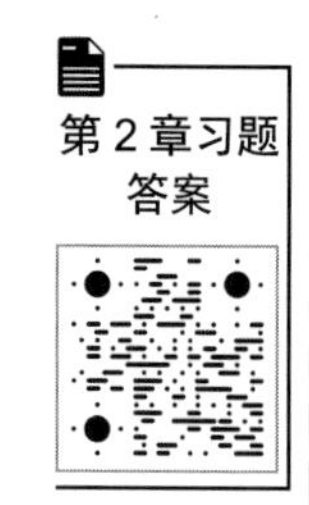

三、程序题

编写函数，计算列表 list=[1,1,2,3,4,1,1]中元素“1”出现的次数。

第3章

Python 语句控制及函数定义

本章介绍 Python 语句的分支结构和循环结构，以及函数的定义。分支和循环是编程中必不可少的语句控制方式。Python 的分支语句与循环语句和 C 语言的相比，其显著性特点是加上了冒号“:”，让语句理解更加自然。函数是编程中常用的一种程序调用技术，使用函数可以把要处理的问题模块化，让整个程序架构更加规范和易于理解。

本章建议 2 个学时。

教学目标

- Python 分支结构。
- Python 循环结构。
- Python 函数定义。

教学要求

知识要点	能力要求	相关知识
Python 分支结构	(1) 分支定义; (2) 多分支定义	Python 分支结构的使用
Python 循环结构	(1) 循环结构定义; (2) 循环体退出	循环体的使用
Python 函数定义	(1) 函数定义; (2) 函数参数	函数的使用

https://www.runoob.com/python/python-tutorial.html (Python 基础教程)

在 Python 中如何实现 switch-case 结构？

细心的读者会发现，Python 与其他语言相比，在语句分支控制中缺少 switch-case 结构。如果要实现 switch-case 语句功能，该如何操作呢？除用 if-elif-else 结构实现外，利用其独具特色的字典结构也可以方便实现。

案例如下。

```
season = 4
switcher = {
    0: 'Spring',
    1: 'Summer',
    2: 'Autumn',
    3:'Winter'
}
season_name = switcher.get(season,'Unknown season!')
print(season_name)
```

请读者在实际开发环境中调试此段程序，并体会字典结构的使用。

3.1 Python 分支结构

在编程中，经常需要对一些条件进行判断，然后再针对不同的条件决定采取什么样的措施。这就需要用到 Python 语句的分支结构来完成任务，其中 if 语句就是通过判断一条或多条语句的执行结果来决定执行的语句块的。

3.1.1 单分支结构

语法格式如下。

```
if 表达式:
    语句块
```

单分支结构是指 if 结构中就只有一个判断分支。表达式判断的结果是逻辑值，即判断表达式是否成立，成立时为 True，不成立时为 False。当判断表达式成立时，执行 if 结构中语句块；表达式不成立时，不执行语句块。Python 语言中，表达式后面要有个冒号，这是 Python 语言的特点。

【例 3.1】　if 的单分支结构。

在 Python 开发环境下新建一个文件，输入下面的语句后，保存为 py 文件并运行。图 3.1 所示为以文件方式运行程序。

```
score = 89
if score >= 60:    #判断是否通过考试
        print("你已通过考试! ")
```

输出结果如下。

```
你已通过考试!
```

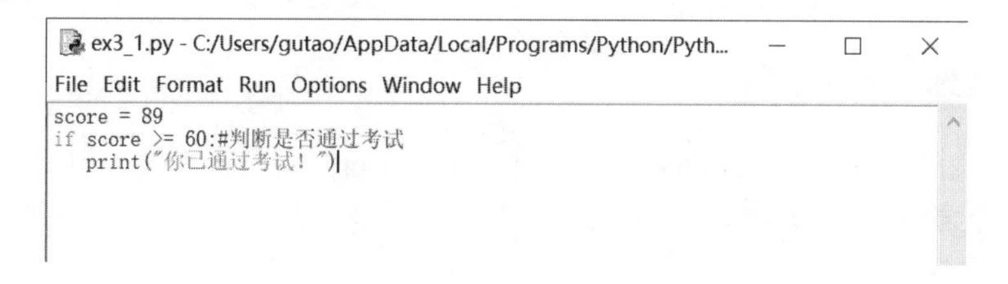

图 3.1　以文件方式运行程序

单分支结构虽然简单，但在解决实际问题中也会经常用到。例如，在现场中经常会设置单一触发条件，满足这个条件，设备启动，不满足，设备不启动。这时，就可以考虑用单分支结构判断实现。

3.1.2　多分支结构

语法格式如下。

```
if 表达式:
   语句块 1
else:
   语句块 2
```

多分支结构由 if-else 结构构成。if 后面的表达式成立时，执行语句块 1；不成立时，执行 else 后面的语句块 2。多分支结构改进了单分支结构的语法功能。当多分支结构中语句块 2 为空语句时，多分支结构就为单分支结构。

【例 3.2】　if 的多分支结构。

```
x=input('please input a number:')
if int(x)>10:    #把字符串类型转换为整型
    print('Good luck!')
```

```
else:
    print('Nice!')
```

当用户输入不同的 x 值时，通过逻辑表达式 int(x)>10 判断，当条件成立时，输出“Good luck!”，否则输出“Nice!”。

语句块是指多条合法的 Python 功能语句集合。将上面的程序段改造如下，请读者再运行一次，体会语句块的含义。

```
x=input('please input a number:')
if int(x)>10:    #把字符串型转换为整型
    print('Good luck!')
    print('Good luck!',x)
else:
    print('Nice!')
    print('Nice!',x)
```

3.1.3 多分支选择结构

与其他语言不同的是，在 Python 中没有关键字 elseif，而是将其改为 elif。因此，Python 的多分支选择结构为 if-elif-else，其中 elif 可以有多个。

语法格式如下。

```
if 表达式1:
    语句块1
elif 表达式2:
    语句块2
elif 表达式3:
    语句块3
else:
    语句块4
```

多分支选择结构进一步扩展了多分支结构的分支功能，扩展了判断条件，让这种结构更符合多变的实际需求。当表达式 1 条件满足时，执行语句块 1；否则判断表达式 2 条件是否满足，满足则执行语句块 2；否则判断表达式 3 条件是否满足，满足则执行语句块 3；如果 if 和 elif 后的表达式条件都不满足，则执行 else 后面的语句块 4。

if 分支语句中常用的表达式运算符如表 3.1 所示。

表 3.1　if 分支语句中常用的表达式运算符

运算符	描述
<	小于
<=	小于等于

续表

运算符	描述
>	大于
>=	大于等于
==	等于，比较两个值是否相等
!=	不等于

【例 3.3】　if 的多分支选择结构。

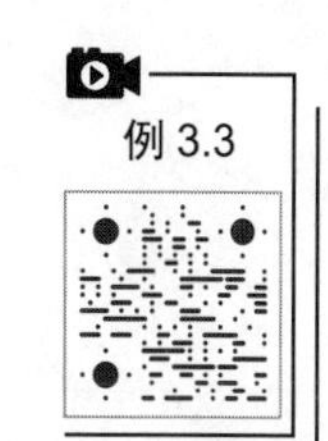

以文件方式运行以下程序。

```
score = 89
print('你的成绩等级为:',end=' ')
if score>=90:
    print("优秀")
elif 80 <= score < 90:
    print("良好")
elif 60 <= score < 70:
    print("及格")
else :
    print("不及格")
```

当 score 值为 89 时，本程序的输出结果如下。

```
你的成绩等级为：良好
```

读者可以改变 score 值，体会 if 的多分支选择结构的判断过程。

除此之外，还可以将 if 语句进行嵌套使用，即在 if-elif-else 结构中再次使用 if-elif-else 结构，语法结构如下。

```
if 表达式 1:
    语句块 1
    if 表达式 2:
        语句块 2
    elif 表达式 3:
        语句块 3
    else:
        语句块 4
elif 表达式 4:
    语句块 5
else:
    语句块 6
```

【例 3.4】 if 语句的嵌套举例。判断输入的整数是否是 3、5 或 3 和 5 的倍数。

```
val=int(input("请输入一个整数："))
if val%3==0:
    if val%5==0:
        print("输入的整数是 3 和 5 的倍数")
    else:
        print("输入的整数是 3 的倍数，不是 5 的倍数")
else:
    if val%5==0:
        print("输入的整数不是 3 的倍数，是 5 的倍数")
    else:
        print("输入的整数既不是 3 的倍数，也不是 5 的倍数")
```

输出结果为如下。

```
请输入一个整数：15
输入的整数是 3 和 5 的倍数
```

在本章引例中，提过 Python 语言中没有 switch-case 结构。如果要实现 switch-case 语句功能，可以利用其独具特色的字典结构实现。将可能的取值分支定义成字典的不同键值，利用字典的 get()函数获取键值，完成分支跳转。

【例 3.5】 采用字典结构实现分支跳转执行。

利用文件方式运行以下程序。

```
season = 2
switcher = {
    0: 'Spring',
    1: 'Summer',
    2: 'Autumn',
    3:'Winter'
}
season_name = switcher.get(season,'Unknown season!')
print(season_name)
```

输出结果如下。

```
Autumn
```

3.2 Python 循环结构

在解决“1+2”这类简单的问题时，直接输入命令就能获得计算结果，然而在解决类

似“1+2+3+⋯+100”这样的问题时，就需要用到循环结构来进行处理了。Python 中存在 for 循环和 while 循环两种循环结构，for 循环用于针对集合中的每一个元素都是一个代码块的情况，而 while 循环则是不断地运行，直到不满足所设定的条件后才结束循环。在使用这两种循环结构时，我们需要根据具体情况进行分析，选择合适的循环结构，从而更好地解决问题。

3.2.1 for 循环结构

for 循环结构，有时简称为 for 循环，其语法格式如下。

```
for 变量  in 序列或迭代对象:
    循环体
 [else:
    代码]
```

Python 语言中的 for 循环结构设计要比 C 语言的 for 循环结构设计简洁并且功能更强大。当循环的变量在序列或迭代对象中时，执行循环体内容。如果加上 else 分支，还可以执行变量不在序列或迭代对象中的代码。对于 for 循环中的变量个数和取值，要和 in 关键字后面的序列或迭代对象一一对应。

【例 3.6】 通过 for 循环依次输出 list_one 中的课程名，当输出完后，提示课程结束。

```
list_one=['Python','Computer','Math','English']     #构造一个列表对象
for i,j in enumerate(list_one):
'''注意，枚举函数实现了从默认索引号为 0 开始的(0, 'Python'), (1, 'Computer'),
(2, 'Math'), (3, 'English') 的组合'''
        print('第',i+1,'门课是:',j)  #定义了变量 i,j 与枚举函数的索引号和对应的值一一对应
else:
        print('下午没有课了')
```

输出结果如图 3.2 所示。

```
=============== RESTART: C:/Users/gutao/AppData/Local/Programs/Python/Python37/
第 1 门课是: Python
第 2 门课是: Computer
第 3 门课是: Math
第 4 门课是: English
下午没有课了
>>> |
```

图 3.2 for 循环的 else 分支使用

【例 3.7】 循环检测当前水果名是否为“banana”，若是，就以全部大写的方式输出，否则就以首字母大写的方式输出。

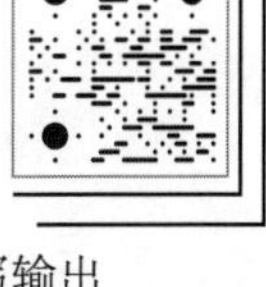


```
fruits=['apple','banana','orange'] #构造列表
for fruit in fruits:
      if fruit=='banana':
        print(fruit.upper())      #如果条件满足，每个字母都转换为大写输出
```

```
    else:
      print(fruit.title())  #如果条件不满足，将单词的第一个字母转换为大写输出
```

输出结果如下。

```
Apple
BANANA
Orange
```

3.2.2　while 循环结构

while 循环结构，有时简称为 while 循环，其语法格式如下。

```
while 条件表达式:
      循环体
        [else:
         代码块]
```

Python 语言中的 while 循环结构设计与 C 语言的 while 循环结构设计功能上基本一致，但也有区别，Python 语言的循环结构具有 else 分支。当循环的条件成立时，执行循环体内容。如果加上 else 分支，还可以执行循环条件不成立时的语句代码块。

【例 3.8】　求取 100 以内的正整数和。

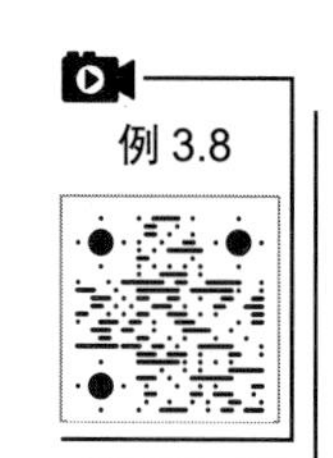


```
sum=i=0
while i<=100:
    sum+=i
    i+=1
else:
    print(sum)
```

输出结果如下。

```
5050
```

注意，循环结构多出 else 部分。另外，当 while 循环中只有一条语句需要执行时，可以与 while 语句写在同一行。

3.2.3　break 与 continue

break 用于跳出整个循环体，直接结束循环。continue 用于跳出一次循环，继续下面的条件判断，继续进行循环。

【例 3.9】　使用 break 跳出循环。

```
for i in range(3):     #i 在 0,1,2 中取值
```

```
for letter in 'Computer':
    if letter == 'p':
        break          #直接跳出内层循环体
    print ('当前字母 :', letter)
```

输出结果如下。

```
当前字母 : C
当前字母 : o
当前字母 : m
当前字母 : C
当前字母 : o
当前字母 : m
当前字母 : C
当前字母 : o
当前字母 : m
```

注意，这个例子是一个二重循环。最外层 for 循环控制整体的循环次数。内层 for 循环控制是否输出字母。当内层循环判断的条件满足时，使用 break 语句跳出内层循环，直接返到外层循环开头执行。

【例 3.10】　使用 continue 跳出循环。

```
for letter in 'Computer':
    if letter == 'p':
        continue    #继续后面的循环
    print ('当前字母 :', letter)
```

输出结果如下。

```
当前字母 : C
当前字母 : o
当前字母 : m
当前字母 : u
当前字母 : t
当前字母 : e
当前字母 : r
```

注意，这段程序读者在调试时，print ('当前字母 :', letter)语句一定要与 if 对齐。当对齐的位置不对时，输出结果是不一样的。读者通过这个例子可以体会到 Python 语言语法格式错落有致的特点，通过这个循环结构，可以体会 continue 的作用，如图 3.3 所示。

```
for letter in 'Computer':
   if letter == 'p':
      continue  # 继续后面循环
   print ('当前字母 :', letter)
```

图 3.3 continue 作用与语法对齐示例

【例 3.11】 利用循环结构打印星花菱形。

```
def print_star(n):      #定义一个打印星花菱形的函数
    for i in range(n):
        print(('*  '*i).center(n*5))
    for i in range(n,0,-1):
        print(('*  '*i).center(n*5))
print_star(5)           #调用打印函数，读者可以改变函数中的值，以体会参数的意义
```

输出结果如图 3.4 所示。

```
    *
   * *
  * * *
 * * * *
* * * * *
 * * * *
  * * *
   * *
    *
```

图 3.4 星花菱形

在编写程序的过程中，一定要注意避免写出如下所示的无限循环程序。

```
active=1
while active:
    print("欢迎进行 Python 的学习！")
print("Good bye!")
```

因此，在编写循环结构时，一定要对每个 while 循环进行测试，保证循环能够按照预期结果正常运行。然而，无限循环语句并非毫无用处，无限循环在服务器上客户端的实时请求中就十分有用，在嵌入式系统开发中的主程序框架就是一个 while 无限循环。

注意，在运行循环程序时，如果因不小心而陷入无限循环，可按 Ctrl+C 组合键或关闭显示程序输出的终端窗口，来结束程序运行。

3.3　Python 函数

我们可以将完成特定任务的代码块编写为函数，在需要时直接调用。在开发程序的过程中经常会出现需要多次执行同一任务的情况，这时无须多次编写这段代码，只需要调用编写好的函数即可。函数的使用让程序的编写、阅读、测试和修复都变得简单化了。

3.3.1　自定义函数

Python 语言提供用户自己编写函数的功能，同时本身也内置了很多函数，用户可以导入相应模块直接使用。

用户自定义函数的语法格式如下。

```
def 函数名 ([参数列表]):
    '''注释'''
    函数语句块
```

def 是函数定义的关键字，不可缺少。函数名可以由用户自己根据需要编写，但不要与保留关键字一样。函数的参数由函数处理的内容决定。注释部分一般用于程序开发者标注程序的功能。函数语句块实现函数的功能。

【例 3.12】　计算 3 个数的平均值。

```
def average(x,y,z):      #定义平均值函数 average()
    return  (x+y+z)/3     #返回平均值
print('(x+y+z)/3 is:',average(3,4,5))  #调用平均值函数
```

输出结果如下。

```
(x+y+z)/3 is: 4.0
```

【例 3.13】　求取随机数列表。

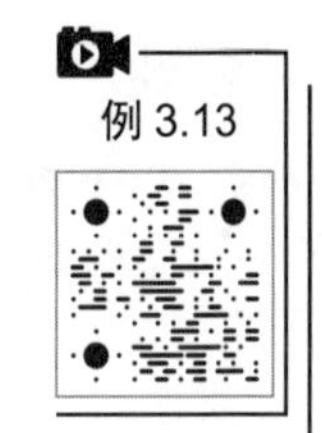


```
import random            #导入随机模块
def random_array(n):    #定义随机序列产生函数
    array_1=[]  #定义一个空列表
    for i in range(n):
        array_1.append(random.random())      #向空列表中添加随机数
    return array_1        #返回列表
array_2=random_array(6)     #参数设置为 6，调用随机序列产生函数
for i in array_2:
    print(i)      #输出序列元素
print(array_2)      #输出列表
```

输出结果如图 3.5 所示。

```
>>>
===== RESTART: C:/Users/gutao/AppData/Local/Programs/Python/Python37/aa.py =====
0.33687656385582554
0.0682121564011865
0.4018101272552468
0.5182997528319462
0.4033382492118929
0.6915670954522258
[0.33687656385582554, 0.0682121564011865, 0.4018101272552468, 0.5182997528319462, 0.4033382492118929, 0.6915670954522258]
>>>
```

图 3.5　求取随机数列表

3.3.2　函数的参数

在编写完函数后，就可以调用函数了。对于调用函数，只需要了解如何进行参数的传递，函数最后返回什么样的值就可以了，无须关注函数内部的复杂逻辑。在调用函数时可以使用的正式参数类型包括必选参数、关键字参数、默认参数、不定长参数 4 种，使得函数的调用既能处理复杂的参数，还能简化代码。

1. 必选参数

必选参数必须要以正确的顺序传入函数中，且调用时参数的个数要和定义时的参数个数保持一致，否则就会出现语法错误。下面的例子，将 str 作为必选参数，函数的功能是输出定义的字符串内容。

```
def print_str(str):
    print(str)
    return
str='Hello World!'
print_str(str)
```

输出结果如下。

```
Hello World!
```

函数结尾处的 return，由于该函数无须返回任何数值，因此可以省略不写。如果在调用函数时不进行参数的传入，则会输出以下错误提示信息。

```
Traceback (most recent call last):
  File "<pyshell#20>", line 1, in <module>
    print_str()
TypeError: print_str() missing 1 required positional argument: 'str'
```

2. 关键字参数

关键字参数允许传入 0 个或任意个含参数名的参数。使用关键字参数时允许函数调用的参数顺序与定义时的关键字参数顺序不一致，Python 解释器可以进行自动匹配。示例如下。

```
def print_str(str):
    print(str)
```

```
    return
print_str('Hello World!')
```

输出结果如下。

```
Hello World!
```

可以看出，使用不同的传参方式，能够得到同样的结果。

【例 3.14】　编写程序，函数调用时改变参数的指定顺序。

```
def Student(name,age):
    print("Name:",name)
    print("Age:",age)
    return
Student(age=24,name="小明")
```

输出结果如下。

```
Name: 小明
Age: 24
```

3. 默认参数

在日常使用中，会发现某些参数的传递经常保持同一个值不变。例如，同一个年级学生的年龄、某种药品需要服用的剂量等。因此，在定义这些参数时，可以给定其一个默认值，这样，在传参时只需要在参数发生变化时修改参数，其他情况则使用默认值，从而简化了函数的调用。在例 3.14 中将年龄改为默认参数，便降低了函数调用的难度。

```
def Student(name,age=20):
    print("Name:",name)
    print("Age:",age)
    return
Student(name="小明")
print("----------------")
Student(name="小红",age=22)
```

输出结果如下。

```
Name: 小明
Age: 20
----------------
Name: 小红
Age: 22
```

需要注意的是，在设置参数时，必须保证必选参数在前，默认参数在后，否则 Python 解释器将会报错。示例如下。

```
def Person(age=20,name):
   print("Name:",name)
```

输出结果如下。

```
SyntaxError: non-default argument follows default argument
```

4. 不定长参数

当需要函数处理的参数比函数声明的参数更多时，这些参数就是不定长参数。不定长参数可以是一个或多个，当然也可以是 0 个。不定长参数的语法格式如下。

```
def 函数名 ([其他参数，]*不定长参数):
    '''注释'''
    函数语句块
```

前面加一个星号“*”的参数会以元组的形式导入，存放所有未命名的变量参数。示例如下。

```
def Sum(*number):       #number 为元组形式
   sum=0
   for i in number:
       sum=sum+i
   return sum
Sum(1,2,3)
```

输出结果如下。

```
6
```

还有一种前面带两个星号“**”的参数，这种参数会以字典的形式导入。示例如下。

```
def Student(name,age,**other):
    print("Name:",name)
    print("Age:",age)
    print("Others:",other)     #other 输出为字典形式
    return
Student("小明",20)
print("----------------")
Student("小红",22,性别="女")
```

输出结果如下。

```
Name: 小明
```

```
Age: 20
Others: {}
----------------
Name: 小红
Age: 22
Others: {'性别': '女'}
```

3.3.3　递归函数

递归函数是指函数自己直接或间接地调用自己的过程，是将一个大型的复杂问题逐渐转化为一个与原问题相似的规模较小的问题。编写递归函数时要注意函数的递归结束条件以及递归步骤，即求取 n 和 n-1 表达式之间的关系。当然，所有递归函数都能够用非递归方式进行实现，只是相比较而言，使用递归能够通过少量代码解决多次重复计算的问题，极大地减少了程序的代码量，代码结构也会变得更加简洁明了，便于阅读。

【例 3.15】　阶乘计算。

可以先尝试使用非递归方式来定义函数。

```
def fact(n):
    m=1
    if n==0 or n==1:
        return 1
    else:
        for i in range(1,n+1):
            m=m*i
        return m
```

再尝试使用递归方式来定义函数。

```
def fact (n):
    if n==0 or n==1:
        return 1
    else:
        return n*fact(n-1)
```

可以明显地看出，使用非递归方式定义的函数要比使用递归方式定义的函数复杂。分别调用两种函数对 1~7 的阶乘进行输出，代码如下。

```
for i in range(1,8):        #输出 1～7 的阶乘
    print(i,'!=',fact(i))
```

输出结果如下。

```
1 != 1
```

```
2 != 2
3 != 6
4 != 24
5 != 120
6 != 720
7 != 5040
```

可以发现输出结果完全相同。

【例 3.16】 求级数有界值。

设级数公式为 $H_n=1+1/2+1/3+\cdots+1/n$。

求取其有界值，可以定义递归函数如下。

```
def har_value(n):
   if n==1: return 1.0
   return har_value(n-1)+1.0/n    #return 要与 if 对齐
for i in range(1,10):    #输出 1~9 阶级数值
   print('H',i,'=',har_value(i))
```

输出结果如下。

```
H 1 = 1.0
H 2 = 1.5
H 3 = 1.8333333333333333
H 4 = 2.083333333333333
H 5 = 2.283333333333333
H 6 = 2.4499999999999997
H 7 = 2.5928571428571425
H 8 = 2.7178571428571425
H 9 = 2.8289682539682537
```

递归次数限制：函数递归不是无穷无尽的，受到内存大小的限制。系统一般默认为 1000 次递归。由以下语句可以获得默认递归次数。

```
>>> import sys
>>> sys.getrecursionlimit()
1000
```

用以下语句可以设置递归次数。

```
>>> import sys
>>> sys.setrecursionlimit(2000)
```

3.3.4　匿名函数

匿名函数，顾名思义，在定义时不再使用上述标准的关键字 def 来定义函数，而是使用关键字 lambda 来创建函数。使用 lambda 创建的函数主体是一个表达式，而不是之前所见到的代码块。因此，相对 def 所定义的函数来说要简单许多，这种匿名函数仅能将有限的逻辑运算封装在函数表达式中。从下面的语句中读者可以体会匿名函数的创建过程。

```
>>> f=lambda x,y,z:(x+y+z)/3  #lambda 是关键字，x,y,z 是参数，冒号后是函数表达式
>>> f(1,2,3)
2.0
```

上述匿名函数实现的功能完全等同于例 3.12 中使用 def 所定义的函数实现的功能。然而，形式上却简化了很多。可以看到，在冒号的前面是对函数参数的定义，冒号后面是具体的表达式，用来实现函数的具体功能。由于匿名函数没有函数名，所以避免了因函数名相同造成的程序冲突。匿名函数的主体是一个表达式，因此不需要写 return，函数的表达式就是返回的结果。还可以将匿名函数直接赋值给某个变量，通过变量来调用匿名函数，或者将匿名函数作为返回值返回。示例如下。

```
>>> def average(x,y,z):
        return lambda:(x+y+z)/3
>>> aver=average(1,2,3)
>>> aver()
2.0
```

3.3.5　将函数存储在模块中

函数是将实现某一特定功能的代码块或是需要多次重复使用的代码块作为一个整体，从而方便程序员调用。程序员只需要通过函数指定的描述性名称，了解函数实现的功能，以及如何进行参数传递，从而调用函数。将函数模块与主程序进行分离，可以简化主程序，使主程序更加便于理解和阅读。

还可以更进一步地将函数存储在作为模块的独立文件中。通过这种方式，可以将函数中的程序代码隐藏起来，使编程人员在编程时更加关注上层逻辑。在主程序中导入所需函数的模块，就可以使用这些函数。通过将函数存储在独立文件的方式，编程人员可以和其他程序员共享这些文件而不是程序。同样，大家都可以导入其他程序员所编写的函数进行使用。在第 1 章中已经学习过这种方式，即通过 import 语句将模块导入主程序中。

导入模块的方法有很多，下面进行详细介绍。

1. 导入整个模块

这里所说的模块，其实就是扩展名为.py 的文件。一个.py 文件能够存储多个函数，在主程序中通过 import 语句导入模块就可以使用这些函数了。这里仍然以例 3.12 中的函数

为例，先建立一个名为 fun_average.py 的文件，删除除函数 average(x,y,z)之外的其他代码，具体内容如下。

```
def average(x,y,z):
    return  (x+y+z)/3
```

在相同的路径下建立另一个名为 print.py 的文件，输入以下内容。

```
import fun_average
print('(x+y+z)/3 is:',fun_average.average(3,4,5))
```

运行文件 print.py，输出结果如图 3.6 所示。

```
Python 3.7.5 (tags/v3.7.5:5c02a39a0b, Oct 15 2019, 00:11:34) [MSC v.1916 64 bit
(AMD64)] on win32
Type "help", "copyright", "credits" or "license()" for more information.
>>>
= RESTART: C:\Users\Administrator\AppData\Local\Programs\Python\Python37\print.p
y
(x+y+z)/3 is: 4.0
>>>
```

图 3.6　导入整个模块运行

观察输出结果可以发现，与例 3.12 的输出结果完全一致。需要注意的是，当使用 import 导入 fun_average 模块后，想要调用模块中的函数必须使用“模块名.函数名”的格式，即对 fun_average.average(3,4,5)的格式进行调用，与之前直接通过函数名调用略有不同。

2. 导入模块中的函数

可以导入模块中的某个函数。语法格式如下。

```
from 模块名 import 函数名
```

也可以从同一个模块中同时导入多个函数。语法格式如下。

```
from 模块名 import 函数名 1,函数名 2,…
```

同样还是以例 3.12 为例进行说明。修改 print.py 文件中的内容如下。

```
from fun_average import average
print('(x+y+z)/3 is:',average(3,4,5))
```

运行文件 print.py，输出结果如图 3.7 所示。

```
Python 3.7.5 (tags/v3.7.5:5c02a39a0b, Oct 15 2019, 00:11:34) [MSC v.1916 64 bit
(AMD64)] on win32
Type "help", "copyright", "credits" or "license()" for more information.
>>>
= RESTART: C:\Users\Administrator\AppData\Local\Programs\Python\Python37\print.p
y
(x+y+z)/3 is: 4.0
>>>
= RESTART: C:\Users\Administrator\AppData\Local\Programs\Python\Python37\print.p
y
(x+y+z)/3 is: 4.0
>>>
```

图 3.7　导入模块中某个函数的运行结果

该输出结果与例 3.12 的输出结果完全一致。注意，此时不再需要使用“模块名.函数

名”的格式调用函数，而是与例 3.12 相同，直接调用即可。这是因为在程序中显式地导入了 average()函数，因此可以直接指定名称进行函数调用。

在导入模块中的函数时，有可能会遇到导入的函数名称与程序中已有函数名称相同或想要导入的函数名称过长带来使用不便的情况。这时，就需要给函数指定一个新的名称，以便在程序中更好地调用它。可使用关键字 as 对函数指定别名。语法格式如下。

```
from 模块名 import 函数名 as 别名
```

对 print.py 文件进行修改，利用 as 关键字将 average()函数的别名指定为 aver。此时已经将 average()重命名为 aver()。因此，再次调用函数时，就可以使用新的函数名调用了。

```
from fun_average import average as aver
print('(x+y+z)/3 is:',aver (3,4,5))
```

除了给函数指定别名外，还可以给模块指定别名。语法格式如下。

```
import 模块名 as 别名
```

在调用函数时仍然使用“模块名.函数名”的格式，只不过需要将模块名改为别名，而函数名则保持不变。这样不仅使代码变得更加简洁，也可以使编程人员更多地去关注具有特定功能的函数名，去更好地理解代码，这一点在编程中十分重要。

3.3.6 Python 内置函数

除用户自己定义函数外，Python 语言也提供了一些内置函数供程序员直接使用。表 3.2 列出了一些内置函数，读者可以根据需要查看函数功能，直接调用。

表 3.2 内置函数一览表

abs()	delattr()	hash()	memoryview()	set()
all()	dict()	help()	min()	setattr()
any()	dir()	hex()	next()	slicea()
ascii()	divmod()	id()	object()	sorted()
bin()	enumerate()	input()	oct()	staticmethod()
bool()	eval()	int()	open()	str()
breakpoint()	exec()	isinstance()	ord()	sum()
bytearray()	filter()	issubclass()	pow()	super()
bytes()	float()	iter()	print()	tuple()
callable()	format()	len()	property()	type()
chr()	frozenset()	list()	range()	vars()
classmethod()	getattr()	locals()	repr()	zip()
compile()	globals()	map()	reversed()	__import__()
complex()	hasattr()	max()	round()	

2.5 节已经介绍了一些内置函数，下面再介绍几个内置函数的使用方法。

【例 3.17】 使用 round()函数进行取整。

```
>>> round(9.5)
10
>>> round(9.1)
9
>>> round(-3.4)
-3
>>> round(-3.7)
-4
```

【例 3.18】 使用 max()函数返回最大值。

```
>>> a=[1.2 ,4.5 ,7.8]
>>> max(a)
7.8
```

【例 3.19】 使用 help()函数查看内置函数功能。

```
>>> help('abs')
Help on built-in function abs in module builtins:
abs(x, /)
    Return the absolute value of the argument.
```

在 Python 语言中，可以将函数名赋给一个变量，用变量代替函数名使用；也可以把函数名作为参数传递给另一个函数使用。

【例 3.20】 通过将 abs()函数赋给其他参数，对数值进行绝对值运算。

```
>>> fuc=abs
>>> a=fuc(-100)
>>> a
100
```

【例 3.21】 自己编写函数宏。

```
def fuc1(fuc,iterable):    #定义函数 fuc1，fuc 为函数名参数，iterable 为可迭代系列对象，如列表
    return fuc(iterable)
print(fuc1(max,[234,5,6,7]))
```

输出结果为 234。

这是一个自己编写的函数宏，如果把 fuc1()函数名改为 filter，就是 Python 语言中内置的过滤函数，即 filter(fuc, iterable)。filter()函数将 fuc 应用于 iterable 的每个元素，根据返

回值是真还是假决定保留还是丢弃该元素结果。filter()函数的返回结果为一个可迭代对象。

【例 3.22】 filter()函数的使用。

```
def is_eve(x):     #判断是否为偶数
   return x%2==0    #返回偶数
list(filter(is_eve,range(10)))
```

输出结果如图 3.8 所示。

```
>>> def is_eve(x):
        return x%2==0

>>> list(filter(is_eve,range(10)))
[0, 2, 4, 6, 8]
>>>
```

图 3.8 filter()函数的使用

【例 3.23】 eval()函数的使用。

```
>>> x=2
>>> eval("x+3")
5
>>> eval('max([2,3,6])')
6
>>> n=3
>>> eval('2*n')
6
```

由输出结果可见，eval()函数的功能是对字符串表达式进行运算。其一般的语法格式如下。

```
eval(expression[, globals[, locals]])
```

其中，expression 是表达式；globals 是变量作用域，全局命名空间，如果有，则必须是一个字典对象；locals 是变量作用域，局部命名空间，如果有，可以是任何映射对象。

【例 3.24】 memoryview()函数的使用。这个函数的参数是字节对象或字节数组对象。

```
>>> Ab=memoryview(b"hello")
>>> print(Ab)
<memory at 0x00000276C5998A08>
```

【例 3.25】 hex()函数的使用。其功能是将十进制数转换为十六进制数。

```
>>> hex(100)
'0x64'
```

【例 3.26】 oct()函数的使用。其功能可将其他进制数转换为八进制数。

```
>>> oct(100)
'0o144'
>>>oct(0x64)
'0o144'
```

本 章 小 结

(1) Python 语言使用分支结构和循环结构控制程序运行的流向。与 C 语言相比，其显著性特点是加上了冒号“:”，让语句理解变得更加自然。

(2) Python 函数分为内置函数和自定义函数。自定义函数可以把处理的问题模块化，让整个程序架构变得更加规范和易于理解。

(3) 递归函数是指函数自己调用自己的过程。编写递归函数时要注意函数的递归结束条件以及递归步骤。

(4) 函数宏和过滤函数 filter()都对可迭代对象进行操作。

习　　题

一、选择题

1．下列赋值语句中，不合法的是(　　)。

A．a=1;b=2　　B．a=(b=0)　　C．a=b=0　　D．a,b=b,a

2．关于 Python 循环结构，说法正确的是(　　)。

A．Python 只能通过保留字 for 来构建循环结构

B．break 语句用来结束本次循环，但不跳出当前循环体

C．循环遍历中的遍历结构只能是字符串、文件和组合数据类型

D．continue 语句用来结束本次循环

3．下面代码的输出结果是(　　)。

```
print(0.1+0.2==0.3)
```

A．True　　B．False　　C．-1　　D．0

4．函数参数定义不合法的是(　　)。

A．def func(*args,a=1)

B．def func(**args)

C．def func(a=1)

D．def func()

5．布尔值输出与其他不同的是(　　)。

A．True　　B．False　　C．None　　D．0

6．在使用 ATM 时，如果密码三次输入错误，账户将会被锁定。下面代码是否能够实现此功能，若不能，需要如何改进？(　　)

```
for i in range(8):
    password=input('请输入密码：')
    if password=='123456':
        print('密码输入正确')
        continue
    elif i == 3:
        print('密码连续三次输入错误，账户已锁定，请联系工作人员！')
        break
    else:
        print('密码错误，请重新输入')
```

A．可以实现要求

B．不能实现，需将第 8 行的 break 改为 continue

C．不能实现，需将第 1 行的 range(8)改为 range(3)

D．不能实现，需将第 5 行的 continue 改为 break，第 6 行的 i==3 改为 i==2

7．说法错误的是(　　)。

A．可以使用 pass 作为占位符来定义一个空函数

B．程序调试时若未出现错误，则可以得到正确结果

C．在一个函数内部能够定义其他函数

D．可以在语句前添加注释

8．下面的代码，for 循环中 x 的输出结果为(　　)。

```
x=1
for i in range(0,10):
    x=x+i
```

A．45　　B．56　　C．46　　D．1

9．下面代码的输出结果为(　　)。

```
sum=0
item=0
while(item<4):
    sum = sum + item
    item=item+1
    if(sum==2):
        break
```

```
print(sum)
```

A．10　　B．2　　C．3　　D．6

10．下面代码的输出结果为(　　)。

```
color=['green','red','blue']
for i,j in zip(range(0,2),color):
    print(i,j,end='|')
```

A．0 green|1 red|2 blue　　B．0 red|1 green|

C．0 red|1 green|2 blue　　D．0 green|1 red|

二、思考题

1．阅读下面的 Python 语句，请问输出结果是什么？

```
for c in "apple":
    if c=="l":
        continue
    print(c,end="")
```

2．阅读下面的 Python 语句，请问输出结果是什么？

```
def dict_Sum(Dict):
    sum = 0
    for i in Dict:
        sum=sum+Dict[i]
    return sum
dict = {'a': 100, 'b':200, 'c':300}
print("Sum :", dict_Sum(dict))
```

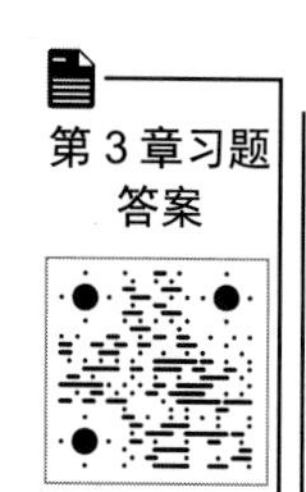

三、程序题

编写程序，实现快速排序。

第 4 章

Python 类、异常处理、文件

本章介绍 Python 类的概念与类的应用、异常处理、文件操作。类是面向对象编程中特有的一种数据结构，其封装了变量和处理变量的方法。类的成员如何引用是使用类时要注意的事项。异常是程序在运行过程中由于变量类型等各种原因，可能会出现的不同问题。为了解决这些未知问题，需要编程者提前为各种错误编写解决问题的程序。文件操作是编程过程与外部磁盘交互的一种方式，通过文件操作可以读取和保存数据。

本章建议 4 个学时。

教学目标

- Python 类定义。
- Python 类成员。
- Python 异常处理。
- Python 文件操作。

教学要求

知识要点	能力要求	相关知识
Python 类	(1) 类定义; (2) 类成员	Python 类成员引用
Python 异常	(1) 异常的概念; (2) 异常处理	异常函数使用
Python 文件	(1) 文件的概念; (2) 文件操作	文件操作函数

推荐阅读资料

https://www.runoob.com/python/python-tutorial.html (Python 基础教程)

引例

代码复用与编程自动化

在学习编程技术时，每个人都会考虑如何提高编程效率这个问题。从机器语言到汇编语言，再从汇编语言到高级语言，编程者可以用更接近自然语言思路的方式编写程序。随着编程规模的扩大，摆在编程者面前的主要问题是如何有效使用以前已编写过的代码。这就是代码复用问题。设计者在面向过程编程技术中提供了几种技术：函数调用、内联、宏。当面向对象编程技术面世后，利用类的继承性和类的接口函数又进一步提高了代码复用功能，如类模板技术。

人类对减少编程重复劳动的欲望是无止境的，未来最高境界是实现意念编程、语音编程或编程自动化。随着人工智能(Artificial Intelligence，AI)的快速发展，也许这一天会很快来到。据报道，微软和剑桥团队一同研发了 DeepCoder 人工智能系统，该系统采用深度学习技术模拟人工神经网络，以初步实现机器自动化编程。该报道有点令人既兴奋又担心，担心的是 AI 技术的发展不会让程序员失业吧？

4.1 Python 类

4.1.1 类

类是一种数据结构，包括数据成员和对数据处理的函数成员。相当于对变量和函数进行了整体封装，形成一个新的数据类型结构。类在使用前，应该先创建类，再使用其对象实例。一个类中包含有类属性、实例方法、静态方法、类方法。下面进行一一介绍。

类定义格式如下。

```
class 类名:
    类体
```

类名第一个字母为大写，其他为小写字母或数字。类体由函数构成。要想使用类，还要创建类的实例，即类对象。每个对象都有相同的方法，但其数据可能有所不同。类和实例是面向对象编程中最重要的两个概念。创建和使用类对象的格式如下。

```
One_Object=类名(参数列表)
```

```
One_Object.对象属性 或者 One_Object.对象函数
```

将类名(参数列表)赋给 One_Object，相当于对其进行了初始化。类的属性和函数用“.”引用。

类实例对象属性还可以通过“self.变量名”访问，在__init__()中使用，__init__是系统已经定义好的函数。

【例 4.1】　创建一个学生类，并输出字符串。

```
class Student1:    #类名第一个字母大写
    def __init__(self,name,age):    #__init__构造函数初始化类属性参数值
        self.name=name
        self.age=age
    def say_hello(self):
        print('Hello, My Name is:',self.name)
S1=Student1('Piter',23)
S1.say_hello()
```

输出结果如图 4.1 所示。

```
==== RESTART: d:/Users/gutao/AppData/Local/Programs/Python/Python37/aa.py ====
Hello, My Name is: Piter
>>>
                                                    Ln: 736 Col: 16
```

图 4.1　类的创建和使用

注意，在__init__方法中，第一个参数永远是 self，它表示实例本身，所以可以将实例对象与 self 进行绑定。在创建实例时，要传入与__init__相匹配的参数，如在例 4.1 中，需要传入 name 和 age 参数值，而 self 无须传入。学习过 C++的读者体会一下，self 的作用是不是有点像 this 指针的作用。

在类中定义的函数与第 3 章介绍的普通函数相比，不同之处在于类中定义的函数第一个参数必须是 self，且调用函数时无须传入该参数，其余并无差别。因此，普通函数可以使用的参数类型，类中定义的函数也可以使用。

【例 4.2】　修改学生类属性，新建 Python 文件，输入以下程序并运行。

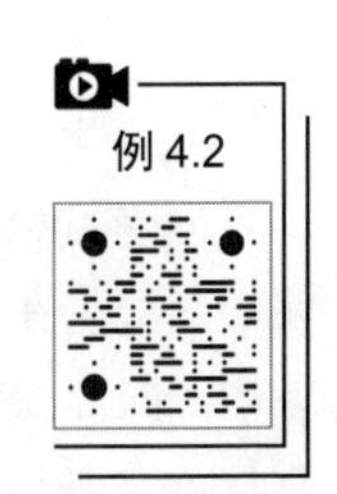


```
class Student1:
    def __init__(self,name,age):    #__init__构造函数初始化类属性参数值
        self.name=name
        self.age=age
    def say_hello(self):
        print('Hello, My Name is:',self.name)
S1=Student1('Piter',23)    #创建类 S1
S1.say_hello()    #引用类对象函数
S2=Student1('Piter',23 )
```

```
S2.name='Srose'    #修改属性
S2.age=24
print('Hello, My Name is:',S2.name,'Age is:',S2.age)
```

输出结果如图 4.2 所示。

```
>>>
===== RESTART: C:/Users/gutao/AppData/Local/Programs/Python/Python37/aa.py =====
Hello, My Name is: Piter
Hello, My Name is: Srose Age is: 24
>>> |
```

图 4.2　类属性的修改

除了在定义类时进行类属性和方法的建立，还可以用动态方式绑定类属性和方法。

【例 4.3】　对学生类采用动态方式绑定类属性和方法。

```
class Student1:
    def __init__(self,name,age):
        self.name=name
        self.age=age
    def eat(self):
        print(self.name+'在吃饭')
stu1=Student1('张三',20)
stu2=Student1('李四',30)
print('----------为stu2动态绑定性别属性------------')
stu2.gender='女'
print(stu2.name,stu2.age,stu2.gender)
print(stu1.name,stu1.age)

def show():
    print('动态绑定方法')
stu2.show=show    #动态绑定方法，将定义的show()函数绑定到stu2
stu2.show()    #调用show()函数
```

输出结果如图 4.3 所示。

```
----------为stu2动态绑定性别属性------------
李四 30 女
张三 20
动态绑定方法
>>>
```

图 4.3　动态绑定类属性和方法

当尝试输出 print(stu1.gender)时，会发现程序报错，如图 4.4 所示，提示 stu1 没有 gender 属性。原因在于 gender 是在定义 Student1 之后单独为 stu2 创建的，因此无法通过 stu1 进行调用。同理，如果使用 stu1 调用 show()方法，程序同样也会报错，如图 4.5 所示。读者可以发现一个类可以创建多个实例对象，每个实例对象可以有不同的属性，调用不同的方法。

```
Traceback (most recent call last):
  File "G:/python_code/book_edit/4_3.py", line 20, in <module>
    print(stu1.gender)
AttributeError: 'Student1' object has no attribute 'gender'
>>>
```

图 4.4　输出 stu1.gender 报错

```
Traceback (most recent call last):
  File "G:/python_code/book_edit/4_3.py", line 21, in <module>
    stu1.show()
AttributeError: 'Student1' object has no attribute 'show'
>>>
```

图 4.5　stu1 调用 show()函数报错

4.1.2　类私有属性、公有属性

在例 4.2 中，外部代码可以通过创建实例来操作类的内部数据，这样可以隐藏类的内部复杂逻辑，但是，外部代码还是可以很容易地修改类的实例 name 和 age 属性。如果要让内部属性也不被外部修改，这时需要将公有属性变为私有属性。这样就只有类的内部成员可以访问，外部将无法访问。

以两个下划线开头但不以两个下划线结束定义的属性是私有属性，其他定义方式都是公有属性。虽然私有属性不能直接访问，但是经过特殊改写后，也可以访问。

【例 4.4】　实现对学生类私有属性和公有属性的定义。

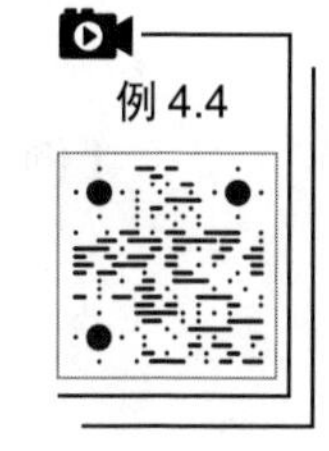


```
class Student3:
    def __init__(self,name,age):#__init__构造函数初始化类属性参数值
        self.name=name
        self.__age=15
    def say_hello(self):
        #类内部调用私有属性
        print('Hello, My Name is:',self.name,'Age is',self.__age)
S4=Student3('Piter',23)
#初始化 S4 类对象，公有属性可以修改，但私有的不能直接访问，输出还是 15
S4.say_hello()
```

输出结果如图 4.6 所示。

```
===== RESTART: C:/Users/gutao/AppData/Local/Programs/Python/Python37/aa.py =====
Hello, My Name is: Piter Age is 15
>>> |
                                                              Ln: 42 Col: 4
```

图 4.6　类的私有属性和公有属性使用

私有属性无法进行访问是因为 Python 解释器将__age 改写成了_Student3__age，因此我们可以通过_Student3__age 来访问__age 变量，如例 4.5 所示。

【例 4.5】 通过类名对私有属性进行修改。

```
class Student3:
    def __init__(self,name,age):    #__init__构造函数初始化类属性参数值
        self.name=name
        self.__age=15
    def say_hello(self):
        print('Hello, My Name is:',self.name,'Age is',self.__age)
S4=Student3('Piter',23)
S4.say_hello()
S4._Student3__age=90    #改成类名直接访问，修改成功
print('Hello, My Name is:',S4.name,'Age is:',S4._Student3__age)
```

输出结果如图 4.7 所示。

```
>>>
===== RESTART: C:/Users/gutao/AppData/Local/Programs/Python/Python37/aa.py =====
Hello, My Name is: Piter Age is 15
Hello, My Name is: Piter Age is: 90
>>> |
                                                              Ln: 58 Col: 4
```

图 4.7 通过类名修改类的私有属性

通过使用 S4.__age=90 来改写私有属性，可以成功地改写。然而，此时的__age 和类中__age 并不是同一个变量。由于 Python 解释器已经在类中的__age 修改成_Student3__age，因此，执行语句 S4.__age=90 的真正结果是将类中增加了一个新的属性__age，这个可以通过在类中增加一个 get_age()的方法来验证，如例 4.6 所示。

【例 4.6】 _Student3__age 与__age 的区别验证。

```
class Student3:
    def __init__(self,name,age):  #__init__构造函数初始化类属性参数值
        self.name=name
        self.__age=15
    def say_hello(self):
        print('Hello, My Name is:',self.name,'Age is',self.__age)
    def get_age(self):
        return self.__age
S4=Student3('Piter',23)
S4.__age=90
S4.__age
S4.get_age()
```

输出结果如下。

```
90
15
```

注意，这里并不推荐使用_Student3__age 来达到修改私有属性的目的。因为，不同的 Python 解释器可能将__age 改成不同的变量名。

除以上方法，访问私有属性，还可以改造成访问私有属性的函数，通过@property 装饰器修饰该函数，从而访问私有属性。

【例 4.7】　通过装饰器访问私有属性。

```
class Person1:
    def __init__(self,name):
        self.__name=name
    @property    #property 装饰器访问私有属性，返回变量值
    def name(self):
        return self.__name
    @name.setter    #setter 装饰器访问私有属性，设置变量值
    def name(self,value):
        self.__name=value
    @name.deleter    #deleter 装饰器访问私有属性，删除变量值
    def name(self):
        del self.__name
p=Person1('鼎科远图')
print(p.name)
p.name='鼎科'
print(p.name)
```

输出结果如图 4.8 所示。

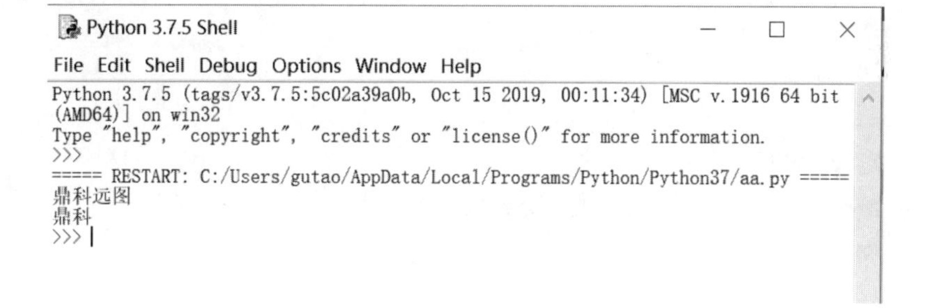

图 4.8　装饰器访问私有属性

Python 对象中有很多以双下划线开始和结束的属性，这些是特殊属性，有着特殊用法。常见类的特殊属性含义如下。

__name__：类名字。

__module__：类定义所在的模块名称。

__class__：对象所属的类。

__bases__：类的基类(父类)的元组。

__doc__：类、函数的文档字符串，如果没有定义则为 None。

__mro__：基类元组，方法查找顺序。

__dict__：类或实例的属性，可写的字典。

使用__dict__获取原来类定义中没有定义属性的关键字设置，相当于给类加了一个新的属性或键。

```
>>> class D1:
    pass


>>> q=D1()
>>> q.name='setting name'  #相当于直接构建了一个属性，并赋值，属性名可以任意取
>>> q.name
'setting name'
>>> q.__dict__
{'name': 'setting name'}
```

上面相当于重载了__getattr__()和__setattr__()函数，完成属性自定义。

【例 4.8】 类的特殊属性的使用。

```
class A:
    pass
class B:
    pass
class C(A,B):
    def __init__(self,name,age):
        self.name=name
        self.age=age
class D(A):
    pass
#创建 C 类的对象
x=C('Piter',20)  #x 是 C 类的一个实例对象
print(x.__dict__)
print(C.__dict__)
print('--------------------')
print(C.__name__)
print(C.__module__)
print(x.__class__)
print(C.__bases__)
print(C.__doc__)
print(C.__mro__)
```

输出结果如图 4.9 所示。

```
{'name': 'Piter', 'age': 20}
{'__module__': '__main__', '__init__': <function C.__init__ at 0x000001E6A46CD168>, '__doc__': None}
---------------------
C
__main__
<class '__main__.C'>
(<class '__main__.A'>, <class '__main__.B'>)
None
(<class '__main__.C'>, <class '__main__.A'>, <class '__main__.B'>, <class 'object'>)
>>>
```

图 4.9　类的特殊属性使用

4.1.3　类方法

描述对象的行为有时也称为方法或函数，这几种名称的本质都是一样的。定义方法的语法格式如下。

```
def 方法名(self,[形式参数]):
    函数体
```

注意，第一个参数为 self，这个参数的含义类似于 C++中的 this 指针。在调用该方法时，用户不能对 self 参数传递数据。

【例 4.9】　定义一个 Person_stud 类。

```
>>> class Person_stud:
        def say_hello(self,name):
            self.name=name
           print('Hello',self.name)
>>> s1=Person_stud()
>>> s1.say_hello('Peter')     #调用时，没有对第一个参数传递数据
Hello Peter
```

在类方法定义前用@staticmethod 或@classmethod 修饰，称为静态方法和类方法。这两个方法与类的实例无关，不对特定实例操作。通过“类名.类方法名(参数)”引用使用。

【例 4.10】　class_def.py 文件定义了静态方法和类方法。对类方法的使用如下。

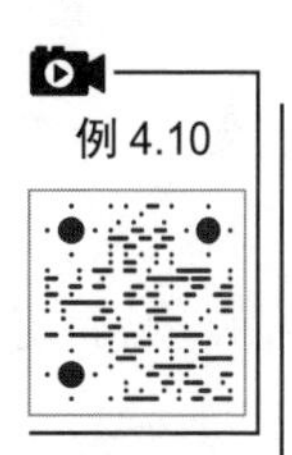


```
class Class_method:
    classname="Class_method"
    def __init__(self,name):
        self.name=name
    def f1(self):
        print(self.name)
    @staticmethod    #静态方法
    def f2():
        print("static")
    @classmethod
    def f3(cls):     #类方法定义中必须要有第一个 cls 参数
```

```
print(cls.classname)
```

对类方法的使用如图 4.10 所示。

```
>>>
========== RESTART: C:/Users/gutao/Desktop/软著/python 机器学习/class_def.py ===
======
>>> f=Class_method('顾')
>>> f.f1()
顾
>>> Class_method.f2()
static
>>> Class_method.f3()
Class_method
>>>
                                                            Ln: 44  Col: 0
```

图 4.10　类方法的使用

由上例可以看到，不同的定义函数的方式在引用函数时方式也不同。还要注意的是，在定义静态方法 f1()时，没有提供任何参数；而在定义类方法 f3()时，必须提供第一个参数。本例说明的是静态方法和类方法都是将类本身作为对象进行操作的方法，而一般方法需要一个类实例来调用才可以，如 f.f1()。

4.1.4　类的继承

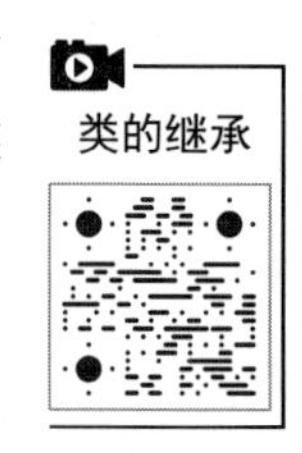

在 Python 语言中，类也可以继承。当在定义一个新类时，还可以从原有的类继承出来，这时称这个原有的类为父类、基类或超类，称新的类为子类或派生类。在继承父类后，子类拥有了和父类相同的功能，并且可以添加自己特有的新的功能，具体的语法格式如下。

```
class 子类名(父类名):
    函数体
```

可以先定义一个名为 Person 的父类进行说明。

```
class Person:
    def __init__(self,name,age):
        self.name=name
        self.age=20
    def say_hello(self):
        print('Hello,My name is ',self.name,'Age is ',self.age)
```

然后定义一个新的名为 Student 的类用来继承 Person 类作为子类。

```
class Student(Person):
    pass
```

运行下列代码，输出结果如图 4.11 所示。可以看到，子类 Student 完全继承了父类的功能。

```
S1=Student('peter',20)
S1.say_hello()
```

```
>>> S1=Student('peter',20)
>>> S1.say_hello()
Hello,My name is  peter Age is  20
>>>
```

图 4.11　类的继承

然而，如果一个子类只能够继承父类的所有功能，便和父类没有任何区别。子类的特殊性就体现在子类不仅能够增加父类所没有的方法，还可以重写父类原有的方法使其更加符合子类的特点。下面为 Student 类增加更多的属性和方法，并将父类原有的方法进行重写。

```
class Student(Person):
    def __init__(self,name,age,number):
        Person.__init__(self,name,age)
        self.number=number
    def say_hello(self):
        print('Hello,My name is ',self.name,'.Age is ',self.age,'.Student 
number is ',self.number)
    def introduction(self):
        print('I am a sutdent')
    S1=Student('XiaoMing',22,'003')
    S1.say_hello()
    S1.introduction()
```

当调用 say_hello()和 introduction()后，可以看到运行结果为改写后的 say_hello()，且增加的 introduction()方法也可以正常运行，如图 4.12 所示。

```
>>> s1.say_hello()
Hello,My name is  XiaoMing .Age is  20 .Student number is  003
>>> s1.introduction()
I am a sutdent
>>>
```

图 4.12　子类方法的调用

4.1.5　多重继承

继承是面向对象编程中的一个重要内容，在 4.1.4 节中介绍了子类通过继承父类，能够扩展和重写父类的功能。然而有时候一个类不仅需要继承一个父类的功能，还需要继承多个父类来进行功能扩展。例如，学生不仅需要具有学习的功能，还需要具有运动的功能、打扫卫生的功能、玩游戏的功能等。这些功能实现可以用多重继承来完成。

多重继承与继承的语法结构相似，具体语法格式如下。

```
class 子类名(父类名 1,父类名 2,…):
    函数体
```

先定义几个具有不同功能的父类。

```
class study:
    def studying(self):
        print("I am studying")


class sports:
    def run(self):
        print("I am running")
    def basketball(self):
        print("I am playing basketball")
```

然后定义名为 Student 的类继承上面的 study 类和 sports 类。由于本节只是介绍多重继承的使用，因此不再对子类进行重写和功能扩展。

```
class Student(study,sports):
    pass
```

当调用所继承的父类方法后，输出结果如图 4.13 所示。通过多重继承，子类能够同时获得多个父类的所有功能。

```
S1=Student()
S1.studying()
S1.run()
S1.basketball()
```

```
>>>
= RESTART: C:/Users/Administrator/AppData/Local/Programs/Python/Python37/student
.py
I am studying
I am running
I am playing basketball
>>>
```

图 4.13　多重继承的使用

4.1.6　Object 类

Object 类是所有类的父类，所有类都具有 Object 类的属性和方法。内置函数 dir()可以查看指定对象的所有属性。Obeject 类有一个__str__()方法，用于返回一个对于“对象的描述”，对应于内置函数 str()，一般会对__str__()进行重写。常用 print()方法帮助查看对象的信息。

【例 4.11】　Object 类的属性和方法示例。

```
class Student:
    def __init__(self,name,age):
        self.name=name
        self.age=age
    def __str__(self):
        return '我叫{0},今年{1}岁'.format(self.name,self.age)

stu=Student('张三',20)
print(dir(stu)) #查看对象的所有属性
print(stu)  #默认会调用__str__()方法
print(type(stu))
```

输出结果如图 4.14 所示。

```
['__class__', '__delattr__', '__dict__', '__dir__', '__doc__', '__eq__', '__form
at__', '__ge__', '__getattribute__', '__gt__', '__hash__', '__init__', '__init_s
ubclass__', '__le__', '__lt__', '__module__', '__ne__', '__new__', '__reduce__',
 '__reduce_ex__', '__repr__', '__setattr__', '__sizeof__', '__str__', '__subclas
shook__', '__weakref__', 'age', 'name']
我叫张三,今年20岁
<class '__main__.Student'>
>>>
```

图 4.14　Object 类的属性和方法

4.1.7　封装、继承、多态

面向对象编程语言的类具有封装、继承、多态的特点，Python 语言中的类同样具有这些特点。前面对 Python 类的学习已经体现出了这 3 个特征，将方法和属性统一封装到类中，在方法内部对属性进行操作，在类对象的外部进行方法的调用。这样，用户无须关心内部具体细节，隔离了复杂度，这就是封装。而子类对父类方法的使用和重写则是对继承特性的体现。那么，多态的特性又是如何体现的呢？读者可通过例 4.12 了解其特点。

【例 4.12】　Python 语言类的多态性举例。

```
#定义四个类
class Animal(object):
    def eat(self):
        print('动物吃食物')
class Dog(Animal):    #Dog 类继承 Animal 类
    def eat(self):
        print('狗吃骨头')
class Cat(Animal):    #Cat 类继承 Animal 类
    def eat(self):
        print('猫吃鱼')
```

```
class Person:
    def eat(self):
        print('人吃五谷杂粮')

#定义一个函数
def fun(obj):
    obj.eat()

#开始调用函数
fun(Cat())
fun(Dog())
fun(Animal())
print('----------------------')
fun(Person())
```

输出结果如图 4.15 所示。

```
猫吃鱼
狗吃骨头
动物吃食物
----------------------
人吃五谷杂粮
>>>
```

图 4.15　Python 语言类的多态性

由例 4.12 可以看到，Animal 类为父类，Dog 类、Cat 类及 Person 类为子类。4 个类中都有 eat()方法，通过 fun()函数实现对 eat()方法的调用。在调用过程中，我们并不知道变量所引用的对象到底是什么类型，但仍然可以通过这个变量调用方法；在运行过程中，根据变量所引用对象的类型，动态决定调用哪个对象中的方法，这就是 Python 语言中多态特性的体现。Python 语言的多态性和其他面向对象编程语言多态性的不同之处在于，Python 是一门动态语言，不需要关心对象是什么类型，用户只需要关心对象的行为就可以了，通常把这种类型称为“鸭子类型”。

当不清楚两个类之间的关系，或实例对象与类之间的关系时，可以通过 issubclass()方法来检测一个类是否为另一个类的子类，通过 isinstance()方法来判断某个实例对象是否为该类或该类的子类。具体语法格式如下。

isinstance(object,classinfo)格式，如果 object 是 classinfo 的实例，或者 object 是 classinfo 子类的实例，则返回 True，否则返回 False。其中，参数 object 为实例对象；classinfo 为直接或间接类名、基本类型，或者由它们组成的元组。

issubclass(class,classinfo)格式，如果 class 是 classinfo 的子类，则返回 True，否则返回 False。其中，class 与 classinfo 两个参数都是类名。

4.1.8　类的浅拷贝与深拷贝

在 Python 语言中，对象的赋值操作实际上是对象的引用，当创建一个对象，并将它赋给另一个变量时，Python 并没有拷贝这个对象，而是直接将对象的引用进行拷贝。通常有 3 种拷贝方式。

(1) 直接赋值，只是将对象的引用进行拷贝，只是形成两个变量。

(2) 浅拷贝，拷贝时，对象包含的子对象内容不拷贝。因此，原对象与拷贝对象会引用同一个子对象。

(3) 深拷贝，拷贝时，递归拷贝对象中包含的子对象。因此，原对象和拷贝对象所有的子对象也不相同。

【例 4.13】　直接赋值操作。

```
lst1=[0,2,5,['a',3]]
lst2=lst1    #直接赋值
print(lst2)
print('------------------------')
print(id(lst1))    #用 id()函数查看两个对象的内存地址，发现输出结果一样
print(id(lst2))
print('------------------------')
lst1.append(7)    #在对象 lst1 末尾添加一个元素
print(lst1) #lst1、lst2 两个对象同时被添加
print(lst2)
print('------------------------')
lst2.remove(2)    #lst2 对象被删除一个元素
print(lst1)    #lst1、lst2 两个对象同时被删除一个元素
print(lst2)
```

输出结果如图 4.16 所示。

```
[0, 2, 5, ['a', 3]]
--------------------------
2425222895240
2425222895240
--------------------------
[0, 2, 5, ['a', 3], 7]
[0, 2, 5, ['a', 3], 7]
--------------------------
[0, 5, ['a', 3], 7]
[0, 5, ['a', 3], 7]
>>>
```

图 4.16　直接赋值操作

【例 4.14】　类对象的赋值操作。

```
class CPU:
    pass
cpu1=CPU()
```

```
cpu2=cpu1      #类对象的赋值操作指向同一个对象
print(cpu1,id(cpu1))
print(cpu2,id(cpu2))
```

输出结果如图 4.17 所示。

```
<__main__.CPU object at 0x000001C02B58C748> 1924872587080
<__main__.CPU object at 0x000001C02B58C748> 1924872587080
>>>
```

图 4.17　类对象的赋值操作

【例 4.15】　类的浅拷贝操作。

```
import  copy
class CPU:
    pass
class Disk:
    pass
class Computer:
    def __init__(self,cpu,disk):
        self.cpu=cpu
        self.disk=disk
cpu1=CPU()
disk=Disk()  #创建一个磁盘类的对象
computer=Computer(cpu1,disk)  #创建一个计算机类的对象

#浅拷贝
print(cpu1)
print(disk)
computer2=copy.copy(computer)     #类拷贝
print(computer,computer.cpu,computer.disk)      #子对象引用地址一样
print(computer2,computer2.cpu,computer2.disk)  #子对象引用地址一样
```

输出结果如图 4.18 所示。

```
<__main__.CPU object at 0x000002B38BD64908>
<__main__.Disk object at 0x000002B38BD6E108>
<__main__.Computer object at 0x000002B38BD6E288> <__main__.CPU object at 0x000002B38BD64908> <__main__.Disk object at 0x000002B38BD6E108>
<__main__.Computer object at 0x000002B38BB95B88> <__main__.CPU object at 0x000002B38BD64908> <__main__.Disk object at 0x000002B38BD6E108>
>>>
```

图 4.18　类的浅拷贝操作

【例 4.16】 类的深拷贝操作。

```
import  copy
class CPU:
    pass
class Disk:
    pass
class Computer:
    def __init__(self,cpu,disk):
        self.cpu=cpu
        self.disk=disk
cpu1=CPU()
disk=Disk()    #创建一个硬盘类的对象
computer=Computer(cpu1,disk)    #创建一个计算机类的对象

#深拷贝
print(cpu1)
print(disk)
computer3=copy.deepcopy(computer)
print(computer,computer.cpu,computer.disk)       #子对象引用地址不同
print(computer3,computer3.cpu,computer3.disk)  #子对象引用地址不同
```

输出结果如图 4.19 所示。

```
<__main__.CPU object at 0x000002C20B149588>
<__main__.Disk object at 0x000002C20B1CE108>
<__main__.Computer object at 0x000002C20B1CE288> <__main__.CPU object at 0x000002C20B149588> <__main__.Disk object at 0x000002C20B1CE108>
<__main__.Computer object at 0x000002C20B1CE308> <__main__.CPU object at 0x000002C20B1D8908> <__main__.Disk object at 0x000002C20B1D8988>
>>>
```

图 4.19 类的深拷贝操作

当类的功能越来越丰富时，整个程序的规模会变得越来越大。为了方便类的使用，可以像 3.3.5 节所介绍的方法，将类存储在模块中，然后在主程序中通过 import 语句导入相应的模块。

同样地，将类放在模块中，通过“import 模块名”的方式导入。使用模块中类的方式与调用模块中函数的方式类似，即“模块名.类名”。也可以导入模块中具体的某个或多个类，或通过 as 关键字给导入的类创建别名，这些都与导入模块中函数的方法类似，在此不再赘述。

4.2　Python 异常

4.2.1　异常概念

在编写 Python 程序时，尤其对于初学者而言，经常会看到一些提示错误的信息。这些错误信息一般分为两种，一种是由语法错误导致的，另一种就是异常。所谓异常，就是程序在运行过程中由于各种原因，会出现各种问题。例如，零当除数错误(ZeroDivisionError)、名字错误(NameError)、类型错误(TypeError)等都是程序运行时可能出现的错误类型。这些错误类型(即异常)一般都不会被程序所处理，而是直接以错误信息的形式提示用户。

为了解决这些未知问题，将异常捕捉，需要编程者提前为各种错误编写解决程序。与其他语言一样，在 Python 语言中，通过 try-except 语句来进行异常处理。具体语法格式如下。

```
try:
    正常时执行的代码
except 异常名称:
    发生异常时执行的代码
else:
    没有异常时执行的代码
```

执行语句的顺序是：先执行在 try 和 except 之间的代码，如果这部分代码没有发生异常，则会忽略 except 子句部分的代码，在执行完 try 子句代码后，继续执行 else 子句的代码；如果发生异常，则不会继续执行 try 子句剩余部分，而是直接跳转到 except 子句，判断发生的异常类型和 except 之后的名称是否相符，若相符，则执行对应 except 子句的代码。若编写的 except 子句中没有相符的异常类型，则该异常被传递给上层的 try 中。

这里需要注意以下两点。

(1) 一个 try 语句可能包含多个 except 子句，用来处理多个不同的错误异常且只有一个 except 子句会被执行。

(2) else 语句并非必选语句，然而使用 else 语句则必须放在所有 except 子句之后，且 try-else 不能单独使用。

【例 4.17】　使用 try-except 语句处理除数输入为零的异常。

```
try:
    a=int(input('请输入被除数'))
    b=int(input('请输入除数'))
    result=a/b
    print('结果为:',result)
except ZeroDivisionError:
    print('对不起，除数不允许为 0')
print('程序结束')
```

程序运行正常时的输出结果如图 4.20 所示。

```
请输入被除数6
请输入除数2
结果为: 3.0
程序结束
>>>
```

图 4.20　程序运行正常的输出结果

当除数输入为零时，程序的输出结果如图 4.21 所示。

```
请输入被除数4
请输入除数0
对不起，除数不允许为0
程序结束
>>>
```

图 4.21　程序发生异常时的输出结果

使用多个 except 形式处理异常时，捕获异常应按照先子类后父类的顺序，为了避免遗漏可能出现的异常，可以在最后增加 BaseException 异常处理。

【例 4.18】　使用多个 except 形式处理异常。

```
try:
    a=int(input('请输入被除数'))
    b=int(input('请输入除数'))
    result=a/b
    print('结果为:',result)
except ZeroDivisionError:
    print('对不起，除数不允许为 0')
except ValueError:
    print('只能输入数字串')
except BaseException as e:
    print(e)
print('程序结束')
```

发生异常时，输出结果如图 4.22 所示。

```
请输入被除数4
请输入除数dub
只能输入数字串
程序结束
>>>
```

图 4.22　使用多个 except 形式

【例 4.19】　建立测试文件，进行异常测试。

```
try:
    fh = open("testfile.txt", "r")
    fh.write("这是一个测试文件，用于测试异常!!")
```

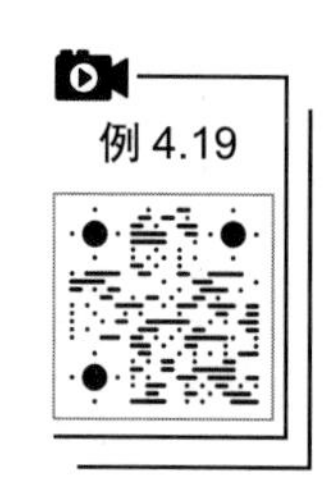


```
except IOError:
    print( "Error:写文件失败")
else:
    print( "内容写入文件成功")
    fh.close()
```

try 模块执行程序，以只读方式打开文件 testfile.txt，然后向其中写入字符串。因为没有获得写权限，这时就触发了 except IOError 异常分支。输出结果如图 4.23 所示。

```
>>>
========== RESTART: C:/Users/gutao/Desktop/软著/python 机器学习/class_def.py ===
======
Error: 写文件失败
>>> |
                                                              Ln: 69  Col: 4
```

图 4.23　异常测试结果

修改程序如下。

```
try:
    fh = open("testfile.txt", "w")     #改为写属性
    fh.write("这是一个测试文件，用于测试异常!!")
except IOError:
    print( "Error:写文件失败")
else:
    print( "内容写入文件成功")
fh.close()
```

若未发生异常，输出结果如图 4.24 所示。

```
========== RESTART: C:/Users/gutao/Desktop/软著/python 机器学习/class_def.py ===
======
内容写入文件成功
>>> |
                                                              Ln: 87  Col: 4
```

图 4.24　未触发异常时的输出结果

有些读者可能会思考，为什么不将 else 子句中的代码直接放在 try 子句中，而是要分开执行？这是因为所编写的 except 子句是为了处理存在于 try 子句中的异常，但若是将 else 中的代码直接合并到 try 子句中，如果产生异常，将无法判断异常是由原本的 try 子句的代码产生，还是由 else 子句的代码产生。

上面的例子中，一个 except 子句只处理了一个异常。其实 except 还可以同时处理多个异常，这些异常通常被放在一个括号中成为一个元组。使用 except 处理多种异常类型的语法格式如下。

```
try:
    正常的操作
except(Exception1[, Exception2[,...ExceptionN]]):
```

```
    发生以上多个异常中的一个，执行这块代码
else:
    如果没有异常执行这块代码
```

除此之外，还可以使用 finally 语句。finally 语句中的代码无论是否发生异常都将执行，且 finally 语句必须位于 except 子句和 else 子句之后，常用来释放 try 块中申请的资源。

【例 4.20】　使用 try-except-else-finally 语句处理异常。

```
try:
    a=int(input('请输入被除数'))
    b=int(input('请输入除数'))
    result=a/b
    print('结果为:',result)
except BaseException as e:
    print('出错了',e)
else:
    print('计算结果为:',result)
finally:
    print('谢谢您的使用')
```

若未发生异常，输出结果如图 4.25 所示。

```
请输入被除数9
请输入除数3
结果为: 3.0
计算结果为: 3.0
谢谢您的使用
>>>
```

图 4.25　未发生异常时的输出结果

若发生异常，输出结果如图 4.26 所示。

```
请输入被除数8
请输入除数0
出错了 division by zero
谢谢您的使用
>>>
```

图 4.26　发生异常时的输出结果

可以看到，无论异常是否产生，finally 语句中的代码都会执行。

4.2.2　异常处理函数

在异常处理中有很多异常参数，简单介绍如下，用户可根据编程需要选择使用。

BaseException：所有异常的基类。

SystemExit：解释器请求退出。

KeyboardInterrupt：用户中断执行(通常是按 Ctrl+C 组合键)。

Exception：常规错误的基类。

StopIteration：迭代器没有更多的值。
GeneratorExit：生成器(generator)发生异常，通知退出。
StandardError：所有内置标准异常的基类。
ArithmeticError：所有数值计算错误的基类。
FloatingPointError：浮点计算错误。
OverflowError：数值运算超出最大限制。
ZeroDivisionError：除以(或取模)零(所有数据类型)错误。
AssertionError：断言语句失败。
AttributeError：对象没有这个属性。
EOFError：用户输入文件末尾标志错误。
EnvironmentError：操作系统错误的基类。
IOError：输入/输出操作失败。
OSError：操作系统错误。
WindowsError：系统调用失败。
ImportError：导入模块/对象失败。
LookupError：无效数据查询的基类。
IndexError：序列中没有此索引(index)。
KeyError：映射中没有这个键。
MemoryError：内存溢出错误(对于 Python 解释器不是致命的)。
NameError：未声明/初始化对象(没有属性)。
UnboundLocalError：访问未初始化的本地变量。
ReferenceError：弱引用(weak reference)试图访问已经垃圾回收了的对象。
RuntimeError：一般的运行时错误。
NotImplementedError：尚未实现的方法。
SyntaxError：Python 语法错误。
IndentationError：缩进错误。
TabError：Tab 和空格混用。
SystemError：一般的解释器系统错误。
TypeError：对类型无效的操作。
ValueError：传入无效的参数。
UnicodeError：Unicode 相关错误。
UnicodeDecodeError：Unicode 解码时错误。
UnicodeEncodeError：Unicode 编码时错误。
UnicodeTranslateError：Unicode 转换时错误。
Warning：警告的基类。
DeprecationWarning：关于被弃用的特征的警告。
FutureWarning：关于构造将来语义会有改变的警告。
OverflowWarning：旧版本的关于自动提升为长整型(long)的警告。

PendingDeprecationWarning：关于特性将会被废弃的警告。

RuntimeWarning：可疑的运行时行为(runtime behavior)的警告。

SyntaxWarning：可疑的语法的警告。

UserWarning：用户代码生成的警告。

【例 4.21】　举例说明常见异常类型的产生。

```
lst=[11,22,33,44]
dic={'name':'小明','age':24}
#print(lst[4])    #IndexError

#print(dic['gender'])    #KeyError

#print(num)    #NameError

#int a=20    #SyntaxError

#a=int('hello') #ValueError
```

读者可以尝试输入注释后的代码并运行，将会出现一系列异常。

4.2.3　trackback 模块

通过 trackback 模块可以输出异常信息，了解异常内容与原因。这样能够只输出错误信息，但程序依然可以正常运行。

```
import traceback
try:
    num=10/0
except:
    traceback.print_exc()
finally:
    print('程序执行结束')
```

输出结果如图 4.27 所示。

```
Traceback (most recent call last):
  File "C:/Users/Administrator/AppData/Local/Programs/Python/Python37/4_21.py", l
ine 3, in <module>
    num=10/0
ZeroDivisionError: division by zero
程序执行结束
>>>
```

图 4.27　trackback 模块的使用

4.3 Python 文件操作

4.3.1 文件的概念

文件一般具有文件主名和扩展名两部分，中间用点“.”分隔，如 text1.txt。文件的主要作用是保存程序运行的结果数据。文件一般保存在磁盘中，由操作系统的文件管理系统进行管理。程序设计中经常需要对文件进行操作，Python 语言提供了文件操作函数，利用文件对象句柄实现各种操作。

4.3.2 文件操作

Python 语言提供了 open()函数用于打开一个文件，并返回文件对象，再通过文件对象的函数对文件内容进行读写操作。

【例 4.22】 先建立一个 test.txt 文件，向文件中写入内容“武汉加油！中国加油！”。建立 file_op.py 文件，输入以下语句。

```
f = open('test.txt', 'r+') #建立文件句柄对象 f，通过 f 进行操作
data = f.read()
print(data)
```

输出结果如图 4.28 所示。

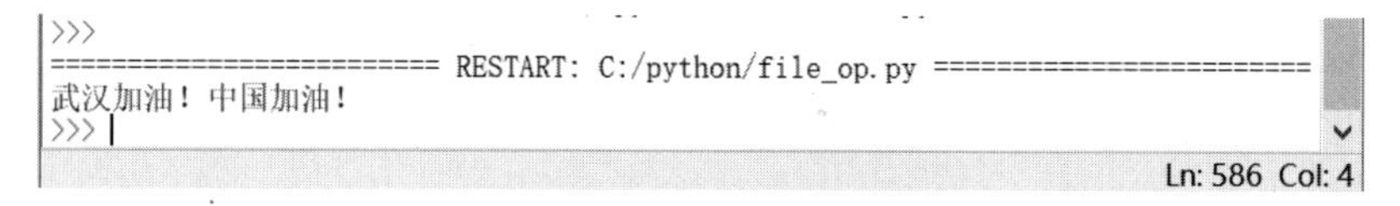

图 4.28 open()函数的读操作

open()函数的常用格式是接受两个参数，即 file 和 mode，如例 4.22 中所演示的那样。open()函数的完整语法格式如下。

```
open(file, mode='r', buffering=-1, encoding=None, errors=None, newline=None, closefd=True, opener=None)
```

参数说明如下。

file 为必需参数，表示文件路径(相对或绝对路径)。

mode 为可选参数，表示文件打开模式，包括只读、写入、追加等。下面会详细介绍 mode 的所有参数值及含义。mode 默认为只读模式。

buffering 为可选参数，用来设置缓冲。当 buffering 的参数值设置为 0 时，表示不使用缓冲；设置为 1 时，表示在文本模式下使用行缓冲区方式；设置大于 1 时，表示缓冲区的大小；设置为负值时，表示缓冲区的大小为系统默认。

encoding 一般设置为 utf8。

errors 表示报错级别。

newline 表示区分换行符。

closefd 表示传入的 file 参数类型。

opener 表示 None。

其中 mode 参数极为重要，其参数值及含义如下。

t 表示文本模式 (默认)。

x 表示写模式，新建一个文件，如果该文件已存在则会报错。

b 表示二进制模式。

+表示打开一个文件进行更新(可读可写)。

U 表示通用换行模式(Python 3 不支持)。

r 表示以只读方式打开文件。文件的指针将会放在文件的开头。这是默认模式。

rb 表示以二进制格式打开一个文件用于只读。文件指针将会放在文件的开头。这是默认模式。一般用于非文本文件，如图片等。

r+表示打开一个文件用于读写。文件指针将会放在文件的开头。

rb+表示以二进制格式打开一个文件用于读写。文件指针将会放在文件的开头。一般用于非文本文件，如图片等。

w 表示打开一个文件只用于写入。如果该文件已存在，则打开文件，并从开头开始编辑，即原有内容会被删除；如果该文件不存在，则创建新文件。

wb 表示以二进制格式打开一个文件只用于写入。如果该文件已存在，则打开文件，并从开头开始编辑，即原有内容会被删除；如果该文件不存在，则创建新文件。一般用于非文本文件，如图片等。

w+表示打开一个文件用于读写。如果该文件已存在，则打开文件，并从开头开始编辑，即原有内容会被删除；如果该文件不存在，则创建新文件。

wb+表示以二进制格式打开一个文件用于读写。如果该文件已存在，则打开文件，并从开头开始编辑，即原有内容会被删除；如果该文件不存在，则创建新文件。一般用于非文本文件，如图片等。

a 表示打开一个文件用于追加。如果该文件已存在，文件指针将会放在文件的结尾，也就是说，新的内容将会被写入已有内容之后；如果该文件不存在，则创建新文件进行写入。

ab 表示以二进制格式打开一个文件用于追加。如果该文件已存在，文件指针将会放在文件的结尾。也就是说，新的内容将会被写入已有内容之后；如果该文件不存在，则创建新文件进行写入。

a+表示打开一个文件用于读写。如果该文件已存在，文件指针将会放在文件的结尾，文件打开时会是追加模式；如果该文件不存在，则创建新文件用于读写。

ab+表示以二进制格式打开一个文件用于追加。如果该文件已存在，文件指针将会放在文件的结尾；如果该文件不存在，则创建新文件用于读写。

文件操作默认为文本模式，如果要以二进制模式打开，就在后面加上“b”。

使用 open()函数建立文件对象后，通过 file 对象方法进行各种文件操作。文件操作函数说明如下。

file.close()函数的功能是关闭文件。关闭后文件不能再进行读写操作。

file.flush()函数的功能是刷新文件内部缓冲，直接把内部缓冲区的数据立刻写入文件，而不是被动地等待输出缓冲区写入。

file.fileno()函数的功能是返回一个整型的文件描述符，可以用在如 os 模块的 read()函数等一些底层操作上。

file.isatty()函数的功能是如果文件连接到一个终端设备则返回 True，否则返回 False。

file.next()函数。Python 3 中的 file 对象不支持 next()函数。

file.read([size])函数的功能是从文件读取指定的字节数，如果未给定或为负则读取所有。

file.readline([size])函数的功能是读取整行，包括“\n”字符。

file.readlines([sizeint])函数的功能是读取所有行并返回列表。若给定 sizeint>0，返回总和大约为 sizeint 字节的行，实际读取值可能比 sizeint 较大，因为需要填充缓冲区。

file.seek(offset[, whence])函数的功能是移动文件读取指针到指定位置。

file.tell()函数的功能是返回文件当前位置。

file.truncate([size])函数的功能是从文件的首行首字符开始截断。截断文件为 size 个字符，无 size 表示从当前位置截断，截断之后后面的所有字符被删除，其中 Widnows 系统下的换行代表 2 个字符大小。

file.write(str)函数的功能是将字符串写入文件，返回的是写入的字符长度。

file.writelines(sequence)函数的功能是向文件写入一个序列字符串列表。如果需要换行则要自己加入每行的换行符。

【例 4.23】 在例 4.22 所建文本文件的基础上，通过本例体会 open()函数的读操作。

```
f = open('test.txt', 'r+') #建立文件句柄对象 f，通过 f 进行操作
data = f.read()
print(data)
f.seek(0)
data1= f.read()
print(data1)
data2= f.read()
print(data2+"思考为何没有文字显示？")
f.close()
```

输出结果如图 4.29 所示。

因为第一次 data 读的时候文件指针是从头开始一直读到最后的。第二次用 f.seek(0)将文件指针定位到文件的开始位置，再次读。第三次读的时候，文件指针已在文件最后，从最后读取，所以没有读出内容。

文件的读操作和写操作类似，只是传入的 mode 参数值不同，当以“w”模式写入时，会发现若文件已经存在，并不会像所希望的那样在文件的末尾继续写入，而是会覆盖文件原来已有的内容，这与例 4.23 所存在问题的原因相同，都是由于再次打开文件时文件指针

总是处于最开始的位置，自然会覆盖原有的文件内容。解决的办法很简单，就是传入参数值“a”，以追加模式进行写入。

```
Python 3.7.5 Shell
File Edit Shell Debug Options Window Help
Python 3.7.5 (tags/v3.7.5:5c02a39a0b, Oct 15 2019, 00:11:34) [MSC v.1916 64 bit
(AMD64)] on win32
Type "help", "copyright", "credits" or "license()" for more information.
>>>
======================== RESTART: C:/python/file_op.py ========================
武汉加油！中国加油！
武汉加油！中国加油！
思考为何没有文字显示？
>>> |
```

图 4.29　open()函数的使用

【例 4.24】　分别以“w”模式和“a”模式打开文件进行写入操作。

以“w”模式进行写入的代码如下。

```
file=open('test.txt','w')
file.write('武汉加油！中国加油！')
file.close()
```

以“a”模式进行写入的代码如下。

```
file=open('test.txt','a')
file.write('武汉加油！中国加油！')
file.close()
```

当以“w”模式进行写入操作时，文件会覆盖文件中原有的“武汉加油！中国加油!”内容，重新写入新的“武汉加油！中国加油!”。因此，打开文本文件看到的和原有内容并没有什么区别，如图 4.30 所示。

```
武汉加油！中国加油！
```

图 4.30　以“w”模式写入

而当以“a”模式进行写入操作时，会在原有文件内容后进行写入，因此，打开 text.txt 文件会看到新的内容出现，如图 4.31 所示。

```
武汉加油！中国加油！武汉加油！中国加油！
```

图 4.31　以“a”模式写入

【例 4.25】 以二进制模式进行文件读写，完成图片的复制。

```
src_file=open('yun_20.jpg','rb')
target_file=open('yun_20_copy.jpg','wb')
#复制图片 yun_20.jpg
target_file.write(src_file.read())


target_file.close()
src_file.close()
```

运行结束后可以看到在工作目录下生成新的 yun_20_copy.jpg 的文件，如图 4.32 所示。

yun_20.jpg	2020/10/15/周四...	JPEG 图像	29 KB
yun_20_copy.jpg	2020/10/15/周四...	JPEG 图像	29 KB

图 4.32 复制图片 yun_20.jpg

【例 4.26】 文件常用操作函数。

```
file=open('test1.txt','r')
print('------------读取文件制定字节数------------')
print(file.read(3))
print('------------读取文件整行------------')
file.seek(0)
print(file.readline())
print('------------读取文件所有行------------')
file.seek(0)
print(file.readlines())
print('文件当前位置为：',file.tell())
file.close()
```

text1.txt 文件内容如图 4.33 所示。

```
武汉加油！中国加油！
武汉加油！中国加油！
```

图 4.33 test1.txt 文件内容

输出结果如图 4.34 所示。

```
------------读取文件制定字节数------------
武汉加
------------读取文件整行------------
武汉加油！中国加油！

------------读取文件所有行------------
['武汉加油！中国加油！\n', '武汉加油！中国加油！']
文件当前位置为： 42
>>>
```

图 4.34 文件常用操作函数输出结果

需要注意的一点是，在完成各种操作后，一定要记得调用 close()函数关闭文件，否则文件将不会关闭，一直占用操作系统资源，这样有可能会出现数据丢失或受损的情况。但是若在操作文件时发生异常，那么在末尾的 close()函数将不会被调用，可若是过早调用 close()函数，又会导致文件在使用之前关闭，从而导致更多的错误。为了防止这样的情况发生，可以将何时关闭文件交给 Python 来确定，用户只需要打开文件，并在合适的时机使用它，Python 会决定何时需要关闭文件。可以使用前面介绍的 try-finally 语句来解决这个问题。

```
try:
    f = open(' test.txt ', 'r+')
    print(f.read())
finally:
    if f:
        f.close()
```

另外，Python 语言还提供了一种更加简洁的语句来调用 close()函数，从而更好地解决这一问题，即使用 with 语句。

```
with open(''test.txt ', 'r+') as f:
    print(f.read())
```

通过使用 with-as 语句，就不用调用 close()函数关闭文件了。当执行完内容后，Python 自动关闭文件。

本 章 小 结

(1) 类是面向对象编程中特有的一种数据结构，其封装了变量和处理变量的方法。类具有多态性和继承性。类的成员具有公有属性和私有属性，如何引用成员是编程中要注意的事项。

(2) 异常是程序在运行过程中由于变量类型定义错误或文件读取不存在等问题，导致程序出错。为了解决这些未知问题，需要编程者提前为各种错误编写解决问题的程序。Python 语言提供了处理不同异常的 try-except-else-finally 语句结构，用户可以根据可能存在的问题直接调用相关异常处理函数。

(3) 文件操作是程序与外部磁盘交互数据的一种方式，通过文件操作可以读取和保存数据。Python 语言提供 open()函数用于打开一个文件，并返回文件对象。通过文件对象的函数对文件内容进行读写操作。文件操作结束后要记得关闭文件。

习　　题

一、选择题

1．不是 Python 对文件的打开模式的是(　　)。

A．'o'　　B．'+'　　C．'a'　　D．'rb'

2．如果在执行 Python 程序时，出现“unexpected indent”错误提示，是因为(　　)。

A．输入了与预期不符的字符　　B．代码中有缩进不匹配的问题

C．代码中缺少“:”　　D．代码中缺少关键字

3．运行下列代码，当用户输入“python”时，输出结果为(　　)。

```
try:
   n=0
   n=input("请输入一个整数:")
   def power2(n):
       return n**2
except:
   print("程序执行错误！")
```

A．程序执行错误！　　B．没有输出

C．python　　D．0

4．关于类的说法，错误的是(　　)。

A．要先创建类的实例，然后使用类

B．类实例对象属性可以通过“self.变量名”访问

C．可以通过装饰器访问类的私有属性

D．类的私有属性可以直接访问

5．不属于 Python 标准异常的是(　　)。

A．FloatingPointError　　B．KeyboardInterrupt

C．ErrorException　　D．Warning

6．类中有一个特殊方法__init__()，是在(　　)时被调用的。

A．创建类　　B．调用类　　C．类实例化　　D．实例方法

7．已知文件 test.txt 中的内容为“Hello python!”，则运行下列代码的输出结果为(　　)。

```
with open('test.txt','r') as f:
    print(f.read(7))
```

A．Hello p　　B．Hello py　　C．Hello pyt　　D．Hello

8．运行下列代码的输出结果为(　　)。

```
class fruits:
    def num(self):
        print('There are many fruits.')
class apples(fruits):
    def num1(self):
        fruits.num(self)
        print('There are three apples.')
obj=apples()
obj.num1()
```

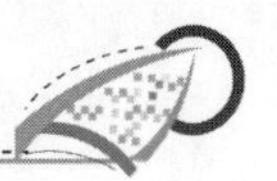

A．There are three apples.

B．There are three apples.

There are many fruits.

C．There are many fruits.

D．There are many fruits.

There are three apples.

9．关于浅拷贝和深拷贝的说法，错误的是(　　)。

A．可以使用 copy 模块中的 deepcopy 进行深拷贝操作

B．浅拷贝拷贝的对象与原对象指向的是同一个对象

C．深拷贝将父对象与子对象都进行拷贝，与拷贝的对象完全独立

D．深拷贝与浅拷贝最大的区别在于是否对子对象进行拷贝

10．运行下列代码，会出现的结果是(　　)。

```
str='python'
try:
    value=int(str)
except IndentationError as e:
    print(e)
```

A．string index out of range

B．IndexError

C．程序报错

D．程序正常执行，没有任何输出结果

二、思考题

1．修改下面的代码。要求：不使用装饰器，达到相同效果。

```
def wrapper(func):
    def inner(*arg, **kwargs):
        func(*arg, **kwargs)
    return inner

@wrapper
def a(arg):
    print(arg)

a(123)
```

2．阅读下面的代码，分析当文件 F:\file.txt 不存在时，两段代码可能出现的情况。
代码 1 如下。

```
try:
    fp=open(r'f:\file.txt')
    print('Hello world!',file=fp)
finally:
        fp.close()
```

代码 2 如下。

```
try:
    fp=open(r'f:\ file.txt','a+')
    print('Hello world!',file=fp)
finally:
        fp.close()
```

三、程序题

定义一个类 Student，完成下列要求。

(1) 设置类属性：①姓名 name；②学号 number；③成绩 score(包括语文、数学、英语)。

(2) 定义类方法：①获取学生姓名，返回类型 str；②获取学号后两位，返回类型 str；③获取 3 门课程的平均值，返回类型 float。

(3) 进行测试。

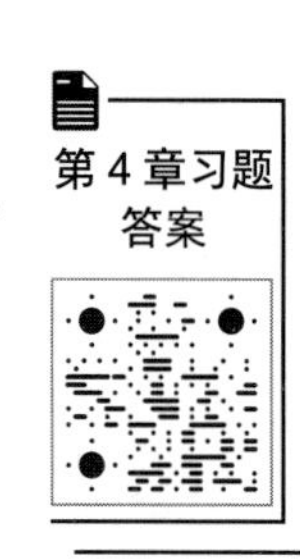

第 5 章

Python 数据处理与绘图

Python 具有强大的数据处理能力，尤以数组处理为主。numpy 包是科学计算库，提供 N 维数组运算及各种数据分析方法。scipy 包需要 numpy 包支持，提供积分、方程组求解等运算。matplotlib 包提供数据绘图命令，所绘图像具有出版级别图片质量。pandas 包提供机器学习数据格式。本章将 Python 中的 SQLite 数据库操作也归为数据处理中，介绍 SQLite 操作命令。

本章建议 4 个学时。

- numpy 包数组格式与使用。
- scipy 包使用。
- pandas 包使用。
- matplotlib 包使用。
- SQLite 操作命令。

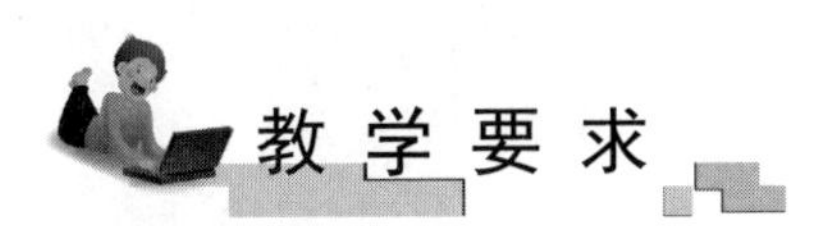

知识要点	能力要求	相关知识
numpy 包	(1) 包导入命令; (2) 数组使用	数组操作命令
scipy 包	(1) 包导入命令; (2) 模块功能	模块使用
pandas 包	(1) 包导入命令; (2) 数据格式	数组操作命令
matplotlib 包	(1) 包导入命令; (2) 绘图命令	命令使用

知识要点	能力要求	相关知识
SQLite 数据库	(1) Python 与 SQLite 连接; (2) 数据库操作命令	SQLite 使用

https://www.runoob.com/python/python-tutorial.html (Python 基础教程)

数据之谜

在 AI 时代，最值钱的东西就是数据。在信息社会，可以说是数据在驱动所有一切运转。大家可能经常听到某某数据公司进行大数据分析和服务。可是数据在哪儿？我们怎么看到数据？

数据来源广泛，是信息的表达方式之一。数据处理专家将获取的信息经过处理，以数据形式存放在计算机系统中。为了使数据存放和提取方便，要有专门的数据管理系统对数据进行管理归类，数据要按规定的格式进行存放。为了让人们更直观地了解数据规律，数据还要有各种展示方式，如曲线方式、图片方式、热力图方式等。

数据为何如此重要？数据背后隐藏着什么规律？这些正是数据的魅力所在，也是机器学习试图解决的问题之一。

5.1 numpy 数组使用

在 Python 数据分析中需要安装几个科学计算包。numpy 包提供 *N* 维数组运算及各种数据分析方法。scipy 包需要 numpy 包支持，提供积分、方程组求解等运算。matplotlib 包提供绘图命令。numpy、scipy、matplotlib 这 3 个包通常一起使用，这种组合可用于替代 MATLAB 软件的功能，构成一个强大的科学计算环境，有助于我们通过 Python 学习数据科学或机器学习。

在命令窗口中可以用以下命令安装各种包。

```
pip install numpy
pip install scipy
pip install matplotlib
```

5.1.1 numpy 生成数组

导入 numpy 包的命令如下。

```
>>> import numpy as np     #以下示例中，均用 np 代替 numpy，不再重复书写
```

导入 numpy 包后，就可以进行数组的创建。创建数组的方式有很多种，如可以通过将已有的元组、列表或 range 对象使用 numpy.array()函数转换为数组的方式来生成数组。numpy.array()函数的语法格式如下。

```
numpy.array(object, dtype = None, copy = True, order = None, subok = False, ndmin = 0)
```

参数说明如下。

object 表示数组或嵌套的数列。

dtype 为可选参数，表示数组元素的数据类型。

copy 为可选参数，表示对象是否需要复制。

order 表示创建数组的样式，C 为行方向，F 为列方向，A 为任意方向(默认)。

subok 表示默认返回一个与基类类型一致的数组。

ndmin 表示指定生成数组的最小维度。

读者可以通过例 5.1 来体会如何进行 numpy.array()函数的调用。

【例 5.1】 使用 numpy.array()函数将元组、列表、range 对象转换成数组。

例 5.1

```
>>> np.array((34,6,7,88,90))      #将元组转换成数组
array([34,  6,  7, 88,  90])
>>> np.array(range(5))      #将 range 对象转换为数组
array([0, 1, 2, 3, 4])
>>> np.array([[23,45,67],[12,53,32]])      #将列表转换成数组
array([[23, 45, 67],
       [12, 53, 32]])
```

除了使用 numpy.array()函数将元组、列表、range 对象转换成数组外，还可以使用 numpy.asarray()函数来创建数组。两者的使用方法类似，但 numpy.asarray()函数的参数要比 numpy.array()函数的少。具体语法格式如下。

```
numpy.asarray(a, dtype = None, order = None)
```

例 5.2 是使用 numpy.asarray()函数来进行数组的创建。

【例 5.2】 使用 numpy.asarray()函数将元组、列表、range 对象转换成数组。

```
>>> np.asarray((34,6,7,88,90))      #将元组转换成数组
array([34,  6,  7, 88,  90])
>>> np.asarray(range(5))      #将 range 对象转换为数组
array([0, 1, 2, 3, 4])
```

```
>>> np.asarray([[23,45,67],[12,53,32]])    #将 list 列表对象转换成数组
array([[23, 45, 67],
       [12, 53, 32]])
```

通过观察例 5.1 和例 5.2 可能发现，使用 numpy.asarray()函数和 numpy.array()函数好像并没有什么区别。下面通过一个例子来理解两者之间的不同。

【例 5.3】 numpy.asarray()函数和 numpy.array()函数的不同。

```
>>> A=np.ones((3,3))
>>> A
array([[1., 1., 1.],
       [1., 1., 1.],
       [1., 1., 1.]])
>>> B=np.array(A)
>>> B
array([[1., 1., 1.],
       [1., 1., 1.],
       [1., 1., 1.]])
>>> C=np.asarray(A)
>>> C
array([[1., 1., 1.],
       [1., 1., 1.],
       [1., 1., 1.]])
>>> A[0]=0
>>> print('A=',A)
A= [[0. 0. 0.]
 [1. 1. 1.]
 [1. 1. 1.]]
>>> print('B=',B)
B= [[1. 1. 1.]
 [1. 1. 1.]
 [1. 1. 1.]]
>>> print('C=',C)
C= [[0. 0. 0.]
 [1. 1. 1.]
 [1. 1. 1.]]
```

由例 5.3 可以发现，当修改了 A 数组中的第一行元素后，再分别输出 A、B、C 数组，其中 B 和 C 数组的结果并不是完全相同的。这是因为 numpy.array()函数和 numpy.asarray()函数都可以将结构数据转化为 ndarray，但是当数据源是 ndarray 时，numpy.array()函数仍

然会复制出一个副本，占用新的内存，而 numpy.asarray()函数不会。

还可以通过其他方式生成数组，如 numpy.zeros() 函数、numpy.ones() 函数、numpy.identity()函数、numpy.empty()函数、numpy.linspace()函数等。

numpy.zeros()函数用于生成一个元素全为 0 的数组。其语法格式如下。

```
numpy.zeros(shape, dtype = float, order = 'C')
```

numpy.ones()函数用于生成一个元素全为 1 的数组。其语法格式如下。

```
numpy.ones(shape, dtype = None, order = 'C')
```

numpy.empty()函数用于创建一个指定形状(shape)、数据类型(dtype)且未初始化的数组。其语法格式如下。

```
numpy.empty(shape, dtype = float, order = 'C')
```

以上 3 种方式中，参数 shape 指定数组形状，即几行几列数组；dtype 指定数据类型；order 指定在计算机内存中存储元素的顺序，C 为行优先，F 为列优先，默认为 C。

numpy.identity()函数用于生成一个单位矩阵。其语法格式如下。

```
numpy.identity(n, dtype=None)
```

其中，参数 n 为生成单位矩阵的维数。

numpy.linspace()函数用于创建一个一维数组，元素由等差数列构成。其语法格式如下。

```
numpy.linspace(start, stop, num=50, endpoint=True, retstep=False,
dtype=None)
```

其中，参数 start 为数列的第一个值；stop 为数列的最后一个值；num 为生成等步长数列的个数，默认为 50；当 endpoint 为 True 时，数列包含 stop，否则不包含，默认为 True；当 retstep 为 True 时，生成数组中显示间距，否则不显示；dtype 为 ndarray 的数据类型。

下面通过例 5.4 体会上述几个函数的使用。

【例 5.4】　数组的生成。

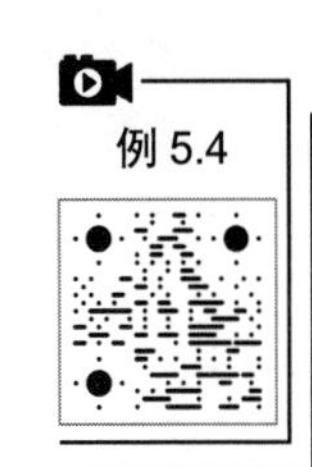


```
>>> np.zeros((3,6))      #生成 3 行 6 列元素全为 0 的矩阵
array([[0., 0., 0., 0., 0., 0.],
       [0., 0., 0., 0., 0., 0.],
       [0., 0., 0., 0., 0., 0.]])
>>> np.ones((5,1))      #生成元素全为 1 的数组
array([[1.],
       [1.],
       [1.],
       [1.],
       [1.]])
>>> np.identity(5)     #生成单位矩阵
```

```
array([[1., 0., 0., 0., 0.],
       [0., 1., 0., 0., 0.],
       [0., 0., 1., 0., 0.],
       [0., 0., 0., 1., 0.],
       [0., 0., 0., 0., 1.]])
>>> np.empty((5,8))    #生成 5 行 8 列的空矩阵，元素值随机生成
array([[1.14094907e-311, 1.14087868e-311, 3.39953911e-308,
        1.33360300e+241, 6.76067859e-311, 2.34140334e-258,
        2.42869050e-313, 3.53860623e-308],
       [1.33360296e+241, 8.93360228e-311, 7.96738272e-220,
        4.12628713e-313, 3.12140488e-308, 1.33360299e+241,
        1.81685280e-310, 9.22559891e-143],
       [5.61168418e-313, 5.68654130e-308, 1.33360302e+241,
        1.59956043e-310, 1.11530647e-118, 6.46048250e-313,
        9.14800873e-308, 1.33360313e+241],
       [1.54628975e+218, 4.28187319e-307, 2.05226909e-289,
        7.43362324e-251, 8.31338161e-251, 1.73236316e-260,
        3.03453759e-269, 3.57057593e-241],
       [2.46377988e-269, 1.38470334e-259, 1.72779501e-260,
        3.60254708e-269, 1.79117837e-259, 7.58369397e-269,
        8.95885587e-090, 4.46863816e-308]])
>>> np.empty((3,2))
array([[6.23059726e-307, 7.56603882e-307],
       [1.42413555e-306, 1.78019082e-306],
       [1.37959740e-306, 6.23057349e-307]])
>>> np.linspace(0,10,11)    #生成一个数组，各元素在 0、10 之间等分
array([ 0.,  1.,  2.,  3.,  4.,  5.,  6.,  7.,  8.,  9., 10.])
>>> np.linspace(2,3,11)    #生成一个数组，各元素在 2、3 之间等分
array([2. , 2.1, 2.2, 2.3, 2.4, 2.5, 2.6, 2.7, 2.8, 2.9, 3. ])
```

5.1.2 numpy 数组属性

当生成一个数组后，要想了解它的某些属性和信息，可以在 numpy 包中查看数组属性。表 5.1 列举了 numpy 数组属性所对应的相应信息。

表 5.1 numpy 数组属性

属性	说明
ndarray.ndim	秩，即轴的数量或维度的数量
ndarray.shape	数组的维度，对于矩阵，n 行 m 列

续表

属性	说明
ndarray.size	数组元素的总个数，相当于.shape 中 $n \times m$ 的值
ndarray.dtype	ndarray 对象的元素类型
ndarray.itemsize	ndarray 对象中每个元素的大小，以字节为单位
ndarray.flags	ndarray 对象的内存信息
ndarray.real	ndarray 元素的实部
ndarray.imag	ndarray 元素的虚部
ndarray.data	包含实际数组元素的缓冲区，由于一般通过数组的索引获取元素，所以通常不需要使用这个属性

【例 5.5】　numpy 数组属性的使用。

```
>>> A=np.array([[1,2,3,4],[5,6,7,8],[9,10,11,12]])
>>> print(A.ndim)    #求矩阵的秩
2
>>> print(A.shape)    #求矩阵的行数、列数
(3, 4)
>>> print(A)
[[ 1  2  3  4]
 [ 5  6  7  8]
 [ 9 10 11 12]]
>>> A.shape=(4,3)    #ndarray.shape 还可以用来调整数组大小
>>> print(A)
[[ 1  2  3]
 [ 4  5  6]
 [ 7  8  9]
 [10 11 12]]
>>> print(A.itemsize)    #求元素占用内存大小
4
>>> print(A.flags)
  C_CONTIGUOUS : True
  F_CONTIGUOUS : False
  OWNDATA : True
  WRITEABLE : True
  ALIGNED : True
  WRITEBACKIFCOPY : False
  UPDATEIFCOPY : False
```

```
>>> print(A.dtype)
int32
```

5.1.3 数组的索引和切片

通过对数组的索引和切片操作来实现对数组内容的访问和修改。对于一维数组来说，可以通过从 0～*n* 的下标进行索引，通过内置函数 slice()，设置参数 start、stop、step 的值，切割出一个新的数组；也可以通过[start:stop:step]的方式来进行切片操作。

【例 5.6】 一维数组的切片操作。

```
>>> a=np.array([23,32,12,1,3,6])
>>> s=slice(1,5,2)
>>> print(a[s])     #注意，切片到 stop 结束，但不包括 stop 值
[32  1]
>>> a=np.array([0,1,2,3,4,5])
>>> s=slice(1,5,2)     #注意，1、5 是索引值，2 是索引增加量
>>> print(a[s])
[1 3]
>>> b=a[0:5:1]
>>> print(b)
[0 1 2 3 4]
>>> c=a[0::2]     #切片时，stop 值可以省略
>>> print(c)
[0 2 4]
>>> d=a[2:5]     #切片时，可以省略 step 的值，默认为 1
>>> print(d)
[2 3 4]
```

多维数组的切片操作与上述方法相同。此外，多维数组还可以通过使用省略号的方式来提取元素。

【例 5.7】 多维数组的切片操作。请读者利用本例研究数组中不同符号代表的含义。

```
>>> A=np.array([[0,1,2,3],[4,5,6,7],[8,9,10,11]])
>>> print(A)
[[ 0  1  2  3]
 [ 4  5  6  7]
 [ 8  9 10 11]]
>>> B=A[0,0:3]
>>> print(B)
[0 1 2]
>>> C=A[::2]
```

```
>>> C
array([[ 0,  1,  2,  3],
       [ 8,  9, 10, 11]])
>>> C=A[::2,::2]
>>> print(C)
[[ 0  2]
 [ 8 10]]
>>> D=A[:,2]
>>> print(D)
[ 2  6 10]
>>> print(A[...,3])
[ 3  7 11]
>>> print(A[...,1:])
[[ 1  2  3]
 [ 5  6  7]
 [ 9 10 11]]
```

5.1.4　numpy 数组运算

通过 numpy 包还可以对数组进行一些运算，如对数组元素进行乘、除、取余运算，或对两个数组之间的元素进行对应操作等。具体操作如例 5.8 所示。

【例 5.8】　数组运算。

```
>>> a1=np.array((3,4,5,6,7))
>>> a1
array([3, 4, 5, 6, 7])
>>> a1*3  #每个元素乘 3
array([ 9, 12, 15, 18, 21])
>>> a1/2  #每个元素除以 2
array([1.5, 2. , 2.5, 3. , 3.5])
>>> a1    #注意，由于计算结果没有送给 a1，a1 值并没有改变
array([3, 4, 5, 6, 7])
>>> a1//2
array([1, 2, 2, 3, 3], dtype=int32)
>>> a1**2
array([ 9, 16, 25, 36, 49], dtype=int32)
>>> a1
array([3, 4, 5, 6, 7])
>>> a1+4
array([ 7,  8,  9, 10, 11])
```

```
>>> a1
array([3, 4, 5, 6, 7])
>>> a1%2    #取元素余数
array([1, 0, 1, 0, 1], dtype=int32)
>>>
>>> b1=np.array([[1,2,3,4,5],[1,2,3,4,5]])
>>> c1=a1*b1    #两个数组的元素相乘
>>> c1
array([[ 3,  8, 15, 24, 35],
       [ 3,  8, 15, 24, 35]])

>>> c1/a1    #两个数组的元素相除
array([[1., 2., 3., 4., 5.],
       [1., 2., 3., 4., 5.]])
>>> c1/b1
array([[3., 4., 5., 6., 7.],
       [3., 4., 5., 6., 7.]])
```

【例 5.9】 数组的特殊运算。

```
>>> b=np.array([10,2,34,23,55,6,9,12,20,17])
>>> b=b.reshape(5,2)    #reshape 用于重新构造出一个矩阵
>>> print(b)
[[10  2]
 [34 23]
 [55  6]
 [ 9 12]
 [20 17]]
>>> print(b.sum())
188
>>> print(b.min())
2
>>> print(b.max())
55
>>> print(np.sum(b,axis=1))    #行求和
[12 57 61 21 37]
>>> print(np.sum(b,axis=0))    #列求和
[128  60]
>>> print(np.min(b,axis=1))    #行最小
[ 2 23  6  9 17]
```

```
>>> print(np.max(b,axis=0))     #列最大
[55 23]
>>> c=np.array([12,3,6,10,11,2])
>>> print(c.cumsum())
[12 15 21 31 42 44]
```

其中，cumsum()函数所实现的功能是，首先将数组中前两个元素相加，所得的计算结果存储在一个新列表中，作为新列表的第二个元素。该值再与原列表第三个元素相加并将结果作为新列表的第三个元素，依次进行这样的操作，最终形成一个新列表。

【例 5.10】　转置与点积运算。

```
>>> c1.T
array([[ 3,  3],
       [ 8,  8],
       [15, 15],
       [24, 24],
       [35, 35]])

>>> c1.dot(a1)     #二维数组向一维数组做点积运算，反之不对
array([505, 505])
```

在例 5.10 中，通过 c1.T 操作进行了数组的转置。在 numpy 包中还有一种函数也可以实现数组的转置，即 numpy.transpose(arr, axes)函数。其中，参数 arr 为要转置的数组；axes 为整数列表，对应维度，在默认情况下所有维度都会进行对换。下面尝试使用 numpy.transpose()函数完成数组的转置，结果与例 5.10 完全相同。

```
>>> np.transpose(c1)
array([[ 3,  3],
       [ 8,  8],
       [15, 15],
       [24, 24],
       [35, 35]])
```

两者的区别是，使用 c1.T 只能进行简单的轴对换，而 numpy.transpose()函数还能对高维数组进行更加复杂的操作，这里不做介绍。

【例 5.11】　数组元素的访问。

```
>>> a=np.array([[1,2,3,4],[5,6,8,9],[3,4,6,8]])
>>> a[0]
array([1, 2, 3, 4])
>>> a[0][1]
2
```

```
>>> a[0][0]
1
>>> a[2]
array([3, 4, 6, 8])
>>> a[[0,1]]    #同时访问多行
array([[1, 2, 3, 4],
       [5, 6, 8, 9]])
```

【例 5.12】 数组函数运算。

```
>>> a=c1/2
>>> a
array([[ 1.5,  4. ,  7.5, 12. , 17.5],
       [ 1.5,  4. ,  7.5, 12. , 17.5]])
>>> np.floor(a)     #向下取整
array([[ 1.,  4.,  7., 12., 17.],
       [ 1.,  4.,  7., 12., 17.]])
>>> np.ceil(a)     #向上取整
array([[ 2.,  4.,  8., 12., 18.],
       [ 2.,  4.,  8., 12., 18.]])
>>> a=a/2.5
>>> a
array([[0.6, 1.6, 3. , 4.8, 7. ],
       [0.6, 1.6, 3. , 4.8, 7. ]])
>>> a=a/3
>>> a
array([[0.2       , 0.53333333, 1.        , 1.6       , 2.33333333],
       [0.2       , 0.53333333, 1.        , 1.6       , 2.33333333]])
>>> np.round(a)     #四舍五入
array([[0., 1., 1., 2., 2.],
       [0., 1., 1., 2., 2.]])
>>> a=np.sin(a)
>>> a
array([[0.19866933, 0.50840655, 0.84147098, 0.9995736 , 0.72308588],
       [0.19866933, 0.50840655, 0.84147098, 0.9995736 , 0.72308588]])
>>> np.ceil(a)     #四舍五入与向上取整的区别
array([[1., 1., 1., 1., 1.],
       [1., 1., 1., 1., 1.]])
```

5.2　scipy 包的使用

scipy 是一个用于数学、科学和工程领域的常用软件包，可以用来进行图像处理、积分、插值、傅里叶变化、常微分方程等问题的求解。scipy 包是基于 numpy 包开发的，能够有效地计算 numpy 数组，使 numpy 包和 scipy 包协同工作。

5.2.1　scipy 包中的模块

Scipy 包中各模块的计算功能强大，主要模块如下。

scipy.cluster 为聚类模块，包括两类聚类方法，即矢量量化和层次聚类。

scipy.constants 为常数模块，包含了许多数学常数和物理常数，如光速、圆周率、大气压强、黄金分割率等。

scipy.special 为特殊函数模块，可以直接调用各类函数功能。

scipy.integrate 为积分模块，可以求多重积分、高斯积分、解常微分方程。

scipy.odr 为正交距离回归模块，可以执行显式或隐式正交距离回归拟合，也可以执行普通最小二乘法。

scipy.optimize 为优化模块，包含各类优化算法，如求有/无约束的多元标量函数最小值算法、最小二乘法、求有/无约束的单变量函数最小值算法等。

scipy.interpolation 为插值模块，提供各种一维、二维、*N* 维插值算法，包括 B 样条插值、径向基函数插值等。

scipy.fftpack 为快速傅里叶变换模块，可以进行快速傅里叶变换、离散余弦变换、离散正弦变换。

scipy.signal 为信号处理模块，包括样条插值、卷积、差分等滤波方法，还有有限脉冲响应、无限脉冲响应、中值、排序、维纳、希尔伯特等滤波器设计，以及各种谱分析算法。

scipy.linalg 为线代模块，提供各种线性代数中的常规操作。

scipy.sparse 为稀疏矩阵模块，提供大型稀疏矩阵计算中的各种算法。

scipy.spatial 为空间结构模块，提供一些空间相关的数据结构和算法，如 Delaunay 三角剖分、共面点、凸包、维诺图、kd 树等。

scipy.stats 为统计模块，提供一些统计学上常用的函数。

scipy.ndimage 为多维图像处理模块，提供一些多维图像处理上的常用算法。

scipy.io 为 IO 模块，提供与其他文件的接口，如 MATLAB 文件、IDL 文件、WAV(音频)文件、ARFF 文件。

如果没有安装 scipy 包，可以用图 5.1 所示的命令进行安装。

图 5.1　scipy 包的安装

5.2.2　常数模块的使用

【例 5.13】　常数模块的使用。

```
>>> from scipy import constants as C
>>> C.atmosphere    #大气压强
101325.0
>>> C.pi
3.141592653589793
>>> C.hour
3600.0
>>> C.golden     #黄金分割率
1.618033988749895
>>> C.mile
1609.3439999999998
>>> C.c.
299792458.0
```

5.2.3　特殊函数模块的使用

特殊函数模块中包含了一些常用的杂项函数，包括立方根函数、指数函数、β函数、γ函数等。

【例 5.14】　特殊函数模块的使用。

```
from scipy import special as S
print(S.cbrt(8))        #求立方根
print(S.exp10(3))       #10**3
print(S.sindg(90))      #正弦函数，参数为角度
print(S.round(5.1))     #四舍五入函数
print(S.round(5.5))
print(S.round(5.499))
```

```
print(S.comb(5,3))     #从 5 个中任选 3 个的组合数
print(S.perm(5,3))     #排列数
print(S.gamma(4))    #gamma 函数
print(S.beta(10,200))    #beta 函数
print(S.sinc(0))    #sinc 函数
```

输出结果如图 5.2 所示。

```
>>>
===== RESTART: C:/Users/gutao/AppData/Local/Programs/Python/Python37/abc.py ====
2.0
1000.0
1.0
5.0
6.0
5.0
10.0
60.0
6.0
2.839607777781333e-18
1.0
>>> |
```

图 5.2　特殊函数模块的使用

5.2.4　信号处理模块

信号处理模块中包括卷积(convolution)、B 样条(B-splines)、滤波器设计(filter design)、连续时间线性系统(continuous-time linear systems)、离散时间线性系统(discrete-time linear systems)、线性时不变表示(linear time invarian representations)、小波分析(wavelets)、峰值点(peak finding)、谱分析(spectral analysis)功能。

卷积运算是信号处理中的基本运算，在时域分析中，系统的输出一般可以表示成输入信号与系统函数的卷积运算。

Python 中一维卷积运算函数的语法格式如下。

```
signal.convolve(in1, in2, mode='full', method='auto')
```

其中，参数 in1 为第一信号；in2 为第二信号；mode 为输出模式，当 mode='full'时，输出为满离散线性卷积，当 mode='valid'时，输出只包含那些不依赖于零填充的元素，当 mode='same'时，输出与被卷积矩阵大小相同的矩阵；method 为卷积方式，当 method='fft'时，采用快速傅里叶法，当 method='direct'时，采用定义法，当 method='auto'时，自动选择 fft 或 direct 进行卷积。

【例 5.15】　一维卷积滤波。

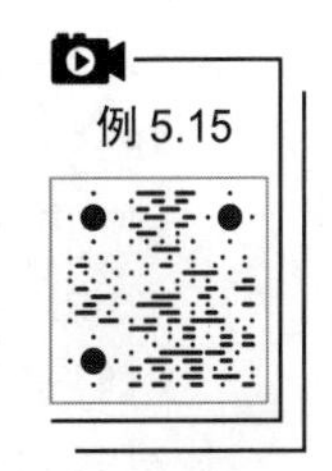


```
from scipy import signal
import numpy as np
import matplotlib.pyplot as plt
t=np.arange(-1,1,0.1)
n=t.size
in1=1-t**2
```

```
in2=np.zeros(n)
for i in range(n):
    in2[i]=1-abs(round(t[i]))
filtered=signal.convolve(in1, in2, mode='same')/sum(in2)
plt.plot(filtered,'o-',)
plt.plot(in1,'*-')
plt.plot(in2,'v-')
plt.show()
```

输出结果如图 5.3 所示。

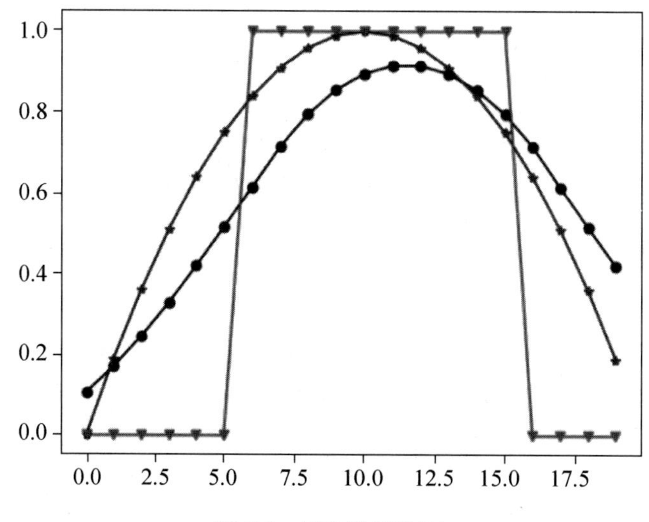

图 5.3　随机数列选取

【例 5.16】　二维图片卷积。

```
import PIL    #导入 Python Imaging Library
from PIL import Image    #导入 Image 图像处理模块
from scipy import signal,misc
import matplotlib.pyplot as plt
import numpy as np
import pylab
im=PIL.Image.open("c:\python\yun_20.jpg")
#im = plt.imread("c:\python\yun_20.jpg") 这两句很有用
#plt.imsave("res.jpg",res)
im.show()
w=np.zeros((50,50))
w[0][0]=1
w[49][20]=1.0
```

```
img = im.convert("L")
img.show()
image_new=signal.fftconvolve(img,w) #与 convolve 用法类似，但只能使用傅里叶卷积
plt.figure()
plt.imshow(image_new)      #这两句要结合在一起使用才能显示处理后数据的图片
pylab.show()
```

图 5.4 所示为处理前的图片，图 5.5 所示为卷积运算处理后的图片。

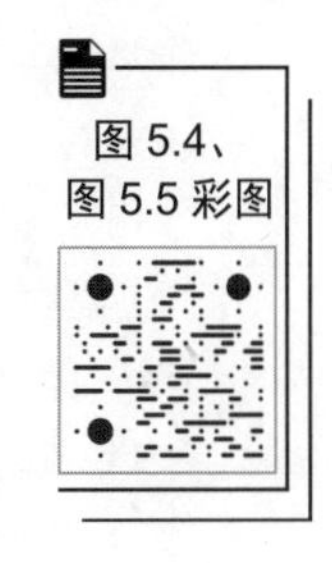

图 5.4　处理前的图片

图 5.5　处理后的图片

还可以通过使用 scipy 包中的 signal 模块和 ndimage 模块对图片进行滤波处理。滤波有很多种，如平滑、锐化、边缘增强等。对图像进行这些滤波处理，是为了突出图像的一些特征，弱化或删除图像的另一些特征。

【例 5.17】　高斯滤波、模糊、锐化。

```
import PIL
from PIL import Image
from scipy import signal,misc
import matplotlib.pyplot as plt
import numpy as np
```

```
import pylab
from scipy import ndimage
im=PIL.Image.open("c:\python\yun_20.jpg")
im.show()
#高斯滤波，模糊
blurred_plane=ndimage.gaussian_filter(im,sigma=3)
plt.figure()
plt.imshow(blurred_plane)
pylab.show()
#锐化操作
blurred_plane2=ndimage.gaussian_filter(im,sigma=0.2)
sharp_plane=blurred_plane2+5*(blurred_plane2-blurred_plane)
plt.figure()
plt.imshow(sharp_plane)
pylab.show()
```

图 5.6 所示为高斯滤波和模糊处理后的图片，图 5.7 所示为锐化处理后的图片。

还可以通过边缘检测技术对图像进行边缘提取。边缘检测技术是一种用于查找图像内物体边界的图像处理技术，是图像分割和机器视觉中的基本问题。常用的边缘检测算法包括 Sobel 算子、Canny 算子、Prewitt、Roberts 和 Fuzzy Logic methods。读者可以通过研究例 5.18 来简单体会边缘检测技术是如何进行图像处理的。例 5.18 中使用 sobel()函数来检测图形边缘，sobel()函数按轴对图像数组进行操作，得到两个矩阵，然后通过 hypot()函数将两矩阵合并输出。

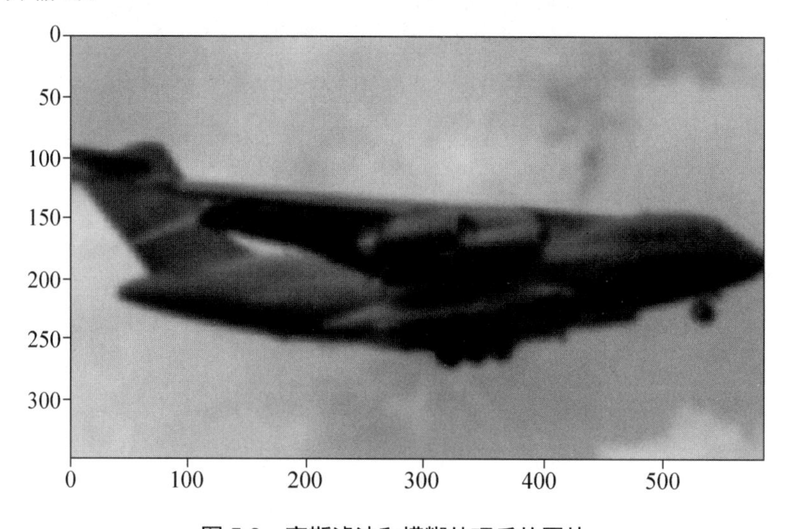

图 5.6　高斯滤波和模糊处理后的图片

图 5.7　锐化处理后的图片

【例 5.18】　边缘检测技术。

```
import scipy.ndimage as nd
import numpy as np
import matplotlib.pyplot as plt

#生成测试图像
im=np.zeros((128,128))
im[32:-32,32:-32]=2
im=nd.gaussian_filter(im,4)

#处理前图像显示
plt.imshow(im)
plt.show()

#进行边缘检测处理
sx=nd.sobel(im,axis=0,mode='constant')
sy=nd.sobel(im,axis=1,mode='constant')
#将矩阵 sx,sy 合并
sob=np.hypot(sx,sy)

#处理后图像显示
plt.imshow(sob)
plt.show()
```

图 5.8 所示为边缘检测处理前的图像，图 5.9 所示为边缘检测处理后的图像。

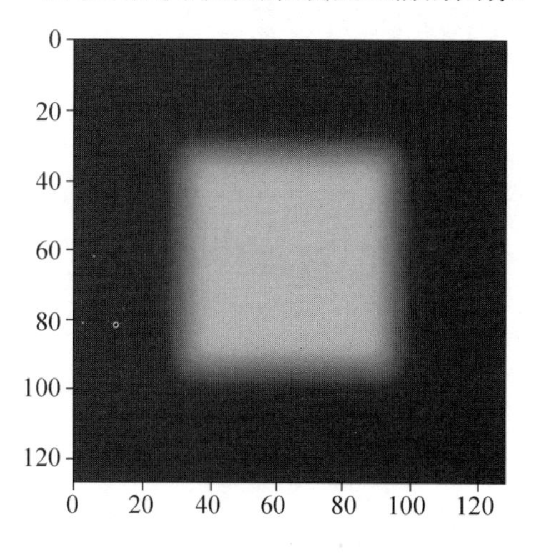

图 5.8　边缘检测处理前的图像

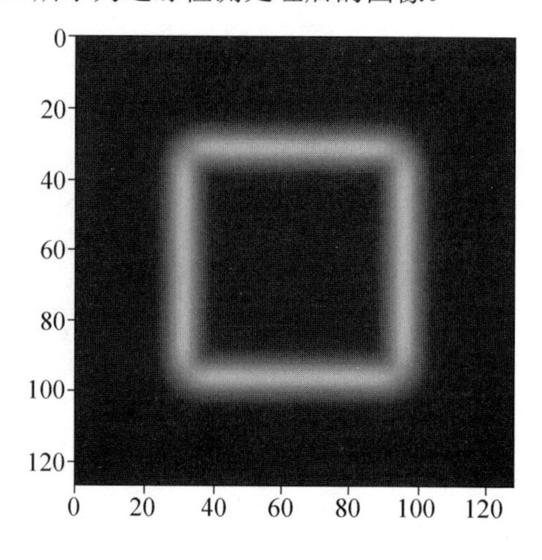

图 5.9　边缘检测处理后的图像

5.2.5　空间结构模块

【例 5.19】　计算两个点之间的欧氏距离。

```
import numpy as np
from scipy.spatial.distance import pdist,squareform,cdist

x1=np.array([[1,3]])
x2=np.array([[4,9]])

#计算两个点之间的欧氏距离
distance=cdist(x1,x2,'euclidean')
print(distance)

X=np.array([[1,2],[2,7],[3,5]])
#计算与每行点(包括自身)之间的欧氏距离
distance_X=squareform(pdist(X,'euclidean'))
print(distance_X)
```

输出结果如图 5.10 所示。

```
[[6.70820393]]
[[0.         5.09901951 3.60555128]
 [5.09901951 0.         2.23606798]
 [3.60555128 2.23606798 0.        ]]
>>>
```

图 5.10　两点之间的欧氏距离

5.3　pandas 包的使用

pandas 包是基于 numpy 包开发的数据分析库，是机器学习必须要用到的扩展库，这里简单介绍其使用方法。

pandas 包主要包含 3 种数据结构。

(1) Series 为带标签的一维数组，是一个基于 numpy 包的 ndarray 结构，类似于 Python 语言中的 List，与其不同的是，Series 中存储数据类型相同的数据，以便提高运算效率。

(2) DataFrame 为二维表格，带标签，包含一组有序的列，但每一列的数据类型可以不同，可以看作由多个 Series 组成的字典，在 DataFrame 中称为 columns。

(3) Panel 为三维数组，带标签。

5.3.1　pandas 数组

对 pandas 的数据结构，本节主要介绍前两种。

Series 类型的数据就像“竖着的”列表，列表中每个数据都对应一个索引值。导入 pandas 包后通过 pandas.Series(data=None, index=None, dtype=None, name=None, copy=False, fastpath=False)函数来生成一个一维数组。其中，参数 data 可以是数组、可迭代对象、字典或标量值；index 用于传入自定义索引，否则传入默认索引[0,1,2,…,n]，个数与 data 长度相同。

【例 5.20】　生成一维数组。

```
>>> import pandas as pd
>>> import numpy as np
>>> a=pd.Series([1,2,3,np.nan])      #通过列表构建 Series
>>> a
0    1.0
1    2.0
2    3.0
3    NaN
dtype: float64
>>> b=pd.Series([1,2,3,np.nan],index=['A','B','C','D'])     #自定义索引
>>> b
A    1.0
B    2.0
C    3.0
D    NaN
dtype: float64
>>> x=np.array([1,2,3,4])
>>> c=pd.Series(x,index=['A','B','C','D']) #通过 numpy.array 构建 Series
```

```
>>> c
A    1
B    2
C    3
D    4
dtype: int32
>>> grade={'English':98,'Math':87,'History':79}
>>> d=pd.Series(grade)    #通过字典构建 Series
>>> d
English    98
Math       87
History    79
dtype: int64
```

生成数组后，通过例 5.21 介绍的一些 Series 的主要方法，即获取 Series 的值、Series 的索引以及通过索引找到对应的值。

【例 5.21】 Series 主要方法的使用。

```
#这里仍然沿用例 5.20 中的数组 b 进行操作
#获取 b 的值
print(b.values)
#获取 b.values 的类型，可以看到虽然传入的是列表结构，输出的仍是 ndarray 结构
print(type(b.values))
#获取 b 的索引
print(b.index)
print(type(b.index))
#通过索引获取 b 的值
print(b["B"])
#通过位置获取 b 的值
print(b[0:2])
```

输出结果如下。

```
[ 1.  2.  3. nan]
<class 'numpy.ndarray'>
Index(['A', 'B', 'C', 'D'], dtype='object')
<class 'pandas.core.indexes.base.Index'>
2.0
A    1.0
B    2.0
dtype: float64
```

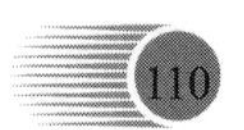

DataFrame 和 Series 类似，同样有多种方式能够生成二维数组。

【例 5.22】　生成二维数组。

```
>>> date1=pd.date_range(start='20200224',end='20200324',freq='D')
>>> date1
DatetimeIndex(['2020-02-24', '2020-02-25', '2020-02-26', '2020-02-27',
               '2020-02-28', '2020-02-29', '2020-03-01', '2020-03-02',
               '2020-03-03', '2020-03-04', '2020-03-05', '2020-03-06',
               '2020-03-07', '2020-03-08', '2020-03-09', '2020-03-10',
               '2020-03-11', '2020-03-12', '2020-03-13', '2020-03-14',
               '2020-03-15', '2020-03-16', '2020-03-17', '2020-03-18',
               '2020-03-19', '2020-03-20', '2020-03-21', '2020-03-22',
               '2020-03-23', '2020-03-24'],
              dtype='datetime64[ns]', freq='D')
>>> data={'Name':["Peter","Alis","Hans"],'Location':["Beijing","Nanjing",
"Dongjing"],'Age':[24,25,21]}
>>> data
{'Name': ['Peter', 'Alis', 'Hans'], 'Location': ['Beijing', 'Nanjing',
'Dongjing'], 'Age': [24, 25, 21]}
>>> data_pandas=pd.DataFrame(data)
>>> data_pandas
    Name  Location  Age
0  Peter   Beijing   24
1   Alis   Nanjing   25
2   Hans  Dongjing   21
>>> a=np.array([1,2,3])
>>> b=np.array([0,1,2,3])
>>> data1=pd.DataFrame([a,b])
>>> data1
0  1  2    3
0  1  2  3  NaN
1  0  1  2  3.0
```

从上面的输出可以发现，若生成的一维数组维数不相同时，对应索引的值不存在则为 NaN。

```
>>> s1=pd.Series(np.array([1,2,3,4]))
>>> s2=pd.Series(np.array([0,1,2,3]))
>>> data2=pd.DataFrame([s1,s2])
>>> data2
   0  1  2  3
```

```
0  1  2  3  4
1  0  1  2  3
>>> data3=pd.DataFrame({'A':s1,'B':s2})
>>> data3
   A  B
0  1  0
1  2  1
2  3  2
3  4  3
```

【例 5.23】 使用 DataFrame 生成包含不同数据类型的数组。

```
>>> df=pd.DataFrame({'Name':['apple','banana','orange'],
            'Number':np.array([2,3,1],dtype='int32'),
            'Date':pd.date_range(start='20201015',end='20201017',freq='D')})
>>> df
    Name     Number     Date
0   apple      2      2020-10-15
1   banana     3      2020-10-16
2   orange     1      2020-10-17
>>> df.dtypes
Name             object
Number            int32
Date      datetime64[ns]
dtype: object
```

5.3.2 查看数据

通过 head()函数和 tail()函数可以查看 DataFrame 的头部数据和尾部数据，默认显示 5 行数据，也可以指定显示数据的数量，还可使用 describe()函数快速查看数据的统计摘要。

【例 5.24】 查看 DataFrame 中的数据。

```
>>> df=pd.DataFrame(np.random.rand(7,6),columns=['A','B','C','D','E',
'F'])
>>> df
          A         B         C          D          E          F
0  0.195216  0.592693  0.977738  0.940311  0.733752  0.698198
1  0.647711  0.253896  0.506357  0.253214  0.477781  0.571761
2  0.225119  0.263193  0.779074  0.918965  0.103826  0.600078
3  0.515943  0.175069  0.032404  0.103718  0.924588  0.314561
4  0.995774  0.791419  0.013004  0.168035  0.976271  0.633385
```

```
5  0.107315  0.850168  0.885842  0.544656  0.558526  0.647282
6  0.583204  0.686678  0.166312  0.169931  0.798195  0.696208
>>> df.head()
          0         1         2         3         4         5
0  0.921261  0.508664  0.612250  0.269208  0.199392  0.525207
1  0.250360  0.980007  0.636678  0.284089  0.934799  0.164124
2  0.784804  0.031511  0.500669  0.817210  0.851205  0.796931
3  0.513316  0.719164  0.747383  0.274160  0.234126  0.594367
4  0.391272  0.472836  0.282447  0.531391  0.583578  0.803371
>>> df.tail(2)
          0         1         2         3         4         5
5  0.503967  0.353889  0.462582  0.929047  0.743799  0.486371
6  0.490462  0.506005  0.447557  0.984907  0.372248  0.151064
>>> df.index     #显示索引
RangeIndex(start=0, stop=7, step=1)
>>> df.columns     #显示列名
Index(['A', 'B', 'C', 'D', 'E', 'F'], dtype='object')
>>> df.describe()
              A         B         C         D         E         F
count  7.000000  7.000000  7.000000  7.000000  7.000000  7.000000
mean   0.467183  0.516160  0.480104  0.442690  0.653277  0.594496
std    0.313556  0.280292  0.412193  0.361823  0.301962  0.131852
min    0.107315  0.175069  0.013004  0.103718  0.103826  0.314561
25%    0.210167  0.258545  0.099358  0.168983  0.518154  0.585920
50%    0.515943  0.592693  0.506357  0.253214  0.733752  0.633385
75%    0.615457  0.739049  0.832458  0.731810  0.861391  0.671745
max    0.995774  0.850168  0.977738  0.940311  0.976271  0.698198
```

5.3.3　pandas 读取文件

pandas 包中内置的大量函数还能够处理日常所用的各类文件，其中包括 TXT 文件、Excel 文件、CSV 文件以及 JSON 文件。下面介绍它们的具体读取方式。

通过使用 read_table()函数可以读取 TXT 文件。注意，在读取所有类型的文件时，必须保证文件内容是格式化的，否则会出现读取错误的情况。

首先，创建一个 TXT 类型的文件 grade.txt，文件内容如下。

```
Name,Chinese,Math,English
Peter,70,82,97
Lily,89,80,94
Tom,86,88,79
```

```
Tom,86,88,79
```

然后，进行数据的读取。在 read_table()函数中，通过参数 filename 指定文件名，参数 sep 指定每行数据的分隔符，默认分隔符为 sep='\t'，这里设置 sep=','，读取的数据类型为 DataFrame。具体代码如下。

```
>>> import pandas as pd
>>> grade=pd.read_table('grade.txt',sep=',')
>>> grade
    Name  Chinese  Math  English
0  Peter       70    82       97
1   Lily       89    80       94
2    Tom       86    88       79
3    Tom       86    88       79
```

还可以获取刚刚读取到的数据的行数和列数。

```
>>> row=grade.shape[0]
>>> col=grade.columns.size
>>> print('行数：',row)
行数：4
>>> print('列数：',col)
列数：4
```

在前面的数据输出中可以观察到，读取的数据第三行和第四行的数据为重复数据，可以通过 Name 来对数据进行去重。

```
>>> u_grade=grade.drop_duplicates(['Name'])
>>> u_grade
    Name  Chinese  Math  English
0  Peter       70    82       97
1   Lily       89    80       94
2    Tom       86    88       79
```

可以看到，u_grade 中的重复数据已经去除。还可以对数据进行一些简单的操作。例如，计算每一门课程的平均分。

```
>>> aver_Chinese=u_grade['Chinese'].sum()/(row-1)
>>> aver_Math=u_grade['Math'].sum()/(row-1)
>>> aver_English=u_grade['English'].sum()/(row-1)
>>> print('语文平均分：',aver_Chinese)
语文平均分： 81.66666666666667
>>> print('数学平均分：',aver_Math)
```

```
数学平均分： 83.33333333333333
>>> print('英语平均分：',aver_English)
英语平均分： 90.0
```

对于 CSV 文件的读取，可以使用 read_csv()函数，使用方法与 read_table()函数类似，只是 read_csv()函数的参数 sep 的默认分隔符是','。也可以使用 read_csv()函数来读取 TXT 类型的文件。

需要注意的一点是，在用 read_csv()函数读取文件时，若文件名为中文，则可能会出现错误，可以用以下方法来解决。

```
import pandas as pd
f=open('文件名')
df=pd.read_csv(f)
```

对于 JSON 文件，可以使用 read_json()函数进行读取。若读取时出现中文乱码，将参数 encoding 设置为'utf-8'即可，返回类型也是 DataFrame。

首先创建名为 grade.json 的文件，文件内容如下。

```
{
  "Chinese": {
     "Peter": 70,
     "Lily": 89,
     "Tom": 86
  },
  "Math": {
     "Peter": 82,
     "Lily": 80,
     "Tom": 88
  },
  "English": {
     "Peter": 97,
     "Lily": 94,
     "Tom": 79
  }
}
```

对以上 grade.json 文件内容进行读取。

```
>>> grade_json=pd.read_json('grade.json')
>>> grade_json
      Chinese  Math  English
Peter      70    82       97
```

```
Lily        89    80        94
Tom         86    88        79
```

对于 Excel 文件，可以通过 read_excel()函数进行读取，这里不再过多介绍。在读取 Excel 文件时，可能会出现如“ImportError: No module named 'xlrd'”的错误，这是由于 pandas 在读取 Excel 文件时，需要单独的 xlrd 模块支持，可以通过“pip install xlrd”命令下载 xlrd 模块解决此类问题。

在 pandas 中，除了能够读取上述介绍的文件类型外，还能够读取 SQL 数据库、HTML 等类型的数据文件，读者可以阅读 pandas 的官方文件(https://pandas.pydata.org/pandas-docs/stable/user_guide/io.html)进行详细了解。

5.4 matplotlib 包的使用

matplotlib 是 Python 语言的数据可视化包，可以绘制多种具有出版质量要求的图形。该包依赖于 numpy 包和 tkinter 包。

常利用该 matplotlib 包中的 plot()函数进行各种点线图绘制，该函数在 matplotlib.pyplot 中。plot()函数的语法格式如下。

```
plot (x, y, 'xxx', label, linewidth)
```

参数说明如下。

x 为位置参数，点的横坐标，可迭代对象。

y 为位置参数，点的纵坐标，可迭代对象。

'xxx'为位置参数，点和线的样式。'xxx'又分为 3 种属性，分别为颜色(color)、点型(marker)、线型(linestyle)，可互相结合使用，具体形式为'[color][marker][line]'，数据类型为字符串。若属性用的是全名，则不能用'[color][marker][line]'参数来组合赋值，应该用关键字参数对单个属性赋值。

颜色属性值有：'g'为绿色，'b'为蓝色，'c'为蓝绿色，'m'为洋红色，'r'为红色，'y'为黄色，'m'为品红色，'k'为黑色，'w'为白色。也可以对关键字参数赋十六进制的 RGB 字符串，如 color='#900302'。

点型属性值有：'.'为点，'v'为实心倒三角，'o'为实心圆，'*'为实心五角星，'+'为加号。

线型属性值有：'-'为实线，'--'为虚线，'-.'为点画线，':'为点线。

label 为关键字参数，设置图例，需要调用 plt 或子图的 legend 方法。

linewidth 为关键字参数，设置线的粗细。

【例 5.25】 正余弦曲线绘制。

```
import numpy as np
import pylab as pl    #导入 matplotlib 的子包 pylab，该包适合交互式绘图方式
x=np.arange(0.0,2.0*np.pi,0.01)
y=np.cos(x)
```

```
y1=np.sin(x)
pl.plot(x,y,'--')
pl.plot(x,y1)
pl.xlabel('x')
pl.ylabel('y')
pl.title('sin/cos curve')
pl.show()
```

输出结果如图 5.11 所示。

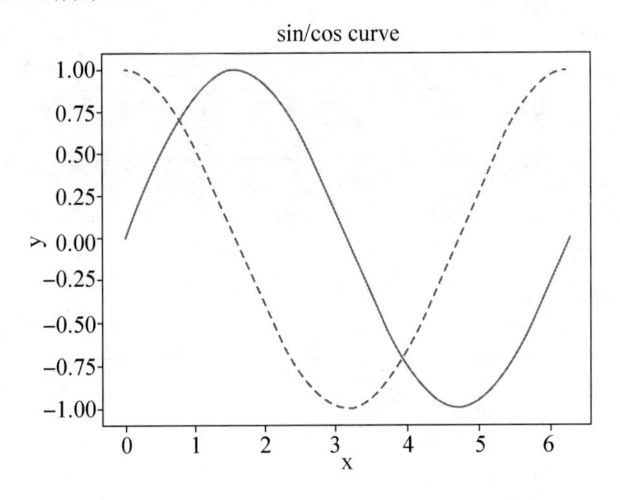

图 5.11　正余弦曲线

【例 5.26】　在同一个图中绘制不同的曲线。

```
import numpy as np
import matplotlib.pyplot as plt

#设置函数的坐标点
x=np.arange(0,2*np.pi,0.01)
y1=np.sin(x)
y2=np.cos(x)

plt.subplot(2,1,1)
#绘制第一个函数曲线
plt.plot(x,y1,'b-')
plt.title('sin curve')

plt.subplot(2,1,2)
#绘制第二个函数曲线
plt.plot(x,y2,'r--')
```

```
plt.title('cos curve')

plt.show()
```

输出结果如图 5.12 所示。

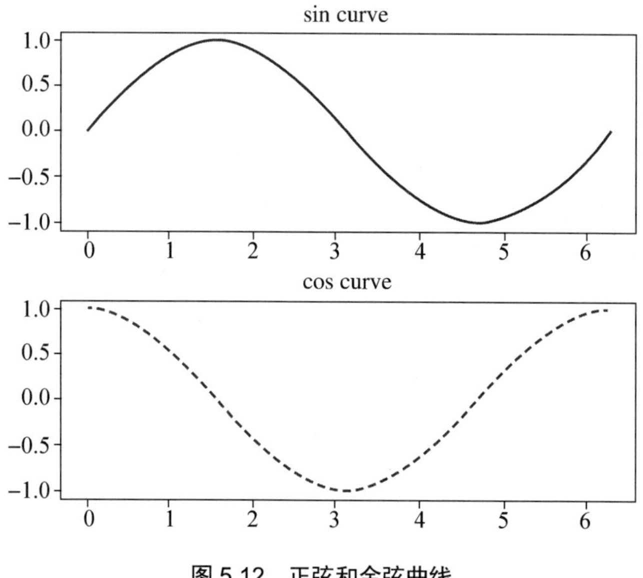

图 5.12 正弦和余弦曲线

【例 5.27】 绘制三维曲线图。

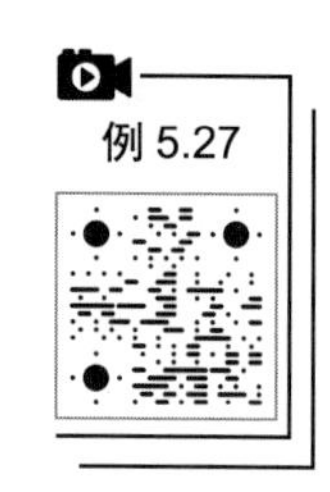


```
import matplotlib as mpl
from mpl_toolkits.mplot3d import Axes3D
import numpy as np
import matplotlib.pyplot as plt
mpl.rcParams['legend.fontsize']=14.5
fig=plt.figure()
ax=fig.gca(projection='3d')
theta=np.linspace(-10*np.pi,10*np.pi,100)
z=np.linspace(-10,10,100)*0.4
r=z**3+1
x=r*np.sin(theta)
y=r*np.cos(theta)
ax.plot(x,y,z,label='parametric curve')#绘制曲线
ax.legend()
plt.show()
```

输出结果如图 5.13 所示。另外，还可用鼠标对该图像进行拖动以查看其他方向的曲线形状，如图 5.14 所示。

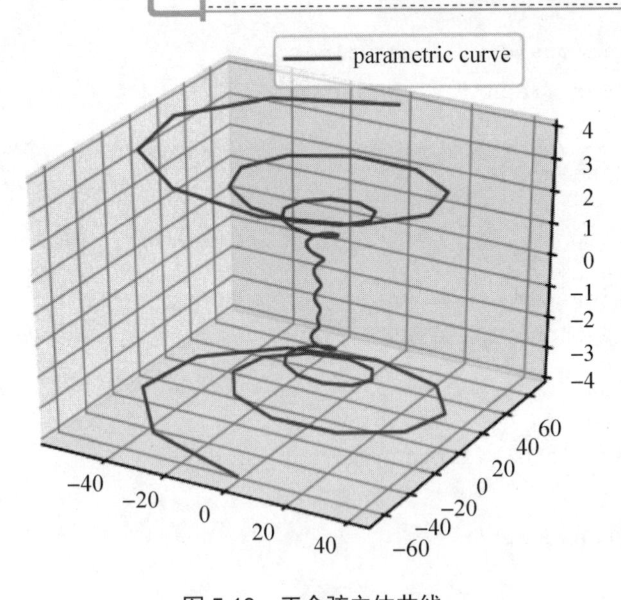

图 5.13　正余弦立体曲线

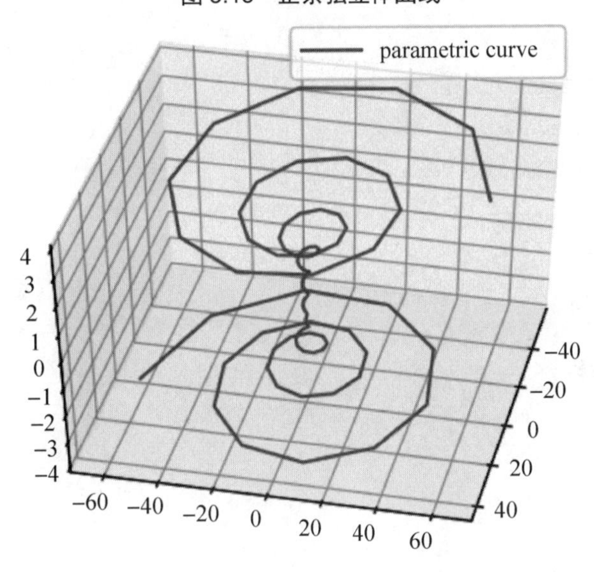

图 5.14　其他方向的曲线形状

【例 5.28】　其他类型图形的绘制。

```
import numpy as np
import matplotlib.pyplot as plt

#柱状图
plt.subplot(2,2,1)
divisions=['01','02','03','04','05','06']
divisions_value=[1050,1003,1978,2037,2354,1967]
```

```
plt.bar(divisions,divisions_value)
plt.title('Bar Graph')
plt.xlabel('year')
plt.ylabel('sale')

#饼状图
plt.subplot(2,2,2)
language=['Python','Java','C++','C']
share=[30,32,10,28]

plt.pie(share,labels=language,startangle=45)
plt.axis('equal')
plt.title('pie chart')

#极坐标图
#确定 r,θ的值
theta=np.linspace(-np.pi,np.pi,100)
r=2*np.sin(3*theta)
#指定画图坐标为极坐标
ax=plt.subplot(2,2,3,projection='polar')
ax.plot(theta,r,color='red')

#散点图
plt.subplot(2,2,4)
N=15
x=np.random.rand(N)
y=np.random.rand(N)
#每个点随机大小
s=20*np.random.rand(N)**2
#每个点随机颜色
color=np.random.rand(N)
plt.scatter(x,y,s=s,c=color)

#自动调整图形元素，使其恰当显示
plt.tight_layout()
plt.show()
```

输出结果如图 5.15 所示。

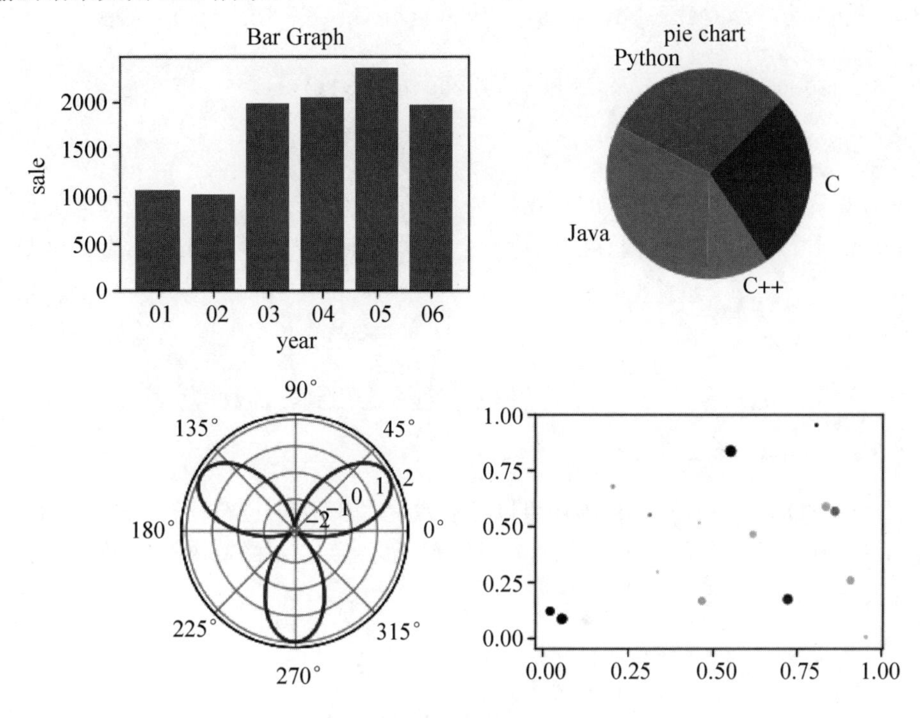

图 5.15　其他类型图形的绘制

5.5　SQLite 数据库的使用

5.5.1　SQLite 数据库

SQLite 是一款轻型的关系型数据库管理系统，其设计目标主要是在嵌入式系统中应用。它占用资源非常得少，在嵌入式设备中，一般只需要几百 KB 的内存就够了。在 Python 语言中，已经内嵌了 SQLite 数据库。

【例 5.29】　SQLite 数据库的建立与操作。

```
>>> import sqlite3
>>> conn=sqlite3.connect('ABC.db')     #创建数据库对象并连接 ABC.db 数据库
>>> c=conn.cursor()     #创建数据库操作游标
>>> c.execute('''CREATE TABLE stocks(data text,trans text,symbol text,qty real,price real)''')
<sqlite3.Cursor object at 0x00000219ADD94F10>
>>> c.execute("INSERT INTO stocks VALUES('2020-02-23','buy','rhat',200,15.6) ")
<sqlite3.Cursor object at 0x00000219ADD94F10>
>>> conn.commit()     #提交数据库操作业务
>>> conn.close()     #关闭数据库
>>> conn=sqlite3.connect('ABC.db')     #创建数据库对象并连接 ABC.db 数据库
```

```
>>> c=conn.cursor()    #创建数据库操作游标
>>> for row in c.execute('SELECT * FROM stocks ORDER BY price'):
        print(row)
  ('2020-02-23', 'buy', 'rhat', 200.0, 15.6)
```

5.5.2 SQLite 数据库操作方法

下面简单介绍几个主要的 SQLite 数据库操作函数创建一个 SQLite 数据库文件对象。使用 ":memory:" 参数可以在内存中创建一个数据库连接，而不是在磁盘上。函数语法格式如下。

```
sqlite3.connect(database [,timeout ,other optional arguments])
```

创建一个 cursor 对象，在 Python 数据库编程中会用到。函数语法格式如下。

```
connection.cursor([cursorClass])
```

执行一个 SQL 语句。该 SQL 语句可以被参数化(即使用占位符代替 SQL 文本)。sqlite3 模块支持两种类型的占位符：问号和命名占位符(命名样式)。函数语法格式如下。

```
cursor.execute(sql [, optional parameters])
```

执行一条 SQL 语句。函数语法格式如下。

```
connection.execute(sql [, optional parameters])
```

执行多条 SQL 语句。函数语法格式如下。

```
cursor.executemany(sql, seq_of_parameters)
```

返回数据库连接以来被修改、插入或删除的记录总行数。函数语法格式如下。

```
connection.total_changes()
```

提交当前的事务。如果未调用该函数，那么自上一次调用 commit()函数以来所做的任何修改都不会真正保存在数据库中。函数语法格式如下。

```
connection.commit()
```

撤销当前事务。该函数回滚或恢复自上一次调用 commit()函数以来对数据库所做的更改。函数语法格式如下。

```
connection.rollback()
```

关闭数据库连接。函数语法格式如下。

```
connection.close()
```

获取查询结果集中的下一行，返回一个单一的序列，当没有更多可用的数据时，则返回 None。函数语法格式如下。

```
cursor.getchone()
```

获取查询结果集中的下一组行，返回一个列表，当没有更多可用的行时，则返回一个空的列表。该函数尝试获取由 size 参数指定的尽可能多的行。函数语法格式如下。

```
cursor.getchmany([size=cursor.arraysize])
```

获取查询结果集中所有(剩余)的行，返回一个列表，当没有可用行时，则返回一个空的列表。函数语法格式如下。

```
cursor.fetchall()
```

读者可通过例 5.29，体会 SQLite 数据库操作函数的使用方法。

5.5.3　SQLite 点命令

读者可以到 https://www.sqlite.org/download.html 下载页面中下载 sqlite-dll-win32-x86-3330000.zip 文件与 sqlite-tools-win32-x86-3330000.zip 文件，将解压后得到的 sqlite3.def、sqlite3.dll 和 sqlite3.exe 放在同一文件夹下，并将路径添加到 PATH 环境变量中，这样更加便于对 SQLite 的使用。

在命令窗口中输入“sqlite3”命令后，就可以在 SQLite 命令提示符下使用各种 SQLite 命令，首先尝试输入“.help”命令，查看所有可以使用的点命令。表 5.2 列出了一些常用的点命令。

表 5.2　SQLite 点命令

命令	描述
.backup ?DB? FILE	备份 DB 数据库(默认是 "main")到 FILE 文件
.databases	列出数据库的名称及其所依附的文件
.dump ?TABLE?	以 SQL 文本格式转储数据库。如果指定了 TABLE 表，则只转储匹配 LIKE 模式的 TABLE 表
.exit	退出 SQLite 提示符
.header(s) ON|OFF	开启或关闭头部显示
.help	显示帮助内容
.import FILE TABLE	导入来自 FILE 文件的数据到 TABLE 表中
.log FILE|off	开启或关闭日志。FILE 文件可以是 stderr(标准错误)/stdout(标准输出)
.mode MODE	设置输出模式，MODE 参数值可以是下列之一： ① csv，用逗号分隔的值； ② column，左对齐的列； ③ html，HTML 的 <table> 代码； ④ insert，TABLE 表的 SQL 插入(insert)语句； ⑤ line，每行一个值； ⑥ list，由 .separator 字符串分隔的值； ⑦ tabs，由 Tab 制表符分隔的值； ⑧ tcl，TCL 列表元素

续表

命令	描述
.quit	退出 SQLite 提示符
.read FILENAME	执行 FILENAME 文件中的 SQL 语句
.schema ?TABLE?	显示 CREATE 语句。如果指定了 TABLE 表，则只显示匹配 LIKE 模式的 TABLE 表
.show	显示各种设置的当前值
.tables ?PATTERN?	列出匹配 LIKE 模式的表的名称
.width NUM NUM	为 column 模式设置列宽度

先进入在例 5.29 中创建的 ABC.db 数据库所在的工作目录，输入“sqlite3”命令，尝试使用点命令“.show”查看当前设置的默认参数，如图 5.16 所示。

```
C:\Users\Administrator>cd C:\Users\Administrator\AppData\Local\Programs\Python\Python37

C:\Users\Administrator\AppData\Local\Programs\Python\Python37>sqlite3
SQLite version 3.33.0 2020-08-14 13:23:32
Enter ".help" for usage hints.
Connected to a transient in-memory database.
Use ".open FILENAME" to reopen on a persistent database.
sqlite> .show
        echo: off
         eqp: off
     explain: auto
     headers: off
        mode: list
   nullvalue: ""
      output: stdout
colseparator: "|"
rowseparator: "\n"
       stats: off
       width:
    filename: :memory:
```

图 5.16　查看当前设置的默认参数

然后使用点命令格式化输出例 5.29 中所设置的 stocks 表中的数据，并退出 SQLite，如图 5.17 所示。

```
sqlite> .open ABC.db
sqlite> .header on
sqlite> .timer on
sqlite> .mode column
sqlite> select * from stocks;
data        trans  symbol  qty    price
----------  -----  ------  -----  -----
2020-02-23  buy    rhat    200.0  15.6
Run Time: real 0.005 user 0.000000 sys 0.000000
sqlite> .quit

C:\Users\Administrator\AppData\Local\Programs\Python\Python37>
```

图 5.17　格式化输出 stocks 表中的数据

5.5.4　SQLite 可视化维护

可以使用 SQLiteStudio 工具可视化维护 SQLite 数据库，这里需要先下载 SQLiteStudio 工具。按以下步骤可以完成该工具的下载与安装。

(1) 打开网站 https://sqlitestudio.pl，其界面如图 5.18 所示。

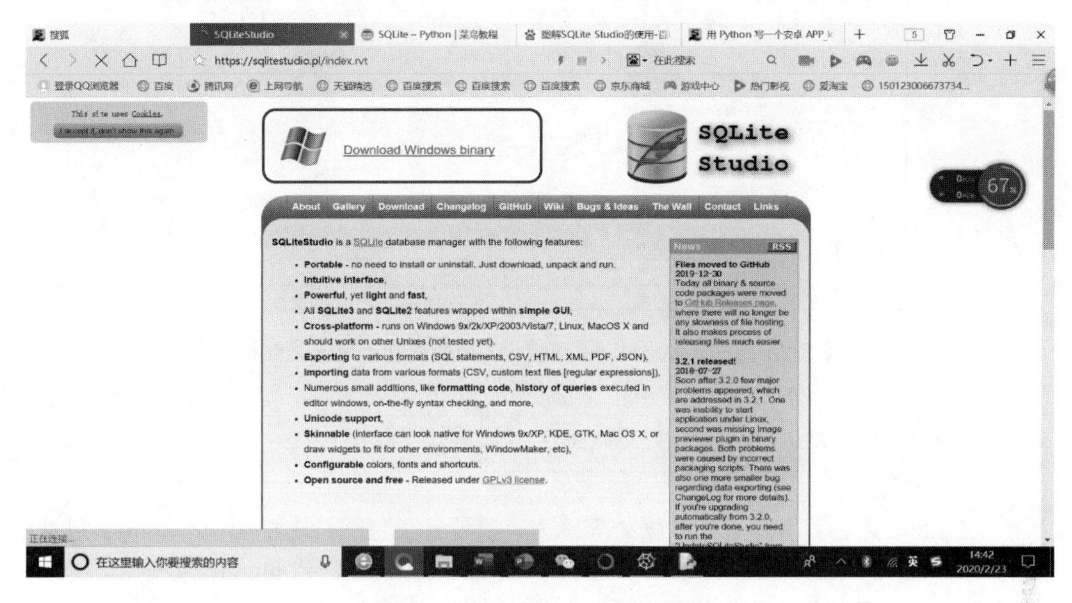

图 5.18　SQLiteStudio 网站界面

(2) 下载 SQLiteStudio 压缩包，如图 5.19 所示。

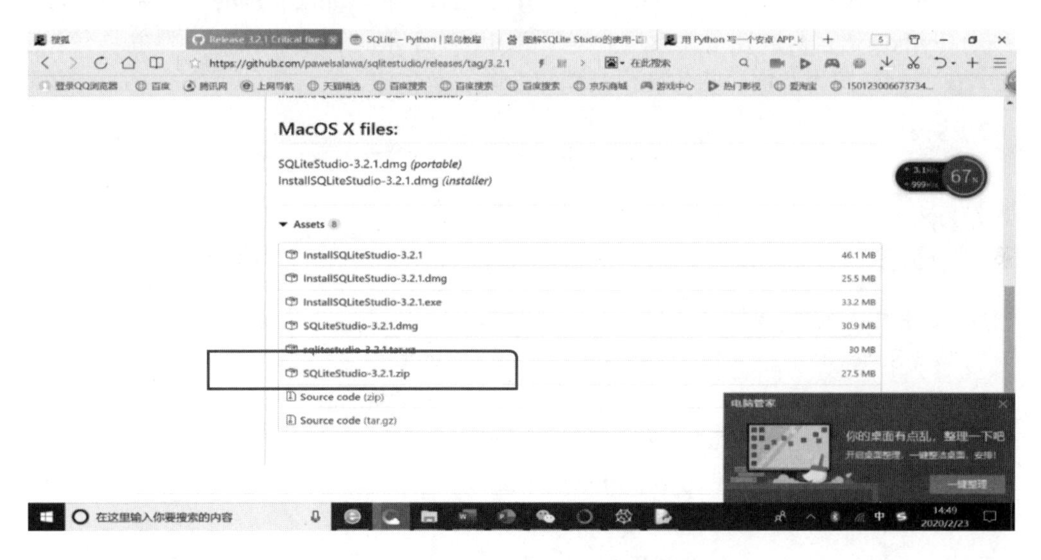

图 5.19　SQLiteStudio 压缩包下载界面

(3) 解压缩并安装 SQLiteStudio 工具后，可以打开所建立的数据库进行可视化查看。打开的 stocks 表结构如图 5.20 所示。

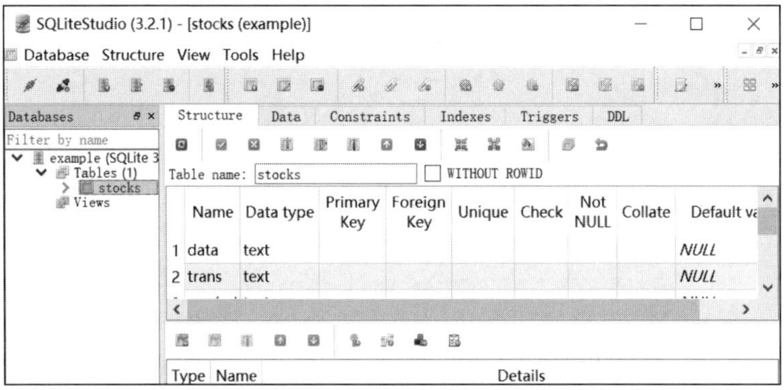

图 5.20　在 SQLiteStudio 可视化界面中查看 stocks 表结构

本 章 小 结

(1) Python 语言具有强大的数据处理能力，需要各类包支持这种能力。numpy 包是科学计算库，提供 *N* 维数组运算及各种数据分析方法。scipy 包需要 numpy 包支持，提供积分、方程组求解等运算。可以用 pip install numpy、pip install scipy 命令安装这两个包。

(2) Python 语言具有高质量绘图功能，由 matplotlib 包提供绘图函数。

(3) pandas 包提供机器学习数据结构，有 Series、DataFrame、Panel 三种数据结构。

(4) Python 语言内嵌轻型关系型数据库 SQLite。SQLite 的基本操作步骤主要有创建数据库对象、创建操作游标、业务操作、提交业务、关闭库。

习　　题

一、选择题

1. 不属于 panda 数据结构的是(　　)。

A. Series　　B. DataFrame　　C. Tuple　　D. Panel

2. 在 Windows 系统中，运行(　　)命令可以安装 Matplotlib 包。

A. python-m pip install matplotlib

B. sudo apt-get install python-matplotlib

C. sudo yum install python-matplotlib

D. sudo python-mpip install matplotlib

3. 不属于 scipy 包的模块的是(　　)。

A. optimize　　B. math　　C. stats　　D. special

4. 在 plot()函数中，可以将绘制出的图显示为虚线的参数是(　　)。

A. '-'　　B. '-.'　　C. '--'　　D. ':'

5. 关于 SQLite 的说法，错误的是(　　)。

A. SQLite 是不区分大小写的，但有些命令是大小写敏感的

B．SQLite 可以通过使用“--”来添加注释

C．Python 用来访问和操作内置数据库 SQLite 的标准库是 sqlite3

D．SQLite 的命令与 SQL 一样

6．运行下列代码后，数组 B 的输出结果是(　　)。

```
import numpy as np
A=np.array([[3,2,4,6],[1,2,7,9],[3,5,6,8]])
B=A[::2,::]
A. [[3 2 4 6]
[3 5 6 8]]
B. [[3 4]
[3 6]]
C. [[3 4]
   [1 7]
[3 6]]
D. [[3 2 4 6]
[1 2 7 9]]
```

7．下列代码的输出结果是(　　)。

```
import sqlite3
conn=sqlite3.connect('database.db')
c=conn.cursor()
c.execute('CREATE TABLE Students(Sno,Name,Sex,Age)')
c.execute("INSERT INTO Students VALUES('001','XiaoMing','1','17')")
c.execute("INSERT INTO Students VALUES('002','XiaoHong','2','16')")
for row in c.execute("SELECT * FROM Students WHERE Age>'16'"):
   print(row)
conn.commit()
conn.close()
```

A．('002', 'XiaoHong', '2', '16')

B．('001', 'XiaoMing', '1', '17')

('002', 'XiaoHong', '2', '16')

C．('001', 'XiaoMing', '1')

D．('001', 'XiaoMing', '1', '17')

8．下列关于 pandas 包的说法，错误的是(　　)。

A．DataFrame 用来存储带标签的二维数组

B．Series 中能够存储数据类型不同的数据

C．pandas 能够实现对 TXT、EXCEL、CSV、SQL 等文件的读取

D．pandas.Series.get 函数能够返回指定的 key 所对应的 value 值

9．已知 c=numpy.arange(12).reshape((3,4))，则 c.sum(axis=0)的输出结果为(　　)。

A．[10 26 42]　　　　B．[6 22 38]

C．[12 15 18 21]　　　　D．[15 18 21 24]

10．在 numpy 包中，可以通过(　　)函数来计算元素的个数。

A．numpy.size()　　　　B．numpy.number()

C．numpy.identity()　　　　D．numpy.arrange()

二、思考题

1．阅读下面的代码，判断其实现的功能。

```
class Solution:
    def Power(base,exp):
        temp=1
        if base==0:
            return 0
        elif base!=0 and exp==0:
            return 1
        elif base!=0 and exp>0:
            for i in range(exp):
                temp*=base
            return temp
        else:
            for i in range(-exp):
                temp*=1./ base
            return temp
```

2．下面代码实现的功能为，将矩阵按照从里到外顺时针方向依次输出矩阵中的数字。例如，对于矩阵 $\boldsymbol{A}=\begin{bmatrix}1 & 2 & 3\\4 & 5 & 6\\7 & 8 & 9\end{bmatrix}$，输出结果为 1,2,3,6,9,8,7,4,5。请将缺少的代码补全。

```
class Solution:
    def printMatrix(self, matrix):
        res = []
        while matrix:
            ____________________________
            if matrix and matrix[0]:
                for row in matrix:
                    res.append(row.pop())
            if matrix:
                res += matrix.pop()[::-1]
```

```
        if matrix and matrix[0]:
            for row in matrix[::-1]:
                ____________________
    return res
```

三、程序题

通过运行以下代码，生成某行业每日销售额的模拟数据，并完成要求。

```
import random
import csv
import datetime

fn='data.csv'
with open(fn, 'w') as fp:
    wr=csv.writer(fp)
    wr.writerow(['Date', 'Sales Volume'])
    date=datetime.date(2019,1,1)
    for i in range(365);
        amount=200+i*6+random.randrange(100)
        wr.writerow([str(date),amount])
        date = date+datetime.timedelta(days=1)
```

(1) 使用 pandas 包读取文件 data.csv 中的数据，创建 DataFrame 对象，并删除其中所有缺失值。

(2) 使用 matplotlib 包生成折线图，反映服装店每天的营业额状况，并将折线图保存为 1.jpg。

(3) 使用 matplotlib 包生成柱状图，显示每月的营业额情况，并将柱状图保存为 2.jpg。

(4) 找出相邻两个月最大涨幅，并将涨幅写入 maxMonth.txt 文件中。

(5) 按季度统计营业额，使用 matplotlib 包生成饼状图，显示 4 个季度营业额分布情况，并将饼状图保存为 3.jpg。

第 5 章习题答案

第 6 章 图形用户界面设计、二维码与程序打包

如何设计友好的用户界面是程序开发者需要解决的主要问题之一。wxPython 包提供了图形用户界面(Graphical User Interface，GUI)开发方式，用户可以比较方便地开发出跨平台界面程序。二维码技术目前应用较多，本章介绍 myqr 包的使用，利用其函数设计自己的二维码。Python 程序开发完毕后，用户需要发布独立运行的程序，本章最后介绍 Python 程序打包方法。

本章建议 2 个学时。

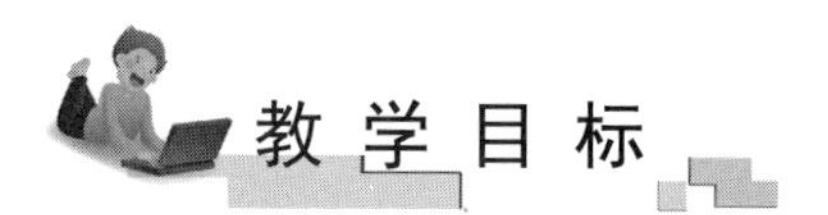

- wxPython 菜单设计。
- myqr 包使用。
- pyinstaller 包使用。

知识要点	能力要求	相关知识
wxPython 包	(1) 包安装; (2) 应用程序框架	菜单设计
myqr 包	(1) 二维码的概念; (2) run()函数的使用	二维码创建
pyinstaller 包	(1) 包安装; (2) 打包命令	程序打包步骤

推荐阅读资料

1. https://www.runoob.com/python/python-tutorial.html (Python 基础教程)
2. https://blog.csdn.net/csdnnews/article/details/81880380
3. https://www.lagou.com/lgeduarticle/34282.html

引例

图形用户界面包

Python 语言提供了 3 个主要的图形用户界面包，分别介绍如下。

1. tkinter 包。tkinter 是 Python 的标准 tk GUI 工具包的接口。tkinter 可以在 UNIX 平台、Windows 和 Macintosh 平台上使用。tkinter 接口简单明了，易学易用。举例如下。

```
#创建一个按钮和消息对话框
import tkinter
import tkinter.messagebox
top = tkinter.Tk()
def helloCallBack():
  tkinter.messagebox.showinfo( "消息框", "Hello")
Bu = tkinter.Button(top, text ="Click me", command = helloCallBack)
Bu.pack()
top.mainloop()
```

2. wxPython 包。wxPython 是一款开源的 GUI 图形库软件，允许 Python 程序员很方便地创建完整的、功能全面的 GUI。

3. Jython 包。Jython 程序可以和 Java 无缝集成。Jython 使用 Swing GUI 库，Swing 库是一个独立于平台的 GUI 工具包。

6.1　图形用户界面设计

图形用户界面设计可以使用户在执行程序时有非常直观的交互体验。wxPython 包是 Python 语言的一个 GUI 工具箱，使用它能够轻松创建各种功能丰富和稳健的图形用户界面程序。wxPython 是 Python 语言对 wxWidgets 跨平台 GUI 工具库的绑定和封装，因此 wxPython 是一个可以开发跨平台应用程序的编程框架。

6.1.1 wxPython 应用程序框架

首先，安装 wxPython 包。在命令窗口中输入命令“pip3 install -U wxPython”进行安装，如图 6.1 所示。

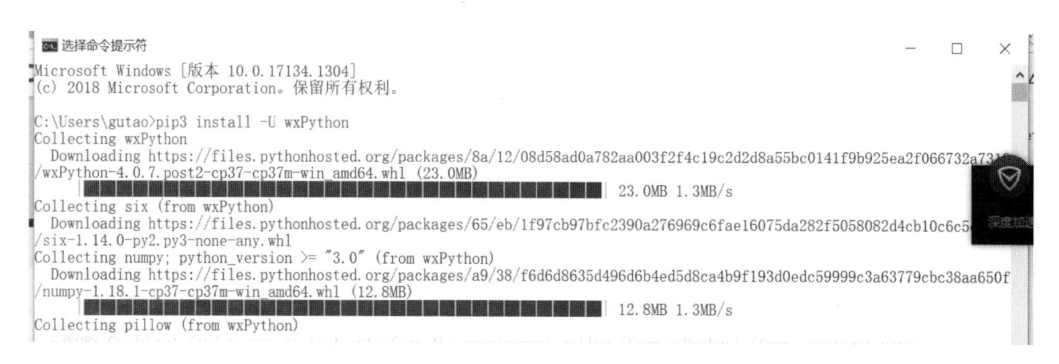

图 6.1 安装 wxPython 包

注意，如果提示没有安装成功，提示缺少 pillow 包，还需要用命令“pip3 install pillow”安装。安装后再运行“pip3 install -U wxPython”命令。使用如图 6.2 所示的命令可以查看所安装的版本。

```
>>> import wx
>>> print(wx.version())
4.0.7.post2 msw (phoenix) wxWidgets 3.0.5
>>> |
```

图 6.2 查看版本

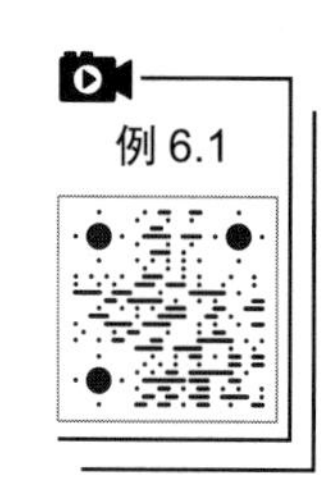

【例 6.1】 wxPython 包的使用。

在 frame1.py 中输入以下程序，运行结果如图 6.3 所示。

```
import wx  #该库中包括基本框架和应用程序
class App1(wx.App):
    def OnInit(self):     #函数名不能变
        frame1=wx.Frame(parent=None,title='MyFirstWxPythonApplication')
        frame1.Show()
        return True
app1=App1()
app1.MainLoop()
```

运行后弹出了一个新建窗口，标题为 MyFirstWxPythonApplication。

上面的代码创建的是一个最基本的 wxPython 程序，其中任何一行代码都是必不可少的，它体现了开发一个 wxPython 程序所需的基本步骤。

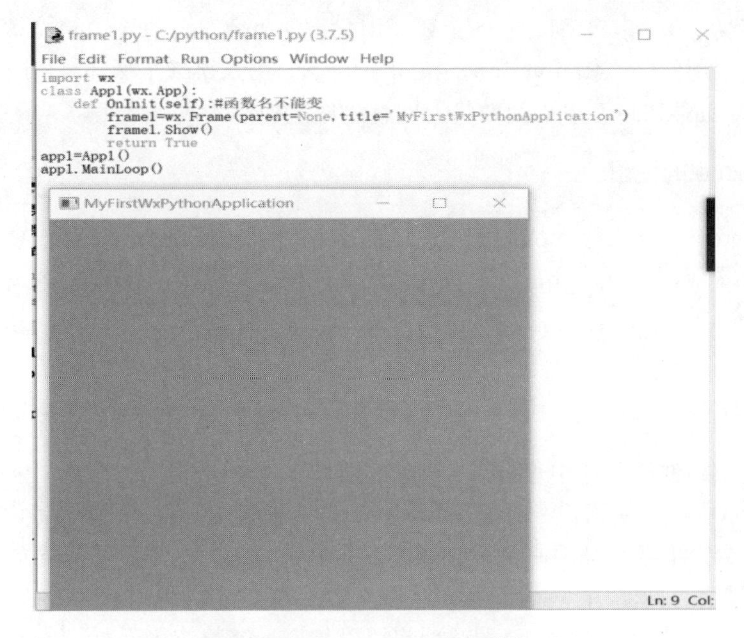

图 6.3　使用 wxPython 包创建窗口

wxPython 应用程序的基本框架如下。

```
import wx
class MyFrame(wx.Frame):
    def __init__(self,parent,title):
        wx.Frame.__init__(self,parent,title=title,size=(450,450))
        #创建各种组件
class App(wx.App):
    def OnInit(self):
        #创建框架窗口对象
        frame=wx.Frame(parent=None,title='wxPythonApplication')
        frame.Show()  #显示窗口
        frame.Center  #居中
        return True
app=App()    #创建应用程序对象
app.MainLoop()    #进入事件循环
```

每一个 wxPython 程序必须有一个 Application 对象和至少一个 Frame 对象。Application 对象必须是 wx.App 的一个实例或在 OnInit()方法中定义的一个子类的一个实例。当应用程序启动时，OnInit()函数将被 wx.App 父类调用。

这里定义了一个 App 子类，并在 OnInit()函数中创建 frame 对象，wx.Frame 包含 3 个参数，只有第一个参数是必选的。其中 frame.Show()使窗口可见；也可以通过 frame.Show(False)或 frame.Hide()使窗口不可见，两者功能相同。

若自己定义了__init__()函数，一定要调用父类的函数，否则 wxPython 将不被初始化。

最后创建应用程序实例并调用 MainLoop()函数，进入事件主循环，当应用程序的所有框架被关闭后，app.MainLoop()函数将返回且退出主程序。

6.1.2 wx.Frame 的使用

在 wxPython 中，wx.Frame 是所有框架的父类，当创建 wx.Frame 的子类时，应该调用其父类的构造器 wx.Frame.__init__()。wx.Frame 的构造器所要求的参数格式如下。

```
 wx.Frame(parent,id=-1,title="",pos=wx.DefaultPosition,size=wx.Defaul
tSize,
      style=wx.DEFAULT_FRAME_STYLE,name="frame")
```

在其他窗口部件构造器中也会看到类似的参数。其参数说明如下。

parent 表示框架的父窗口。对于顶级窗口，这个值是 None。框架随其父窗口的销毁而销毁。根据平台，框架可被限制为只出现在父窗口的顶部。在多文档界面的情况下，子窗口被限制为只能在父窗口中移动和缩放。

id 表示新窗口的 wxPython ID 号。用户可以传递一个数或传递-1，wxPython 会自动生成一个新的 ID。

title 表示窗口的标题。

pos 表示一个 wx.Point 对象，它指定这个新窗口的左上角在屏幕中的位置。在图形用户界面程序中，通常(0,0)是显示器的左上角。默认值为(-1,-1)，它将让系统决定窗口的位置。

size 表示一个 wx.Size 对象，用来指定窗口的初始尺寸，默认值为(-1,-1)。

style 指定窗口类型的常量，可以使用或运算来组合它们。

name 表示框架的名字属性，可以用它来寻找这个窗口。

每个 wxPython 窗口部件都要求有一个样式参数。一些窗口部件还定义了 SetStyle()方法用来在窗口部件创建后改变其样式。所有的样式元素都有一个常量标识符。表 6.1 列出了 wx.Frame 的常用样式。

表 6.1 wx.Frame 的常用样式

样式	说明
wx.CAPTION	在框架上增加一个标题栏，显示框架的标题属性
wx.CLOSE_BOX	在框架的标题栏上显示一个关闭框，使用系统默认的位置和样式
wx.DEFAULT_FRAME_STYLE	默认样式
wx.FRAME_SHAPED	用这个样式创建的框架可以使用 SetShape()方法创建一个非矩形的窗口
wx.FRAME_TOOL_WINDOW	通过给框架指定一个比正常更小的标题栏，使框架看起来像一个工具框窗口。在 Windows 下，该框架不会出现在显示所有打开窗口的任务栏上

续表

样式	说明
wx.MAXIMIZE_BOX	指示系统在框架的标题栏上显示一个最大化框，使用系统默认的位置和样式
wx.MINIMIZE_BOX	指示系统在框架的标题栏上显示一个最小化框，使用系统默认的位置和样式
wx.RESIZE_BORDER	给框架增加一个可以改变尺寸的边框
wx.SIMPLE_BORDER	没有装饰的边框，不能工作在所有平台上
wx.SYSTEM_MENU	在窗口上增加系统菜单(带有关闭、移动、改变尺寸等功能)和关闭框。在系统菜单中的改变尺寸和关闭功能有效性依赖于wx.MAXIMIZE_BOX、wx.MINIMIZE_BOX 和 wx.CLOSE_BOX 样式是否被应用

6.1.3　文本编辑器

下面通过创建一个简易的文本编辑器来体会 wxPython 的一些特性和功能。

首先需要通过 wx.TextCtrl()来创建一个可编辑的文本框，由于默认状态下的文本框无论输入多少文字都不会换行，因此通过设置“style=wx.TE_MULTILINE”使文本框能够进行多行输入。

每个应用程序都包含菜单栏和状态栏，本例也为创建好的文本框添加了菜单栏和状态栏，并在菜单栏中创建了菜单，添加了菜单项。注意，这里所使用的 wx.ID_OPEN、wx.ID_SAVE、wx.ID_EXIT、wx.ABOUT 都是 wxWidgets 提供的标准 ID。当有标准 ID 时，最好不要自定义。其参数&OPEN、&SAVE、&EXIT、&ABOUT 中的符号“&”，表示可以通过使用快捷键的方式来激活菜单栏。

此时，已经完成了一个文本编辑框基本框架的建立，但是当用户单击菜单时，程序并不能够做出反应。如果想要程序做出一系列操作，如打开文件、保存文件、退出等操作，这里称之为事件，并让事件做出不同的响应，就必须将对象与事件进行绑定。可以通过使用 Bind()方法建立绑定关系，语法格式如下。

```
wx.Frame.Bind(self, event, handler, source=None, id=-1, id2=-1)
```

其中，参数 event 是事件的名称；handler 是处理函数；source 是事件的发生者；如果想要将多个控件绑定在相同的事件上，就可以使用 id 和 id2，将 id 和 id2 中的控件都绑定在同一个事件处理上。一些常用的事件类型如表 6.2 所示。

表 6.2　常用的事件类型

事件类型	说明
EVT_BUTTON	单击按钮
EVT_CHAR	当窗口拥有输入焦点时，每产生非修改性(Shift 键等)按键时发送

续表

事件类型	说明
EVT_CLOSE	当要关闭一个框架时，事件发送给该框架。除非关闭是强制性的，否则可以调用 event.Veto(true)来取消关闭
EVT_IDLE	空闲事件，当系统没有处理其他事件时定期的发送
EVT_LEFT_DOWN	鼠标左键按下
EVT_LEFT_DCLICK	鼠标左键双击
EVT_LEFT_UP	鼠标左键抬起
EVT_MENU	选中菜单
EVT_MOTION	鼠标移动
EVT_MOVE	由用户干预或由程序实现，当移动一个窗口时，事件发送给该窗口
EVT_PAINT	当窗口的一部分需要重绘时发送给该窗口
EVT_SCROLL	操作滚动条，这个事件其实是一组事件的集合，如果需要可以单独捕捉该事件
EVT_SIZE	由用户干预或由程序实现，当一个窗口大小发生改变时发送给窗口

当不同的菜单项绑定事件后，再次单击该菜单，对应的处理函数就会被执行。

最后，用户只需要编写对应的处理函数就可以了。这样，一个简易的文本编辑器就创建完成了。完整的代码见例 6.2。

【例 6.2】 简易文本编辑器。

例 6.2

```
import os
import wx
class MainWindow(wx.Frame):
    def __init__(self,parent,title):
        wx.Frame.__init__(self,parent,title=title,size=(640,500))
        self.control=wx.TextCtrl(self,style=wx.TE_MULTILINE) #创建多行文本控件
        self.CreateStatusBar()    #创建状态栏
        #创建菜单并添加菜单项
        filemenu=wx.Menu()
        helpmenu=wx.Menu()
        #添加菜单 ID
        menuOpen=filemenu.Append(wx.ID_OPEN,"&OPEN","打开")
        menuSave=filemenu.Append(wx.ID_SAVE,"&SAVE","保存")
        menuExit=filemenu.Append(wx.ID_EXIT,"&EXIT","退出")
        menuAbout=filemenu.Append(wx.ID_ABOUT,"&ABOUT","关于")
        menuBar=wx.MenuBar()    #创建菜单栏
        menuBar.Append(filemenu,"&File")    #把菜单添加到菜单栏
        menuBar.Append(helpmenu,"&Help")
```

```
        self.SetMenuBar(menuBar)    #把菜单栏添加到顶层框架窗口
        '''绑定事件'''
        self.Bind(wx.EVT_MENU,self.OnOpen,menuOpen)
        self.Bind(wx.EVT_MENU,self.OnSave,menuSave)
        self.Bind(wx.EVT_MENU,self.OnExit,menuExit)
        self.Bind(wx.EVT_MENU,self.OnAbout,menuAbout)
    def OnAbout(self,e):
        '''事件处理，消息对话框'''
        dlg=wx.MessageDialog(self,"简易文本编辑器","文本编辑器",wx.OK)
        dlg.ShowModal()
        dlg.Destroy()
    def OnExit(self,e):
        self.Close(True)
    def OnOpen(self,e):
        '''事件处理，打开'''
        self.dirname=' '
        dlg=wx.FileDialog(self,"选择文件",self.dirname,"","*.*",wx.FD_
OPEN)
        if dlg.ShowModal()==wx.ID_OK:
            self.filename=dlg.GetDirectory()
            self.dirname=dlg.GetDirectory()
            f=open(os.path.join(self.dirname,self.filename),'r')
            self.control.Setvalue(f.read())
            f.close()
        dlg.Destroy()
    def OnSave(self,e):
        '''事件处理，保存'''
        self.dirname=''
        dlg=wx.FileDialog(self,"选择文件",self.dirname,"","*.*",wx.FD_
SAVE)
        if dlg.ShowModal()==wx.ID_OK:
            self.filename=dlg.GetFilename()
            self.dirname=dlg.GetDirectory()
            f=open(os.path.join(self.dirname,self.filename),'w')
            f.write(self.control.GetValue())
            f.close()
        dlg.Destroy()
class App(wx.App):
    def OnInit(self):
```

```
        frame=MainWindow(parent=None,title='简易文本编辑器')
        frame.Show()
        frame.Center()
        return True
app=App()
app.MainLoop()    #进入事件循环
```

程序运行结果如图 6.4 所示。

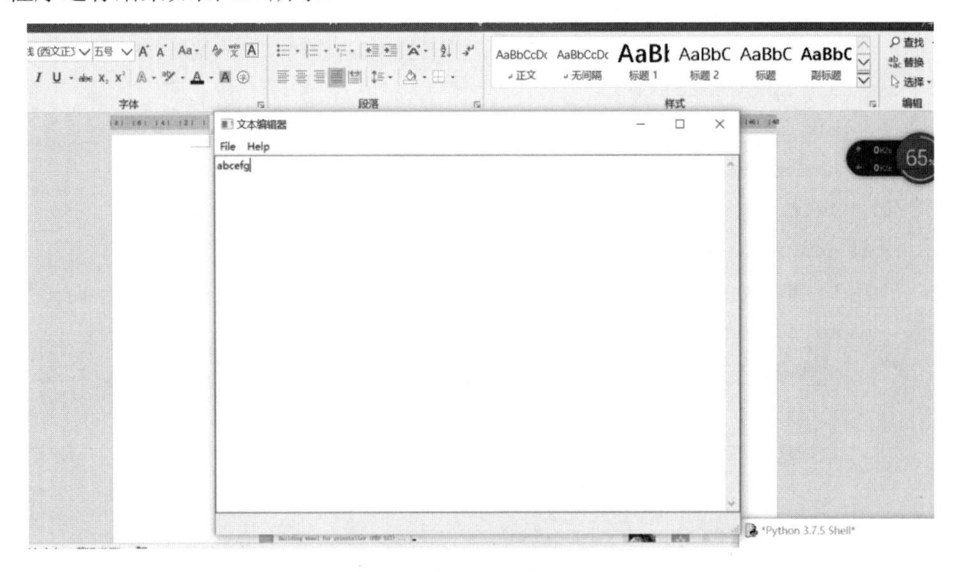

图 6.4　简易文本编辑器

6.1.4　wxPython 操作窗口

在 wxPython 中，可以通过对图形化工具进行布局来充实 frame。这里的图形化工具指的是 wxWindow 对象及其子类。wxWindow 子类常用的元素有以下几个。

(1) wx.MenuBar，在 frame 的顶部添加菜单栏。

(2) wx.StatusBar，在 frame 的底部添加状态栏，显示状态信息。

(3) wx.ToolBar，在 frame 中添加工具栏。

(4) wx.Control，是一系列用于接口的工具(如显示数据、处理输入)，经常使用的有 wx.Button、wx.StaticText、wx.TextCtrl、wx.ComboBox。

(5) wx.Panel 是一个用于包含多个 wx.Control 的容器。将 wx.Control 放入 wx.Panel 可以用来形成 TAB 页。

这些图形化工具可以包含多个元素，如图 6.5 所示。而这些元素的布局可以通过下面 4 种方式实现。

(1) 手动设置每个对象在窗口中的坐标，在不同平台下显示效果会有差别。

(2) 使用 wx.LayoutConstraints。

(3) 使用 Delphi-like LayoutAnchors。

(4) 使用 wx.Sizer 子类。

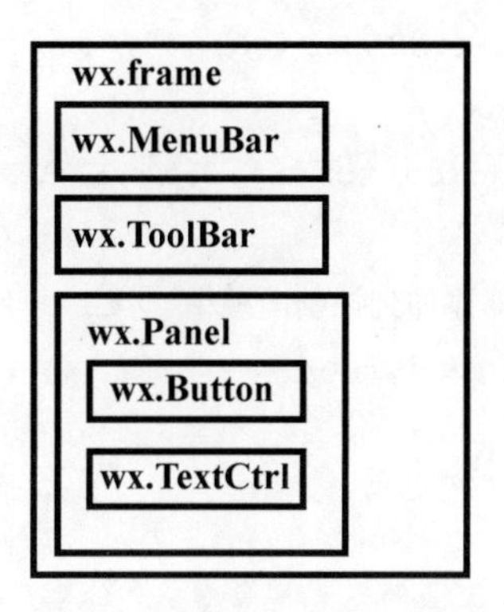

图 6.5　图形化工具相关性

wx.GridSizer 类是以网格形式对子窗口进行摆放，将容器分成大小相等的矩形，每个矩形中放置一个子窗口(或控件)。其构造方式如下。

```
wx.GridSizer(rows,cols,vgap,hgap)
```

或

```
wx.GridSizer(rows,cols,gap)
```

其中，参数 rows 为 wx.GriSizer 指定行数；cols 为 wx.GridSizer 指定列数。可以只指定两者中的一个参数，此时由于另一参数未指定，因此添加子窗口(或控件)个数没有限制。当行数和列数同时指定时，子窗口个数不能超过 rows 和 cols 两者之积。

参数 vgap 为垂直间隙；hgap 为水平间隙，整数类型；gap 是 wx.Size 类型，可以通过 wx.Size(a,b)来指定水平间隙和垂直间隙。

【例 6.3】　使用 wx.Sizer 子类 wx.GridSizer 布局窗口元素。

```
import wx

#自定义窗口类 MyFrame
class MyFrame(wx.Frame):
    def __init__(self):
        super().__init__(parent=None, title="Grid 布局器", size=(300, 300))
        self.Centre()     #设置窗口居中
        panel = wx.Panel(parent=self)

        #创建 9 个按钮，3*3 布局
        button=[]
        for i in range(0,9):
            button.append(wx.Button(parent=panel,label=str(i)))
```

```
        #创建 Grid 布局管理器，将按钮添加进 grid 布局管理器中，最多添加 9 个控件
        gridsizer = wx.GridSizer(cols=3, rows=3, gap=wx.Size(5, 10))
        for i in range(0,9):
            gridsizer.Add(button[i],0,wx.EXPAND)

        #将 Grid 布局管理器添加到控制面板中
        panel.SetSizer(gridsizer)

#自定义应用程序对象
class App(wx.App):
    def OnInit(self):
        #创建窗口对象
        frame = MyFrame()
        frame.Show()
        return True

    def OnExit(self):
        print('应用程序退出')
        return 0

if __name__ == '__main__':
    app = App()      #调用上面自定义的函数
    app.MainLoop()     #进入主事件循环
```

程序运行结果如图 6.6 所示。

图 6.6　布局窗口元素

使用 wx.BoxSizer 类可以指定布局方向，wx.HORIZONTAL 为水平布局，wx.VERTICAL

为垂直布局，默认值为水平布局。通过 Add()方法添加子窗口(或控件)。其语法结构有以下 3 种。

(1) 添加到父窗口语句：Add(window,proportion=0,flag=0,border=0,userData=None)。

(2) 添加到另外一个 Sizer(用于嵌套)语句：Add(sizer,proportion=0,flag=0,border=0, userData=None)。

(3) 添加一个空白空间：Add(width,height,proportion=0,flag=0,border=0,userData=None)。

以上函数中各参数的具体含义如下。

proportion 用于控制比例或权重，仅被 wx.BoxSizer 使用，设置当前子窗口(或控件)在父窗口中所占空间比例。

flag 用于控制对齐、边框和调整尺寸。

border 用于控制边框的宽度，一个空白空间。

userData 用于传递额外的数据。

【例 6.4】　wx.BoxSizer 的使用。

```
import wx
#自定义窗口类 MyFrame
class MyFrame(wx.Frame):
    def __init__(self):
        super().__init__(parent=None, title="Box 布局器", size=(300,
120))
        self.Centre()    #设置窗口居中
        panel = wx.Panel(parent=self)

        #创建垂直方向 box 布局管理器
        vbox = wx.BoxSizer(wx.VERTICAL)
        #创建一个按钮 button
        b = wx.Button(parent=panel, id=00, label='button')
        #将按钮添加到 vbox 布局管理器中
        vbox.Add(b, proportion=2, flag=wx.FIXED_MINSIZE | wx.ALL | wx.
CENTER, border=10)

        #创建水平方向 box 布局管理器(默认为水平方向)
        hbox = wx.BoxSizer()
        #创建按钮 button1，button2
        b1 = wx.Button(parent=panel, id=10, label='button1')
        b2 = wx.Button(parent=panel, id=11, label='button2')
        #将两个 button 添加到 hbox 布局管理器中
        hbox.Add(b1, 0, wx.EXPAND | wx.BOTTOM, border=5)
        hbox.Add(b2, 0, wx.EXPAND | wx.BOTTOM, border=5)
```

```
        #将 hbox 添加到 vbox
        vbox.Add(hbox, proportion=1, flag=wx.CENTER)
        #整个界面为一个面板，面板中设置一个垂直方向的布局管理器(根布局管理器)
        panel.SetSizer(vbox)

#自定义应用程序对象
class App(wx.App):
    def OnInit(self):
        #创建窗口对象
        frame = MyFrame()
        frame.Show()
        return True

    def OnExit(self):
        print('应用程序退出')
        return 0

if __name__ == '__main__':
    app = App()
app.MainLoop()
```

程序运行结果如图 6.7 所示。

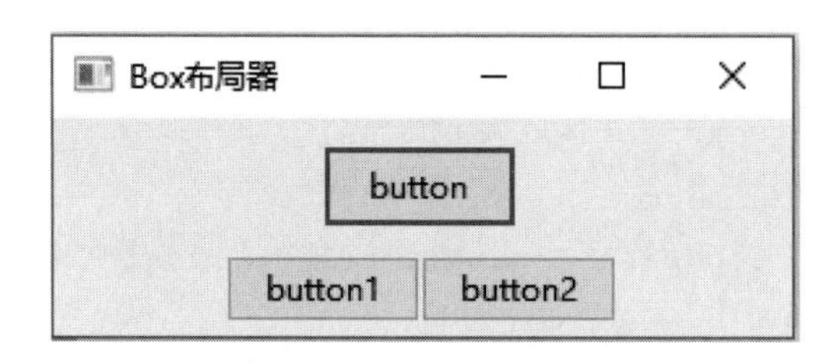

图 6.7　wx.BoxSizer 的使用

这里需要注意的是，所有的布局管理器只是对控件进行布局管理，其中使用的 Add() 方法只是能够使布局管理器管理所添加的控件。将控件添加到父容器中用到的是 parent 属性，这与布局管理器的添加是没有关系的。

根据以上的学习内容，下面举一个综合案例，包括常见的文本框、单选框、复选框、编辑框和下拉列表框的使用。

【例 6.5】　图形化工具的使用。

```
import wx
```

```
class MyFrame(wx.Frame):
    def __init__(self):
        super().__init__(parent=None, title='图形化工具', size=(400, 200))
        self.Centre()       #设置窗口居中
        panel = wx.Panel(self)

        #添加静态文本框
        hbox1=wx.BoxSizer(wx.HORIZONTAL)
        userid = wx.StaticText(panel, label="账户名: ")
        st1 = wx.TextCtrl(panel)
        #设置 st1 初始值，即默认值
        st1.SetValue('ZigPer')
        hbox1.Add(userid, 1, flag=wx.LEFT | wx.RIGHT | wx.FIXED_MINSIZE,
border=5)
        hbox1.Add(st1, 1, flag=wx.ALL | wx.FIXED_MINSIZE)

        hbox2 = wx.BoxSizer(wx.HORIZONTAL)
        pwd = wx.StaticText(panel, label="密码: ")
        st2 = wx.TextCtrl(panel, style=wx.TE_PASSWORD)
        hbox2.Add(pwd, 1, flag=wx.LEFT | wx.RIGHT | wx.FIXED_MINSIZE,
border=5)
        hbox2.Add(st2, 1, flag=wx.ALL | wx.FIXED_MINSIZE)

        #添加复选框
        hbox3 = wx.BoxSizer(wx.HORIZONTAL)
        statictext = wx.StaticText(panel, label='最喜欢的动物: ')
        cb1 = wx.CheckBox(panel, 1, 'Cat')
        cb2 = wx.CheckBox(panel, 2, 'Dog')
        cb2.SetValue(True)      #将第二个复选框设置为选中状态
        #将 statictext 和 checkbox 添加到 hbox3
        hbox3.Add(statictext, 1, flag=wx.LEFT | wx.RIGHT | wx.FIXED_
MINSIZE, border=5)
        hbox3.Add(cb1, 1, flag=wx.ALL | wx.FIXED_MINSIZE)
        hbox3.Add(cb2, 1, flag=wx.ALL | wx.FIXED_MINSIZE)

        #添加单选框
        hbox4 = wx.BoxSizer(wx.HORIZONTAL)
        statictext = wx.StaticText(panel, label='选择性别: ')
        radio1 = wx.RadioButton(panel, 4, '男', style=wx.RB_GROUP)
```

```
        radio2 = wx.RadioButton(panel, 5, '女')
        hbox4.Add(statictext,    1,    flag=wx.LEFT    |    wx.RIGHT    |
wx.FIXED_MINSIZE, border=5)
        hbox4.Add(radio1, 1, flag=wx.ALL | wx.FIXED_MINSIZE)
        hbox4.Add(radio2, 1, flag=wx.ALL | wx.FIXED_MINSIZE)

        #添加下拉列表
        hbox5 = wx.BoxSizer(wx.HORIZONTAL)
        statictext = wx.StaticText(panel, label='最喜欢的颜色：')
        list = ['红色', '绿色', '蓝色', '紫色', '黄色', '白色']
        '''ch1 下拉列表，value 为默认值，choices 对应一个列表，style=wx.CB_SORT
使选择列表中的元素按字母顺序显示'''
        ch1 = wx.ComboBox(panel, -1, value='紫色', choices=list, style=
wx.CB_SORT)
        hbox5.Add(statictext, 1, flag=wx.LEFT | wx.RIGHT | wx.FIXED_
MINSIZE, border=5)
        hbox5.Add(ch1, 1, flag=wx.ALL | wx.FIXED_MINSIZE)

        vbox = wx.BoxSizer(wx.VERTICAL)
        vbox.Add(hbox1, 1, flag=wx.ALL | wx.EXPAND, border=2)
        vbox.Add(hbox2, 1, flag=wx.ALL | wx.EXPAND, border=2)
        vbox.Add(hbox3, 1, flag=wx.ALL | wx.EXPAND, border=2)
        vbox.Add(hbox4, 1, flag=wx.ALL | wx.EXPAND, border=5)
        vbox.Add(hbox5, 1, flag=wx.ALL | wx.EXPAND, border=5)
        panel.SetSizer(vbox)

class App(wx.App):

    def OnInit(self):
        #创建窗口对象
        frame = MyFrame()
        frame.Show()
        return True

if __name__ == '__main__':
    app = App()
    app.MainLoop()    #进入主事件循环
```

程序运行结果如图 6.8 所示。

图 6.8　图形化工具的使用

6.2　Python 二维码设计

6.2.1　二维码概念

二维码(2-dimensional bar code)是按照一定规律将信息记录到一个含有特定几何图形的图片中。

根据标准 ISO/IEC 18004，其中常用的一种快速反应(Quick Response，QR)码结构如图 6.9 所示。

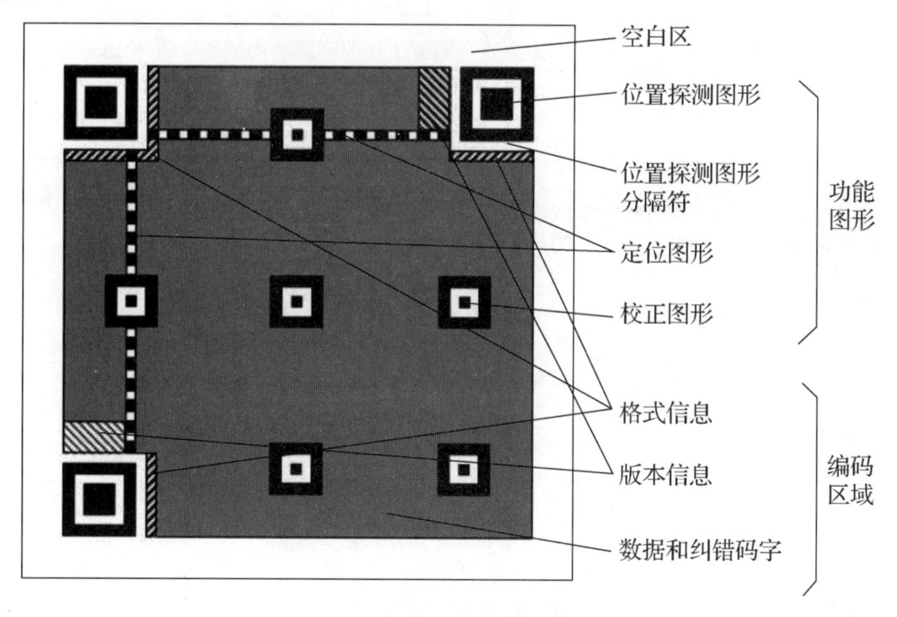

图 6.9　QR 码结构

QR 码主要分功能图形和编码区域两大部分。其中，功能图形是不参与编码数据的区域，由空白区、位置探测图形、位置探测图形分隔符、定位图形、校正图形 5 个部分构成；编码区域是数据进行编码存储的区域，由格式信息、版本信息、数据和纠错码字 3 个部分构成。

6.2.2 二维码设计

通过调用 MyQR 包中的 myqr 模块实现二维码设计。先利用命令“pip install myqr”安装 MyQR 包，使用 from MyQR import myqr 导入 myqr 模块。

用 myqr 模块的 run()函数实现二维码设计。myqr.run()函数的参数含义如表 6.3 所示。

表 6.3 myqr.run()函数的参数含义

参数	含义	详细
words	二维码指向	str 类型，输入链接或字符串作为参数
version	边长	int 类型，控制边长，范围是 1 到 40，数字越大边长越大。默认边长取决于所输入的信息的长度和使用的纠错等级
level	纠错等级	str 类型，控制纠错水平，范围是 L、M、Q、H，从左到右依次升高，默认纠错等级为 H
picture	融合图片	str 类型，将 QR 二维码图像与一张指定的图片相融合
colorized	颜色	bool 类型，使产生的图片由黑白变为彩色
contrast	对比度	float 类型，调节图片的对比度。1.0 表示原始图片，更小的值表示更低对比度，默认为 1.0
brightness	亮度	float 类型，调节图片的亮度。用法和取值与 contrast 相同
save_name	输出文件名	str 类型，默认输出文件名是 qrcode.png
save_dir	存储位置	str 类型，默认存储位置是当前目录

【例 6.6】 二维码生成。

例 6.6

建立 ncist.py 文件并运行，文件内容如下。

```
from MyQR import myqr
myqr.run(words='http://www.ncist.edu.cn',picture='yun_20.jpg',colorized=True,save_name='ncist.png')
```

可以得到如图 6.10 所示的二维码图片。

图 6.10 二维码图片

需要注意的是，例 6.6 中所建立的文件与图片需要存储在同一个默认的路径下。

myqr.run()函数除了可以生成静态的二维码图片外，还可以生成动态的二维码图片，只需要将其中的参数 picture 设置成 gif 格式即可。

```
from MyQR import myqr
myqr.run(words='http://www.ncist.edu.cn',picture='6_6.gif',
colorized=True,save_name='gif_6_6.gif')
```

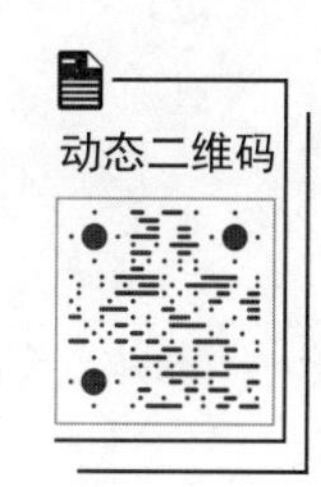

注意，生成的二维码保存时也应保存为 gif 格式，读者可以自己动手尝试，查看生成的动态二维码效果。

6.3 程序打包

编写好的程序如果要脱离 Python 环境运行，就需要打包处理，生成 exe 格式可执行文件。这时就需要安装打包工具 pyinstaller 来完成打包过程。

6.3.1 安装打包工具

在命令窗口中输入“pip install pyinstaller”命令进行安装，如图 6.11 所示。

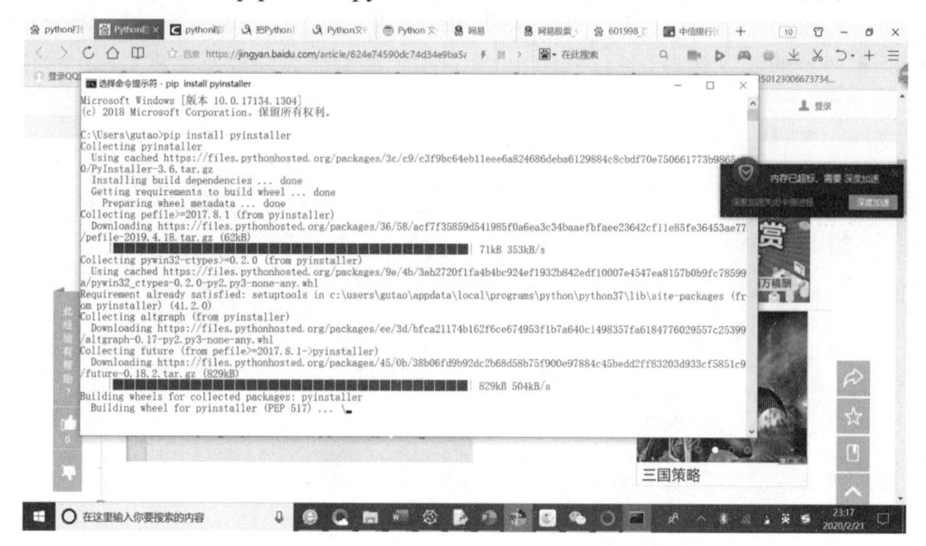

图 6.11　pyinstaller 的安装

6.3.2 打包步骤

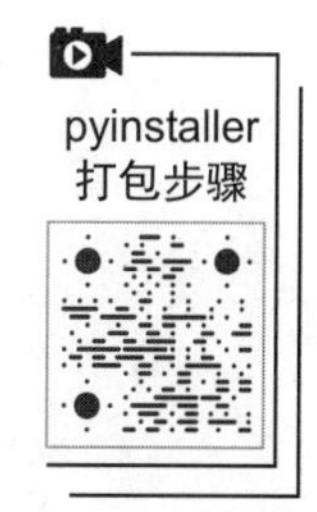

下面举例说明打包过程。

(1) 编辑 hello.py 文件。

将下面的语句输入编辑软件中，保存为 hello.py。

```
import os,time
```

```
print("Hello,world!")
os.system("pause")
```

(2) 打包。

在命令窗口中输入以下命令，运行过程如图 6.12 所示。

```
pyinstaller c:\python\hello.py
#或输入“pyinstaller -D c:\python\hello.py”
```

```
C:\Users\gutao>pyinstaller c:\python\hello.py
112 INFO: PyInstaller: 3.6
113 INFO: Python: 3.7.5
114 INFO: Platform: Windows-10-10.0.17134-SP0
116 INFO: wrote C:\Users\gutao\hello.spec
127 INFO: UPX is not available.
128 INFO: Extending PYTHONPATH with paths
['c:\\python', 'C:\\Users\\gutao']
128 INFO: checking Analysis
161 INFO: checking PYZ
187 INFO: checking PKG
```

图 6.12　打包 hello.py

(3) 查看结果。

打开文件夹查看打包结果，如图 6.13 所示。可以看到 pyinstaller 自动生成了一个名为 dist 的文件夹，在该文件夹下的子文件夹 hello 中可以找到一个 hello.exe 文件，这就是 pyinstaller 打包好的程序文件。

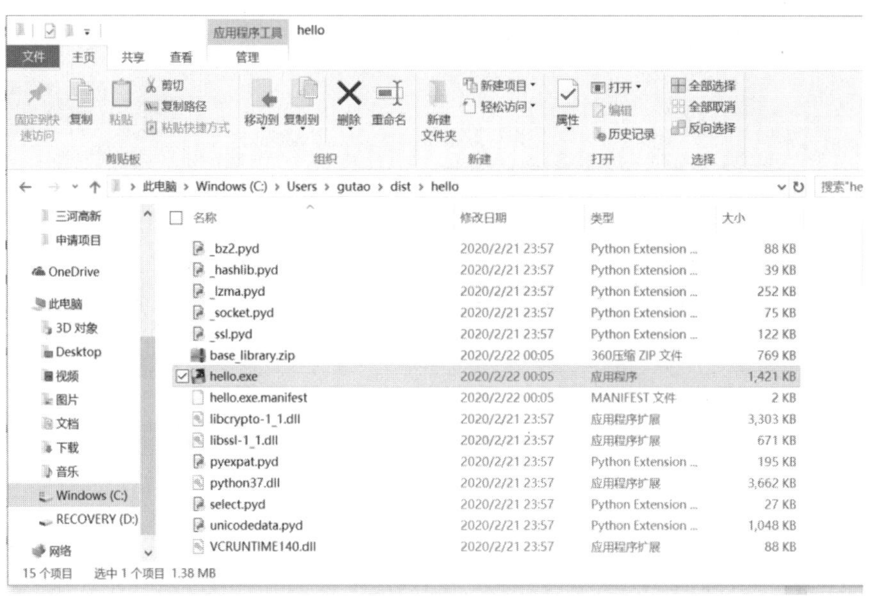

图 6.13　打包好的 hello.exe 文件

(4) 运行。

双击 hello.exe 运行程序，结果如图 6.14 所示。

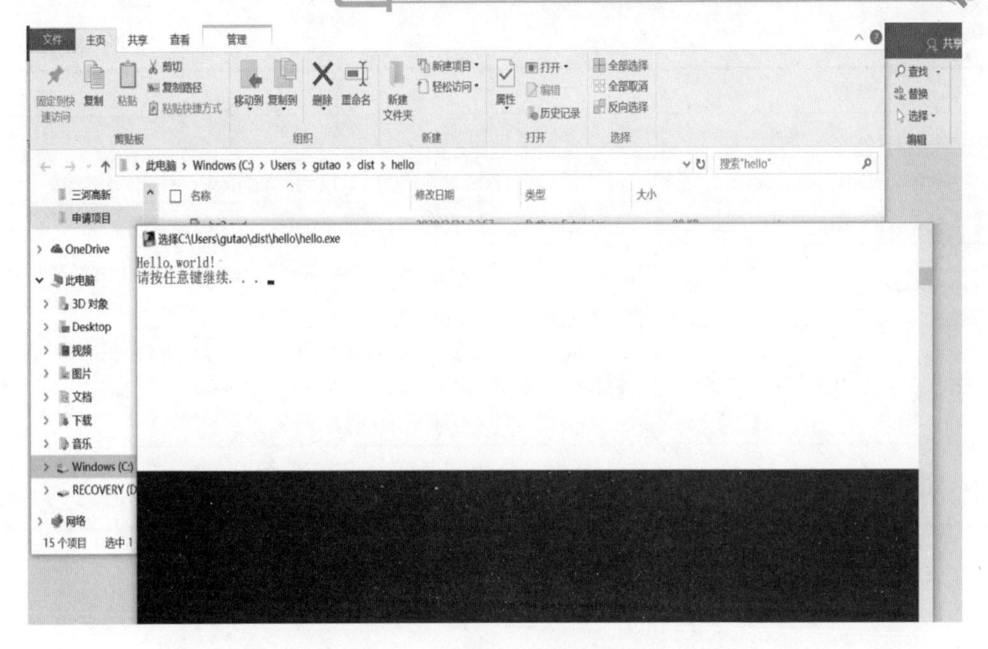

图 6.14　hello.exe 运行结果

上面这种把.py 文件打包成.exe 文件以及将相关文件放在同一个文件夹中的方式，称为 onedir 方式。还可以加上“-F”参数，把文件夹打包成一个独立的.exe 可执行文件，称为 onefile 方式。命令格式如下。

```
pyinstaller -F  c:\python\hello.py
```

打包成功后，会生成一个单独的 hello.exe 文件。大家可以仔细比较，两个 hello.exe 文件大小不一样。加上“-F”参数后生成的 hello.exe 文件大小如图 6.15 所示。

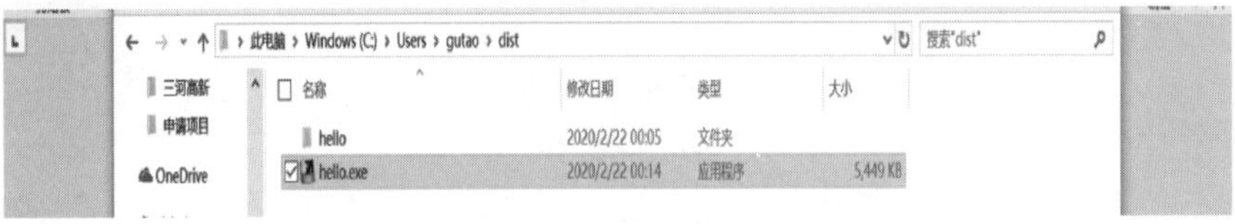

图 6.15　加“-F”参数后的打包结果

pyinstaller 不仅支持“-F”“-D”参数，也支持表 6.4 所示的常用参数，读者在打包时，可根据需要选择合适的参数使用。

表 6.4　pyinstaller 支持的常用参数

参数	含义
-h，--help	查看该模块的帮助信息
-F，--onefile	生成单独的可执行文件
-D，--onedir	生成一个文件夹(包含多个文件)存放可执行文件及相关文件
-a，--ascii	不包含 Unicode 字符集支持

续表

参数	含义
-d，--debug	生成 debug 版本的可执行文件
-w，--windowed，--noconsolc	指定程序运行时不显示命令窗口(仅对 Windows 有效)
-c，--nowindowed，--console	指定使用命令窗口运行程序(仅对 Windows 有效)
-o DIR，--out=DIR	指定 spec 文件的生成目录。如果没有指定，则默认使用当前目录来生成 spec 文件
-p DIR，--path=DIR	设置 Python 导入模块的路径(和设置 PYTHONPATH 环境变量的作用相似)，也可使用路径分隔符(Windows 中使用分号，Linux 中使用冒号)来分隔多个路径
-n NAME，--name=NAME	指定项目(产生的 spec)名称。如果省略该项，那么第一个脚本的主文件名将作为 spec 的名称

本 章 小 结

(1) 可以利用 Python 语言的 GUI 工具箱 wxPython 编写跨平台的图形用户界面。wxPython 有自己固定的编程架构，每一个 wxPython 程序都必须有一个 Application 对象和至少一个 Frame 对象。

(2) 利用 myqr 模块实现二维码设计方便快捷。通过 myqr.run()函数参数可以设置二维码指向、融合图片、颜色等内容。

(3) 编写好的 Python 程序要独立运行，必须要打包成 exe 文件。pyinstaller 打包有两种方式，一种是 onedir 方式，另一种是 onefile 方式。

习 题

一、选择题

1. 有关二维码设计的 myqr 模块中函数 run()的参数，说法错误的是(　　)。
   A. version 指定边长　　B. words 指定二维码的内容
   C. level 指定纠错等级　　D. contrast 指定对比度

2. 在 wxPython 中，下列方法中可以创建窗口部件时使用的有(　　)。
①明确地给构造器传递一个正的整数
②使用 wx.NewId()函数
③传递一个全局常量 wx.ID_ANY 或-1 给窗口部件的构造器
   A. ①　　B. ①②　　C. ②③　　D. ①②③

3. 不属于 Python GUI 框架的是(　　)。
   A. wxPython　　B. PyQt　　C. tkinter　　D. pandas

4．使用 pyinstaller 打包时，运行命令错误的是(　　)。

A．pyinstaller -F demo.py　　B．pyinstaller demo.py

C．pyinstaller -O demo.py　　D．pyinstaller -D demo.py

5．不属于 wx.Frame 样式的是(　　)。

A．wx.SHAPED

B．wx.DEFAULT_FRAME_STYLE

C．wx.CLOSE_BOX

D．wx.CAPTION

6．不属于 wxPython 布局管理器类的是(　　)。

A．wx.StaticBoxSizer　　B．wx.WrapSizer

C．wx.FlexGridSizer　　D．wx.FlowLayout

7．在 myqr 中，可以通过(　　)参数来设置二维码的边长。

A．version=50　　B．version=20

C．side=50　　D．side=20

8．不是开发一个 wxPython 程序所必需的步骤的是(　　)。

A．给框架增加菜单栏、工具栏和状态栏

B．子类化 wxPython 应用程序类

C．创建应用程序类的实例

D．进入应用程序的主事件循环

9．不属于 wxPython 控件的是(　　)。

A．wx.CheckBox　　B．wx.Button

C．wx.StaticText　　D．wx.Canvas

10．符合下列代码所设计的图形用户界面的是(　　)。

```
class MyFrame(wx.Frame):
    def __init__(self):
        super().__init__(parent=None, title='第十题', size=(400, 200))
        self.Centre()
        panel = wx.Panel(self)

        hbox = wx.BoxSizer(wx.HORIZONTAL)
        statictext = wx.StaticText(panel, label='所掌握的外语：')
        cb1 = wx.CheckBox(panel, 1, '英语')
        cb2 = wx.CheckBox(panel, 2, '日语')
        cb3 = wx.CheckBox(panel, 3, '法语')
        cb4 = wx.CheckBox(panel, 4, '韩语')
        cb1.SetValue(True)
        hbox.Add(statictext,    1,    flag=wx.LEFT    |    wx.RIGHT    |
wx.FIXED_MINSIZE, border=5)
```

```
hbox.Add(cb1, 1, flag=wx.ALL | wx.FIXED_MINSIZE)
hbox.Add(cb2, 1, flag=wx.ALL | wx.FIXED_MINSIZE)
hbox.Add(cb3, 1, flag=wx.ALL | wx.FIXED_MINSIZE)
hbox.Add(cb4, 1, flag=wx.ALL | wx.FIXED_MINSIZE)
panel.SetSizer(hbox)
```

A.

第十题
所掌握的外语：
☑英语
☐日语
☐法语
☐韩语

B.

第十题
所掌握的外语：
☐英语
☐日语
☐法语
☐韩语

C.

第十题
所掌握的外语：☐英语 ☐日语 ☐法语 ☐韩语

D.

二、思考题

1．将缺少的代码补全。其实现的功能是在窗体中显示“Hello，world!”。

```
import wx
class Frame1(wx.Frame):
  def __init__(self,parent,title):
      wx.Frame.__init__(self, parent, title = title, pos = (100,200),
size = (200,100))
      panel = wx.Panel(self)
      text1 = wx.TextCtrl( ____________________________ ,size = (200,
100))
      self.Show(True)
if __name__ == '__main__':
   app = wx.App()
   #创建一个窗体
   frame = Frame1(None, "Example")
________________________________
```

2. 阅读下面的程序，判断其实现的功能。

```
import wx
class Frame1(wx.Frame):
   def __init__(self,parent):
      wx.Frame.__init__(self, parent=parent, title='Example')
      self.panel = wx.Panel(self)
      sizer=wx.BoxSizer(wx.VERTICAL)
      self.text1=wx.TextCtrl(self.panel,value='Hello World\n',style=
wx.TE_MULTILINE)
      sizer.Add(self.text1,1,wx.ALIGN_TOP|wx.EXPAND)
      self.button=wx.Button(self.panel,label='click')
      self.Bind(wx.EVT_BUTTON,self.OnClick,self.button)
      sizer.Add(self.button)
      self.panel.SetSizerAndFit(sizer)
      self.panel.Layout()
   def OnClick(self,event):
      self.text1.AppendText('Hello World\n')

if __name__ == '__main__':
   app = wx.App()
   frame = Frame1(None)
   frame.Show()
   app.MainLoop()
```

三、程序题

使用 wxPython 包创建一个有状态栏、工具栏、菜单栏的窗口，并将程序文件打包。

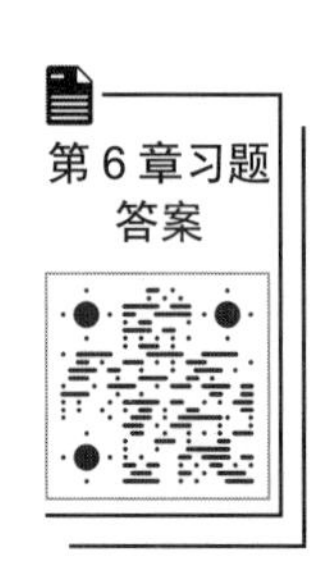

第 7 章

Anaconda 使用、数据分割与训练

Anaconda 是一个优秀的集成开发环境。Python 机器学习主要是利用各种包中的函数对数据进行训练、分类。在训练前，需要对数据进行处理。处理方式主要有数据分割、打乱。处理后的数据，一部分用于训练模型，另一部分用于测试模型。可以根据测试结果评判模型的好坏以及泛化能力。

本章建议 4 个学时。

- 下载安装 Anaconda 开发环境。
- 了解 Anaconda 使用。
- 了解 Jupyter Notebook 使用。
- 读取 CSV 数据。
- 测试数据分割。
- 训练数据。
- *k* 近邻机器分类。
- 模型好坏评估。

知识要点	能力要求	相关知识
Anaconda 安装	(1) 下载; (2) 安装运行	Anaconda 使用
Jupyter notebook 运行	(1) 软件启动; (2) 程序运行方式	Jupyter notebook 使用
读取 CSV 数据	(1) 数据读取函数; (2) 数据格式与结构	构造数据方法

续表

知识要点	能力要求	相关知识
测试数据分割	(1) 数据分割包; (2) 数据分割函数	数据分割
k 近邻机器分类	(1) *k* 近邻机器分类的概念; (2) *k* 近邻分类	*k* 近邻训练与测试

推荐阅读资料

1. https://www.runoob.com/python/python-tutorial.html (Python 基础教程)
2. https://www.runoob.com/python/python-100-examples.html (Python 环境搭建)

引例

Anaconda 简介

为什么要安装 Anaconda? Anaconda 本质上是一个包管理器和环境管理器。在使用 Python 进行科学计算、机器学习及绘图时，需要安装很多相关的 Python 包，初学者往往不能完全了解和安装所需要的包。而安装 Anaconda 就可以避免这些烦恼，因为所需要的科学计算包及其依赖项在安装 Anaconda 的同时也进行了安装。这些包多达几百个，供程序员开发使用。对于机器学习，主要是自动安装了 Jupyter Notebook 工具，及 numpy、scipy、matplotlib、pandas、scikit-learn 包。Jupyter Notebook 是浏览器下交互式运行程序的调试开发工具。numpy 包主要包括多维数组、高级数学函数、伪随机数生成器。scipy 是高级科学计算函数包。matplotlib 包主要用于可视化绘图。pandas 包用于处理分析数据。scikit-learn 是最著名的开源机器学习包。

Spyder 是 Anaconda 中的 Python 集成开发工具，主要开发均在此环境中实现。在 Spyder 中可以观察和修改变量数组的值。

7.1 Anaconda 安装与使用

7.1.1 安装 Anaconda

(1) 打开 Anaconda 官网，网址为 https://www.anaconda.com/distribution，如图 7.1 所示。

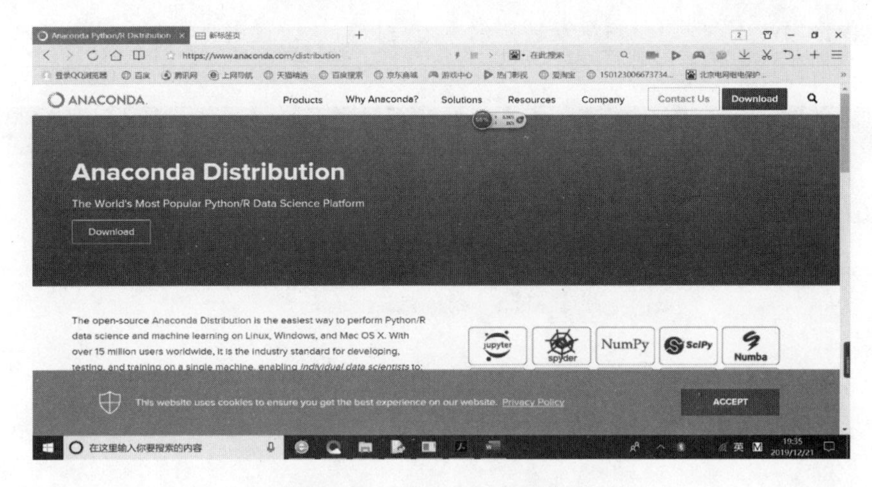

图 7.1　Anaconda 官网首页

(2) 单击“Download”按钮，进入 Anaconda 下载页面，单击下载“64-Bit Graphical Installer(462MB)”安装包，如图 7.2 所示。

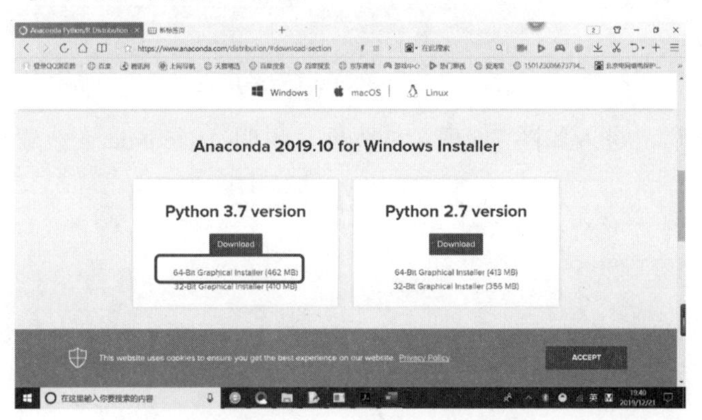

图 7.2　Anaconda 下载页面

(3) 下载后，双击安装，如图 7.3 所示。

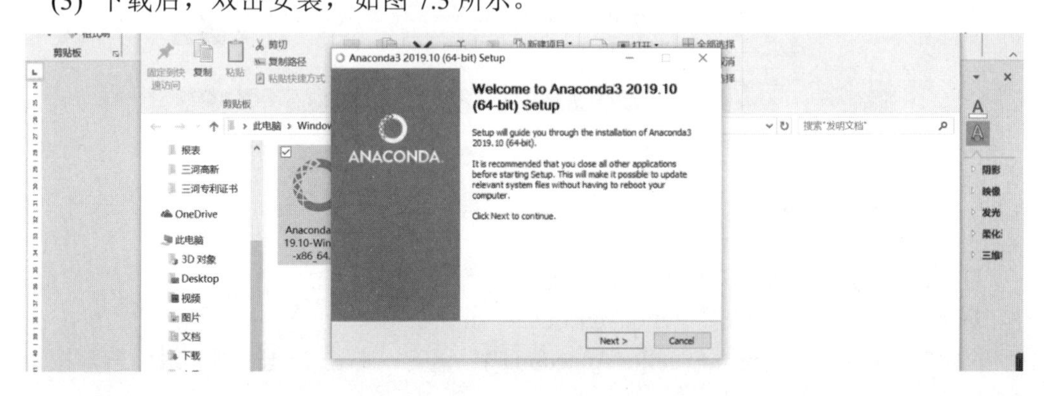

图 7.3　Anacond 安装

(4) 单击“Next”按钮，同意安装协议。之后按默认设置进行安装，安装进程如图 7.4 所示。

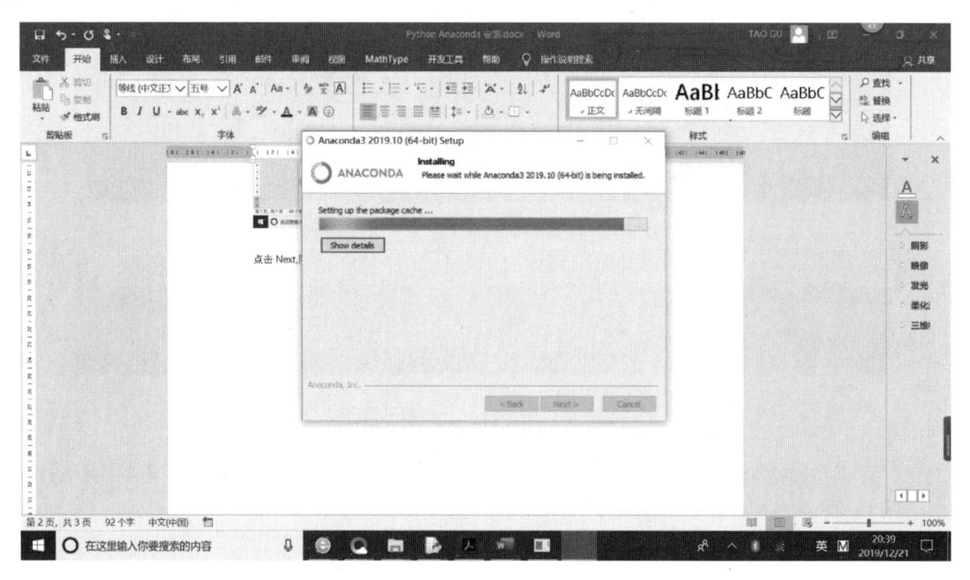

图 7.4　Anaconda 安装进程

(5) 安装完毕后，进入如图 7.5 所示的界面，说明 Anaconda 安装成功。

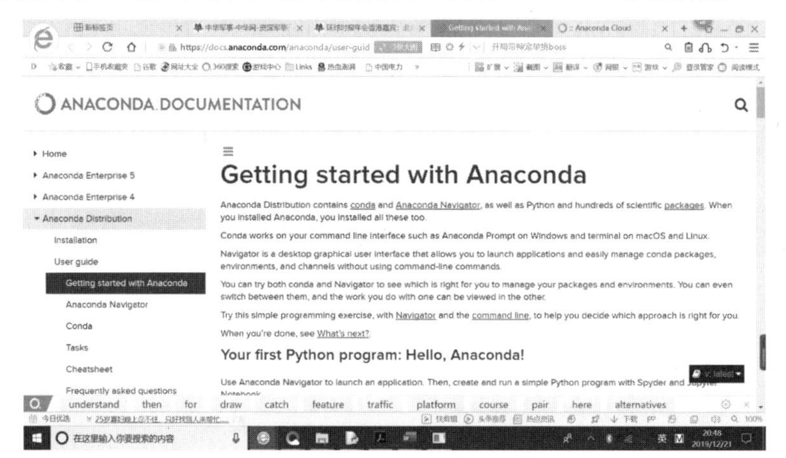

图 7.5　Anaconda 安装完成

7.1.2　使用 Anaconda

(1) 启动 Spyder，如图 7.6 所示。

(2) 利用 Anaconda 开发“Hello Anaconda”小程序。

按图 7.7 所示输入“print("Hello Anaconda")”语句，单击工具栏中的绿色三角按钮，运行程序。

图 7.6　启动 Spyder

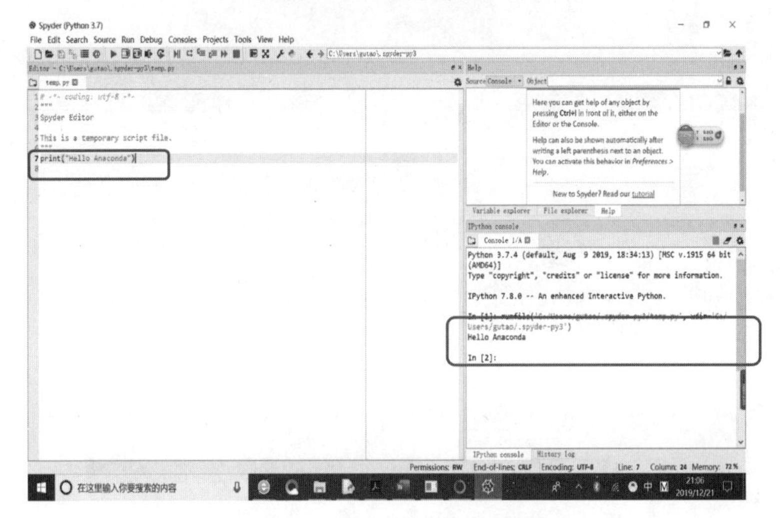

图 7.7　“Hello, Anaconda”开发

(3) 注册为云用户。读者可以到 https://anaconda.org 网站中注册云用户，以享受免费使用各种包的权利。注册页面如图 7.8 所示。

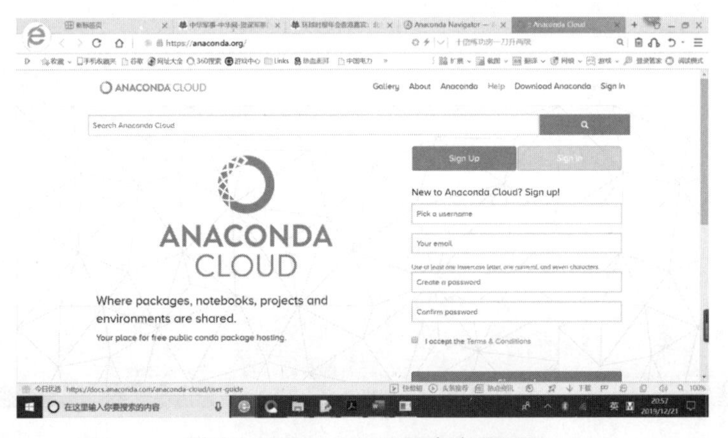

图 7.8　Anaconda 云用户注册页面

7.2　Jupyter Notebook

7.2.1　使用 Jupyter Notebook

Jupyter Notebook 是一款开放源代码的 Web 应用程序，可以创建并共享代码和文档。它提供了一个在线调试程序环境，编程者可以使用其记录代码，运行代码，可视化数据并查看输出结果。Jupyter Notebook 可以用于数据清理、统计建模、构建和训练机器学习模型以及许多其他用途。Jupyter Notebook 允许用户测试项目中的特定代码块，而无须从脚本的开始处运行代码。

(1) 在“Anaconda Navigator”窗口中单击“Jupyter Notebook”中的“launch”按钮，如图 7.9 所示。

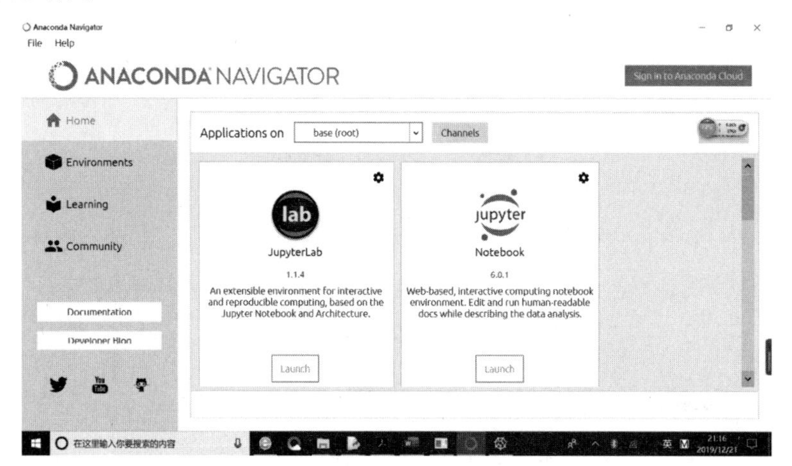

图 7.9　启动 Jupyter Notebook

(2) 打开 Jupyter Notebook 界面，如图 7.10 所示。

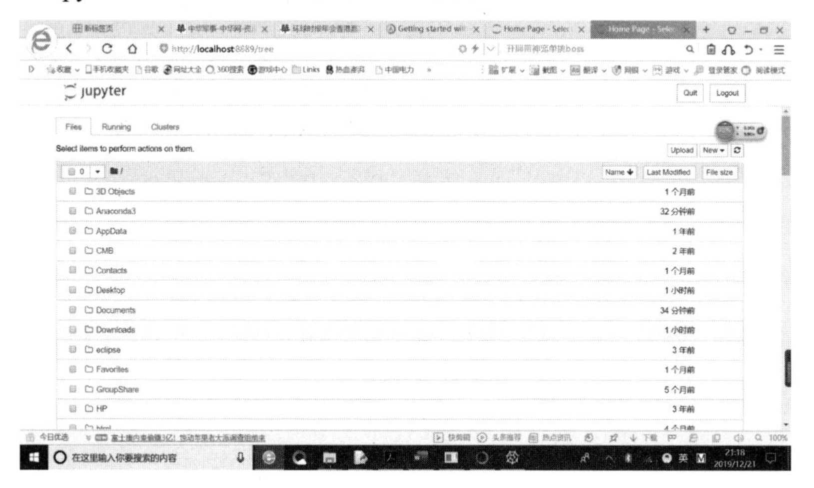

图 7.10　Jupyter Notebook 界面

Jupyter Notebook 界面有 3 个选项卡，分别为 Files(文件)、Running(运行)和 Clusters (集群)。

Files 选项卡基本上列出了所有的文件；Running 选项卡显示当前已经打开的终端运行状况和 Notebooks 运行状况；Clusters 选项卡由 IPython parallel 包提供，用于并行计算。

(3) 要新建一个 Jupyter Notebook，先单击界面右侧的“New”下拉按钮，在打开的下拉列表中有 4 个选项可供选择，分别为 Python 3、Text File (文本文件)、Folder (文件夹)、Terminal (终端)，代表 4 种工作方式，如图 7.11 所示。

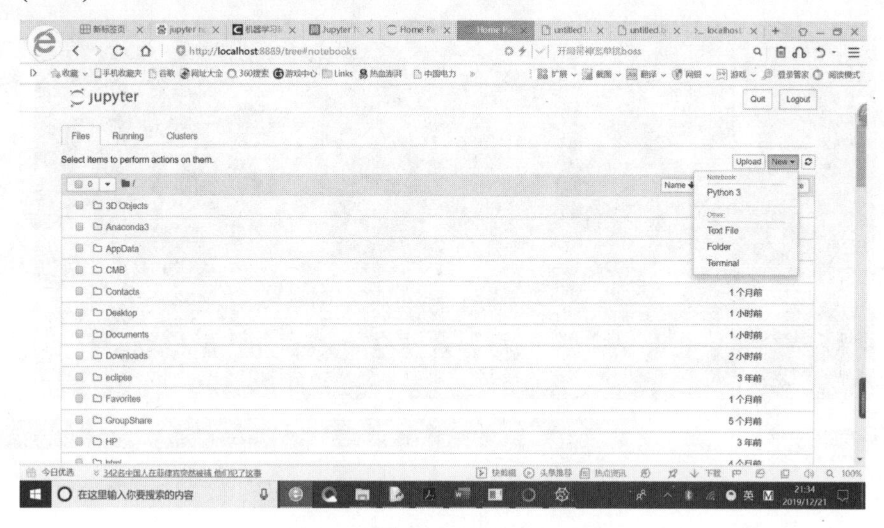

图 7.11　新建 Jupyter Notebook

选择“Text File”选项，用户会得到一个空白的文档。在其中可以编辑任何字母、单词和数字；也可以选择一种编程语言(支持非常多的语言)，然后用该语言来编写一个脚本；用户还可以查找和替换文本中的单词，如图 7.12 所示。

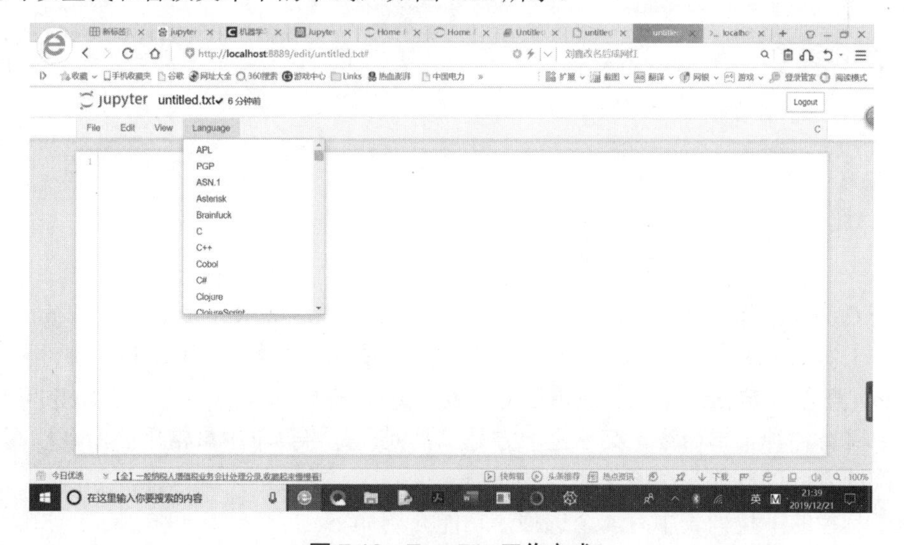

图 7.12　Text File 工作方式

选择“Folder”选项，用户可以创建一个新文件夹来放入文件、重命名文件或删除文件。

选择“Terminal”选项，其工作方式与在个人终端上完全相同，只是将在终端上工作改为在 Web 浏览器中工作，如图 7.13 所示。

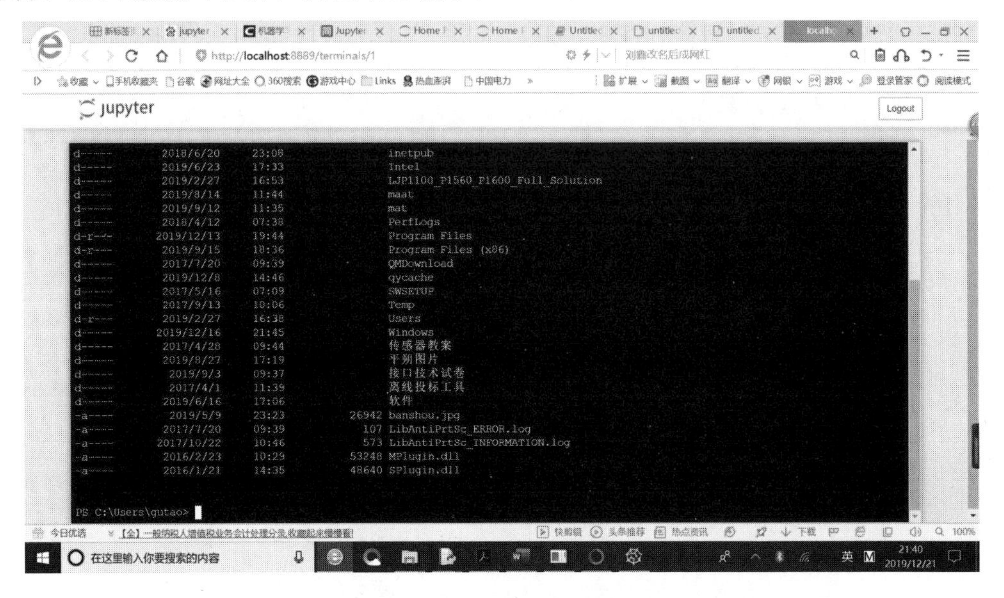

图 7.13　Terminal 工作方式

(4) 可以从“New”下拉列表中选择“Python 3”选项，然后输入“print(" hello")”语句并运行，如图 7.14 所示。

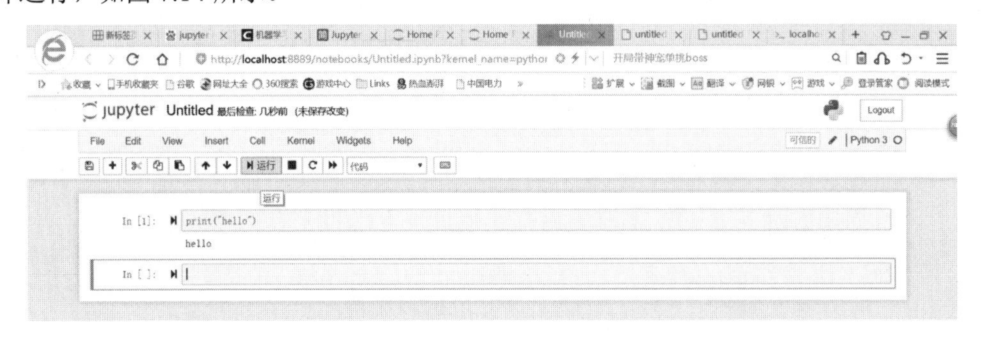

图 7.14　Python 3 工作方式

在 Python 3 工作方式下，读者可以导入 Python 语言最常用的 pandas 包和 numpy 包来开始项目工作，如图 7.15 所示。菜单栏提供了操作单元格的各种菜单：File(文件)、Edit(编辑)、View(查看)、Insert(插入)、Cell(单元)、Kernel(内核)、Widgets(工具)、Help(帮助)。每个菜单中又有各种菜单命令。菜单栏下方是工具栏，是将菜单中最常用的命令以图标的形式列出，读者可以自行尝试操作体验其功能。

在工具栏的下拉列表中有 4 个选项，功能介绍如下。

Code 是输入代码。

Markdown 是输入文本，可以在运行代码后添加注释等。

Raw NBConvert 是原生命令行工具。

Heading 是添加一个“#”，以确保以后输入的内容被视为标题。

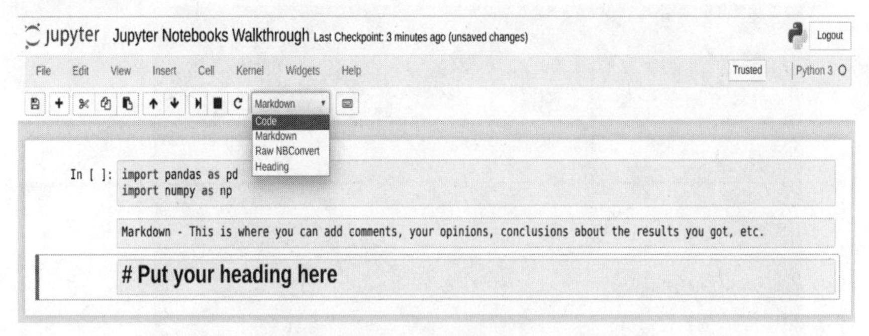

图 7.15　导入 pandas 包和 numpy 包

7.2.2　安装 mglearn 包

mglearn 包集成了 sklearn 包和数据的许多操作方法。

(1) 启动 Anaconda Powershell Prompt，如图 7.16 所示。

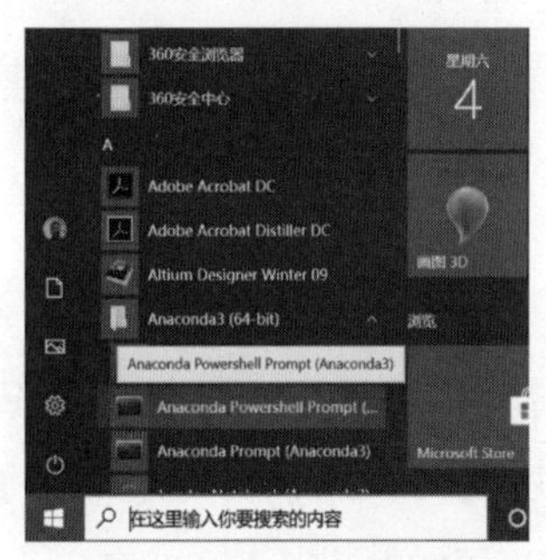

图 7.16　启动 Anaconda Powershell Prompt

(2) 在命令窗口中输入“pip install mglearn”命令，安装 mglearn 包，如图 7.17 所示。

图 7.17　安装 mglearn 包

(3) 安装完成后的界面如图 7.18 所示。

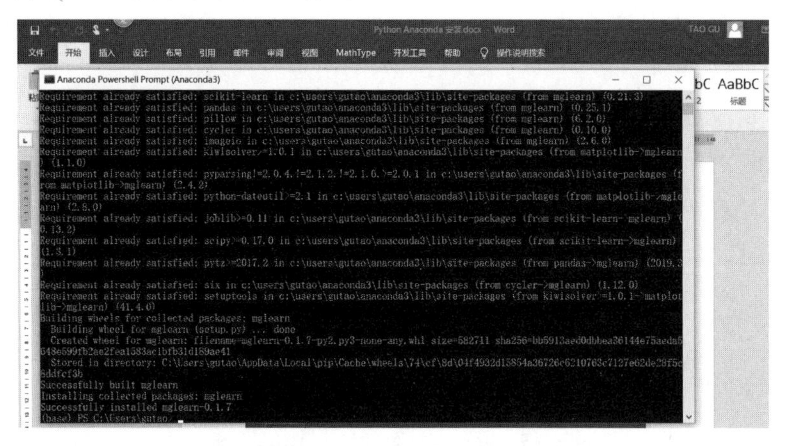

图 7.18　mglearn 安装完成

至此，已把机器学习环境搭建起来了。后面章节会用到 Spyder 开发机器学习算法，也会用 Jupyter Notebook 调试程序。

7.3　数据构建与分割

7.3.1　数据构建

10kV 架空线路中，单相接地故障是一种常见的故障。对此类故障和线路运行状态，编者由实际采集系统中所采集的数据构建了 21 条表征线路运行状态和故障状态的数据集。本书所用的机器学习数据主要以此数据集为核心。

后面章节会频繁使用 numpy、matplotlib 和 pandas 包。导入这些包是必需的。使用下列代码可以导入这些包。

```
import numpy as np
import matplotlib.pyplot as plt
import pandas as pd
```

1. 熟悉要处理的数据

打开 spyder，新建一个以.py 为扩展名的文件，输入以下程序。

```
import numpy as py
import matplotlib.pyplot as plt
import pandas as pd
gf=pd.read_csv('c:\python\ground_feature.csv')
data=gf.values
print('Keys of ground feature:\n{}'.format(gf.columns))
```

单击工具栏中的“运行”按钮，程序运行结果如下。

```
Keys of ground feature:
Index(['Drop percentage', '\tAscending mutation value',
       '\tWavelet lifting mutation value', '\ttarget'],
       dtype='object')
```

由运行结果可见，该数据有 4 个字段，分别为 Drop percentage、Ascending mutation value、Wavelet lifting mutation value、target，分别表示电场下降百分比、电流上升突变值、电流小波提升突变值、目标。程序运行界面如图 7.19 所示。

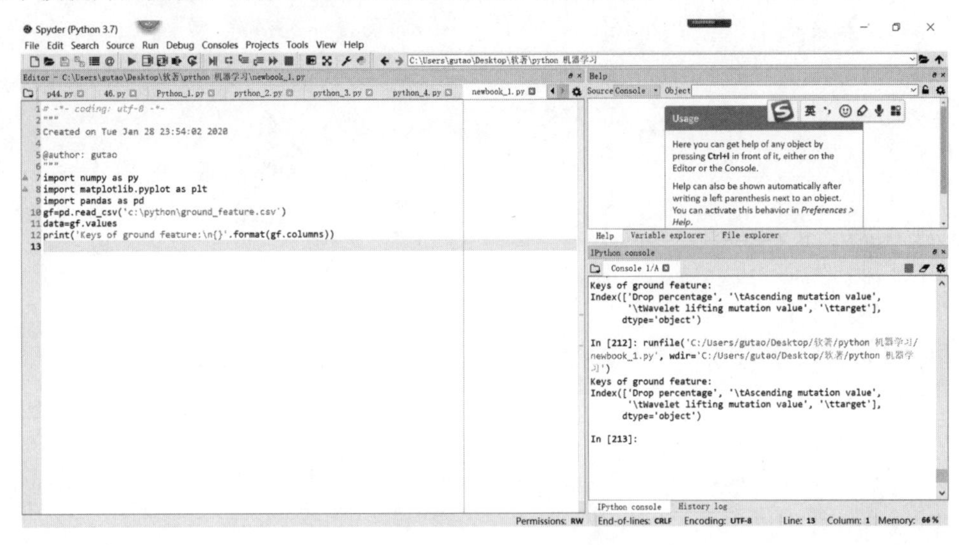

图 7.19　显示数据字段

也可以在控制台窗口中逐条输入语句运行或将多条语句复制到控制台窗口中运行，如图 7.20 所示。在语句量比较多的情况下不建议这样做。

```
IPython console
Console 1/A

In [213]: import numpy as py
     ...: import matplotlib.pyplot as plt
     ...: import pandas as pd
     ...: gf=pd.read_csv('c:\python\ground_feature.csv')
     ...: data=gf.values
     ...: print('Keys of ground feature:
\n{}'.format(gf.columns))
Keys of ground feature:
Index(['Drop percentage', '\tAscending mutation value',
       '\tWavelet lifting mutation value', '\ttarget'],
      dtype='object')

In [214]:
```

图 7.20　在控制台窗口中运行程序

2. 查看数据

在控制台窗口中输入以下语句。

```
In [219]: print('Data of ground feature:\n{}'.format(gf.values))
```

语句运行结果如下。

```
Data of ground feature:
[[ 0.89 11.4  13.5   1.  ]
 [ 0.89  0.4   0.5   0.  ]
 [ 0.75  8.6  14.6   1.  ]
 [ 0.23  4.3   7.2   0.  ]
 [ 0.5   3.2   8.4   1.  ]
 [ 0.49  0.7   1.2   0.  ]
 [ 0.29  2.2   3.6   0.  ]
 [ 0.31  3.5   5.6   0.  ]
 [ 0.95 10.9  18.5   1.  ]
 [ 0.93  5.6  12.5   1.  ]
 [ 0.82  7.8  16.2   1.  ]
 [ 0.82  0.9   1.6   0.  ]
 [ 0.15  3.3   7.6   0.  ]
 [ 0.43  0.5   1.7   0.  ]
 [ 0.55  2.9   4.6   1.  ]
 [ 0.55 -0.5   1.2   0.  ]
 [ 0.78  6.9  15.6   1.  ]
 [ 0.76  0.8   1.2   0.  ]
 [ 0.88 10.5  20.3   1.  ]
 [ 0.88  0.3   0.6   0.  ]
 [ 0.67  5.9  13.4   1.  ]]
```

其中，每一行的前三个数据表示架空线路电场、电流运行特征；最后一个数据是分类数据（1 代表接地，0 代表没有接地）。

3 . 构建自己的数据

初学者首先应关注的是如何把自己采集到的数据整理成机器学习能够接受的格式。Python 语言可以直接读取 CSV 文件、Excel 文件、SQL 数据库文件等格式的数据。在此只介绍一种基本的 CSV 文件格式读取方式。1.4 节曾介绍过 CSV 文件即逗号分隔符格式文件，其扩展名为.csv。读者可以使用文本编辑器或 Word 等文字编辑软件对数据进行编辑。数据之间用逗号分隔，然后保存为以.csv 为扩展名的文件即可。

在 Spyder 控制台窗口中输入以下语句。

```
import pandas as pd
gf=pd.read_csv('c:\python\ground_feature.csv')
#pd.read_csv()函数
data=gf.values
data
```

运行结果如图 7.21 所示。

```
In [226]: import pandas as pd
     ...: gf=pd.read_csv('c:\python\ground_feature.csv')
     ...: data=gf.values
     ...: data
Out[226]:
array([[ 0.89, 11.4 , 13.5 ,  1.  ],
       [ 0.89,  0.4 ,  0.5 ,  0.  ],
       [ 0.75,  8.6 , 14.6 ,  1.  ],
       [ 0.23,  4.3 ,  7.2 ,  0.  ],
       [ 0.5 ,  3.2 ,  8.4 ,  1.  ],
       [ 0.49,  0.7 ,  1.2 ,  0.  ],
       [ 0.29,  2.2 ,  3.6 ,  0.  ],
       [ 0.31,  3.5 ,  5.6 ,  0.  ],
       [ 0.95, 10.9 , 18.5 ,  1.  ],
       [ 0.93,  5.6 , 12.5 ,  1.  ],
       [ 0.82,  7.8 , 16.2 ,  1.  ],
       [ 0.82,  0.9 ,  1.6 ,  0.  ],
       [ 0.15,  3.3 ,  7.6 ,  0.  ],
```

图 7.21　构建数据读取显示

如果以 py 文件方式运行，应该在 spyder 程序编辑窗口中输入以下语句。

```
import pandas as pd
gf=pd.read_csv('c:\python\ground_feature.csv')
data=gf.values
print(data)
```

下面的程序段可以完全显示自己构造的数据格式，读者可以尝试运行一下查看结果如何。

```
import numpy as py
import matplotlib.pyplot as plt
import pandas as pd
gf=pd.read_csv('c:\python\ground_feature.csv')
print('Keys of ground feature:\n{}'.format(gf.columns))
print('Keys of ground feature:\n{}'.format(gf.values))
```

7.3.2　测试数据分割

有了数据以后，需要根据要处理的问题选择算法，建立数据模型，再使用数据训练模

型。用训练后的模型对新数据进行分类，并研究所建模型是否满足要求。Python 的机器学习库已经包含了各种分类学习算法，用户可以直接调用，进行机器学习。

一般情况下，需要将所采集到的数据分成两部分：一部分用于训练，另一部分用于测试。scikit-learn 包(简记为 sklearn 包)中的 train_test_split()函数可以将个人所构造的数据集打乱并进行拆分。该函数默认将 75%的数据及其对应的目标结果作为训练数据集，25%的数据集及对应的目标结果作为测试数据集。训练数据集和测试数据集的数据比例可以通过 test_size 参数进行划分，该参数在 0.0～1.0 取值，但通常情况下使用默认的 25%的数据作为测试数据集。在 scikit-learn 包中，一般使用 X 来表示数据集，y 来表示所对应的目标结果。

train_test_split()函数使用如下。

```
import numpy as py
import matplotlib.pyplot as plt
import pandas as pd
from sklearn.model_selection import train_test_split
df1=pd.read_csv('c:\python\ground_feature.csv')
data=df1.values
X=data[:,0:3]    #构建要分割的数据
y=data[:,3]    #构建分类目标
X_train,X_test,y_train,y_test=train_test_split(X,y,random_state=0)
```

train_test_split()函数有 3 个输入参数。其中，参数 X 是要分割的数据；y 是训练数据的目标；random_state 是随机数发生器，利用其对 X、y 进行打乱，random_state 取不同值，分割结果不同，取同一个值，分割结果一样。train_test_split()函数有 4 个输出参数。其中，参数 X_train、y_train 包含 75%的数据；X_test、y_test 包含 25%的数据。

在控制台窗口中显示参数 X_train、y_train 数组大小，如图 7.22 所示。可见 X_train、y_train 已经被分割为 15×3 和 15×1 的矩阵了。

```
In [232]: print("X_train shape:{}".format(X_train.shape))
     ...: print("y_train shape:{}".format(y_train.shape))
X_train shape:(15, 3)
y_train shape:(15,)

In [233]:
```

图 7.22 参数 X_train、y_train 数组大小

同样，可以显示参数 X_test、y_test 数组大小，如图 7.23 所示。

```
In [233]: print("X_test shape:{}".format(X_test.shape))
     ...: print("y_test shape:{}".format(y_test.shape))
X_test shape:(6, 3)
y_test shape:(6,)

In [234]:
```

图 7.23 参数 X_test、y_test 数组大小

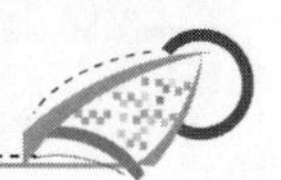

7.4 k 近邻分类

7.4.1 k 近邻分类算法概述

k 近邻(K-Nearest Neighbor，KNN)分类算法的基本思路是新样本与最近的邻居类别归为一类。如果邻居个数是多个，则按最多的邻居个数归类。

在 N 个已知样本中，找出 $\boldsymbol{x}$ 的 k 个近邻可以这样描述：设在 N 个样本中，来自ω_1类的样本有 N_1 个，来自ω_2类的样本有 N_2 个……来自ω_c类的样本有 N_c 个，若 $k_1,k_2,\ldots,k_c$ 分别是 k 个近邻中属于$\omega_1,\omega_2,\cdots,\omega_c$类的样本数，则定义判别函数为

$$\boldsymbol{g}_i(\boldsymbol{x})=k_i \quad ,i=1,2,\cdots,c$$

若决策规则为

$$\boldsymbol{g}_j(\boldsymbol{x})=\max_i k_i$$

则决策 $x\in\omega_j$。

k 近邻分类算法在 sklearn 包中的 neighbors 模块中的 KNeighborsClassifier 类中实现。在使用中，KNeighborsClassifier 类要赋给一个变量实现，参数是邻居的个数。

在 spyder 中新建一个 py 文件，输入下面的程序并运行，可以对单相接地故障或非接地故障数据进行分类，并利用新数据进行预测。本例的预测结果将新数据划归为非接地故障，结果符合预期。

```
import numpy as np
import matplotlib.pyplot as plt
import pandas as pd
from sklearn.model_selection import train_test_split
from sklearn.neighbors import KNeighborsClassifier
gf=pd.read_csv('c:\python\ground_feature.csv')
data=gf.values
X=data[:,0:3]
y=data[:,3]
X_train,X_test,y_train,y_test=train_test_split(X,y,random_state=4)
gf_knn=KNeighborsClassifier(n_neighbors=1)
gf_knn.fit(X_train,y_train)
gf_new=np.array([[0.17,3.1,5.6]])      #构建一个非接地故障向量
gf_prediction=gf_knn.predict(gf_new)      #对新向量进行预测
print(gf_prediction)
```

程序运行界面如图 7.24 所示，0 代表非接地。利用 KNeighborsClassifier()函数创造对象 gf_knn，利用 fit()函数进行计算，利用 gf_knn.predict()函数进行预测。本例构建的非接

地故障向量被 k 近邻分类算法正确地归类到非接地空间中。

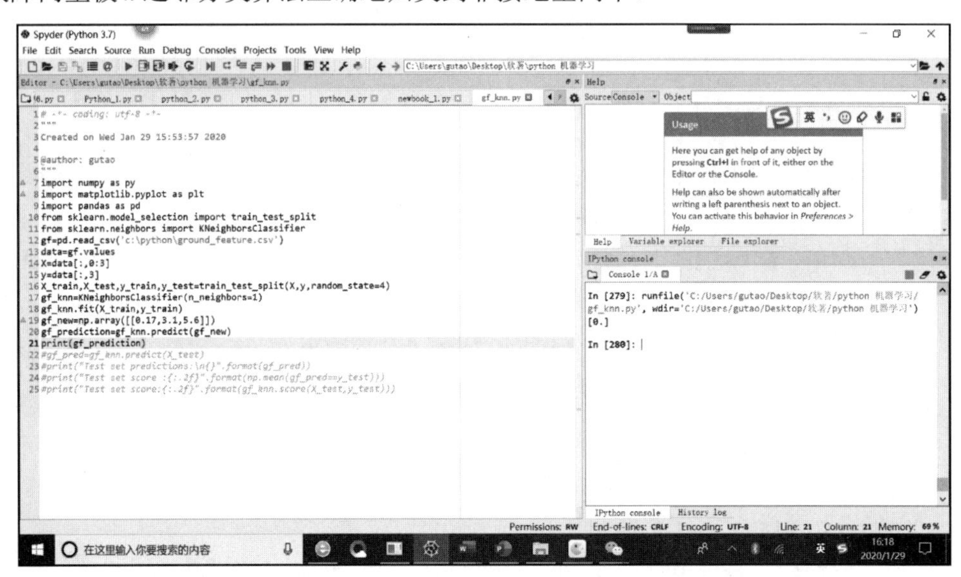

图 7.24　单相接地 k 近邻数据分类

7.4.2　数据模型优良评判

分类模型一旦建立并通过数据训练后，读者一般会问这个模型能否使用？有什么依据？一般情况下，可以通过测试集中的数据对模型进行输出预测，并将结果与已知的目标结果进行比较。预测结果的正确率越高，则说明模型的可靠性越高。

计算预测结果正确率可以用以下语句实现。

```
gf_pred=gf_knn.predict(X_test)
print("Test set score :{:.2f}".format(np.mean(gf_pred==y_test)))
```

该语句的运行结果如图 7.25 所示。

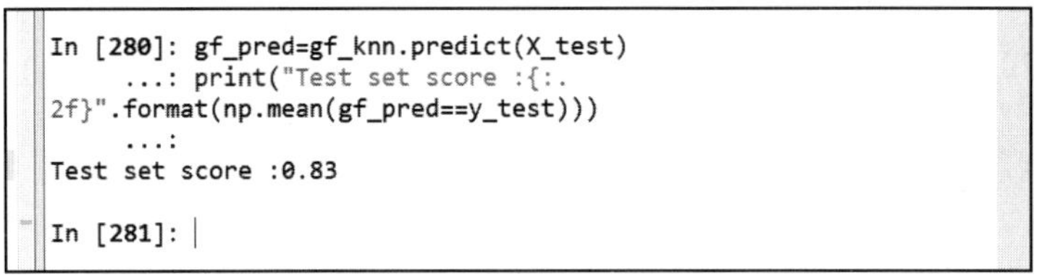

```
In [280]: gf_pred=gf_knn.predict(X_test)
     ...: print("Test set score :{:.
2f}".format(np.mean(gf_pred==y_test)))
     ...:
Test set score :0.83

In [281]: 
```

图 7.25　数据模型优良评判

该模型得分为 0.83，说明所建立的分类模型性能一般，需要进一步提高。也可以使用 score()函数直接求取模型得分，语句如下。

```
print(gf_knn.score(X_test,y_test))
```

该语句的运行结果如图 7.26 所示。

```
In [281]: print(gf_knn.score(X_test,y_test))
0.8333333333333334

In [282]: |
```

图7.26　score()函数的使用

对于这个数据集所建立的模型，测试集的接地故障判断准确性约为0.83，即有83%的预测结果是正确的。

7.5　sklearn自带数据集

sklearn为初学者提供了一些无须下载就可以使用的自带数据集，读者可以通过“import sklearn.datasets.load_<name>”语句来获取这些数据集，具体介绍如下。

(1) 鸢尾花数据集load_iris()，用于分类任务的数据集。

(2) 手写数据集load_digits()，用于分类任务或降维任务的数据集。

(3) 乳腺癌数据集load_barest_cancer()，简单经典的用于二分类任务的数据集。

(4) 糖尿病数据集load_diabetes()，用于回归分析的数据集。

(5) 波士顿房价数据集load_boston()，经典的用于回归任务的数据集。

(6) 体能训练数据集load_linnerud()，经典的用于多变量回归任务的数据集。

下面以鸢尾花数据集为例介绍一些数据集的属性。

【例7.1】　查看鸢尾花数据集信息。

```
from sklearn.datasets import load_iris
iris=load_iris()
samples,features=iris.data.shape
print('鸢尾花数据集中共有{0}个样本，每个样本包含{1}个特征'.format(samples,features))
print('每个特征所代表的实际含义：\n',iris.feature_names)
print('每种鸢尾花的名字：\n',iris.target_names)
print('前二十条数据信息：\n',iris.data[:20])
```

程序运行结果如下。

```
鸢尾花数据集中共有150个样本，每个样本包含4个特征
每个特征所代表的实际含义：
 ['sepal length (cm)', 'sepal width (cm)', 'petal length (cm)', 'petal width (cm)']
每种鸢尾花的名字：
 ['setosa' 'versicolor' 'virginica']
前二十条数据信息：
 [[5.1 3.5 1.4 0.2]
```

```
 [4.9 3.  1.4 0.2]
 [4.7 3.2 1.3 0.2]
 [4.6 3.1 1.5 0.2]
 [5.  3.6 1.4 0.2]
 [5.4 3.9 1.7 0.4]
 [4.6 3.4 1.4 0.3]
 [5.  3.4 1.5 0.2]
 [4.4 2.9 1.4 0.2]
 [4.9 3.1 1.5 0.1]
 [5.4 3.7 1.5 0.2]
 [4.8 3.4 1.6 0.2]
 [4.8 3.  1.4 0.1]
 [4.3 3.  1.1 0.1]
 [5.8 4.  1.2 0.2]
 [5.7 4.4 1.5 0.4]
 [5.4 3.9 1.3 0.4]
 [5.1 3.5 1.4 0.3]
 [5.7 3.8 1.7 0.3]
 [5.1 3.8 1.5 0.3]]
```

【例 7.2】 采用 k 近邻分类算法对鸢尾花数据集进行分类预测。

```
import numpy as np
import pandas as pd
import mglearn
import matplotlib.pyplot as plt
from sklearn.datasets import load_iris
from sklearn.neighbors import KNeighborsClassifier
from sklearn.model_selection import train_test_split
#调用 load_iris()函数，加载数据
iris=load_iris()
#构建数据
X_train,X_test,y_train,y_test=train_test_split(iris['data'],iris
['target'],random_state=0)
#绘制散点图矩阵，对角线是每个特征的直方图
iris_dataframe=pd.DataFrame(X_train,columns=iris.feature_names)
grr=pd.plotting.scatter_matrix(iris_dataframe,c=y_train,figsize=(15,15),
                    marker='o',hist_kwds={'bins':20},cmap=
mglearn.cm3)
plt.show()
```

```
#构建 k 近邻分类模型
iris_knn=KNeighborsClassifier(n_neighbors=1)
iris_knn.fit(X_train,y_train)
#建立新的预测数据
X_new=np.array([[4.9,2.9,1.2,0.2]])
#预测结果并输出
prediction=iris_knn.predict(X_new)
print('Prediction:{}'.format(prediction))
print('Predicted target name:{}'.format(iris['target_names'][prediction]))
#模型评估
print('score:{:2f}'.format(iris_knn.score(X_test,y_test)))
```

程序运行后将显示如图 7.27 所示的散点总图矩阵。

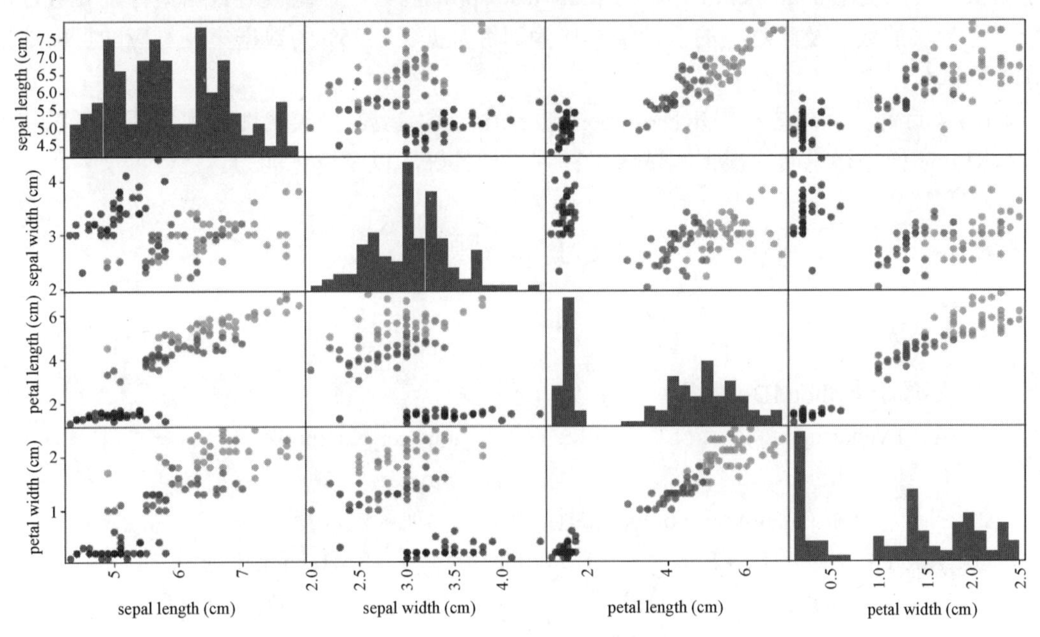

图 7.27 鸢尾花数据集散点图矩阵

程序输出结果如下。

```
Prediction:[0]
Predicted target name:['setosa']
score:0.973684
```

由输出结果可以发现，新的数据被分类到 setosa 类别，该模型得分为 0.973684。

本 章 小 结

(1) 安装 Anaconda 的同时也安装了所需要的科学计算包及其依赖项。

(2) 机器学习常用核心包有 numPy、scipy、matplotlib、pandas、scikit-learn。numpy 包主要包括多维数组、高级数学函数、伪随机数生成器。scipy 包是高级科学计算函数包。matplotlib 包主要用于可视化绘图。pandas 包用于处理分析数据。scikit-learn 包是开源机器学习库。

(3) Jupyter Notebook 是浏览器下交互式运行程序的调试开发工具。

(4) 会构建 CSV 文件，利用 pandas 包中的 read_csv()函数读取 CSV 文件数据。

(5) 一般情况下，将采集到的数据分割成两部分：一部分用于训练使用，另一部分用于测试。分割使用 scikit-learn 包中的 train_test_split()函数。该函数对数据集打乱并进行拆分，将 75%的数据及其对应的目标结果作为训练数据集，25%的数据集及对应的目标结果作为测试数据集。

(6) k 近邻分类算法利用 KNeighborsClassifier 类实现。分类器性能优劣评判可以利用模型得分高低进行说明。根据测试结果评判模型的好坏以及泛化能力。

习 题

一、选择题

1．不属于 Python IDE 的是(　　)。

A．Pycharm　　B．Jupyter Notebook

C．R studio　　D．Spyder

2．打开一个新的 Jupyter Notebook 时，有(　　)项可供选择。

①Python 3　　②Text File　　③Folder　　④Terminal

A．①②③④　　B．①②　　C．①②③　　D．②③④

3．阅读下列代码，其输出结果为(　　)。

```
import re
print(re.match('www', 'www.anaconda.com').span())
print(re.match('com', 'www.anaconda.com'))
```

A．(0,3),None　　B．(0,2),None

C．(0,3),(13,16)　　D．(0,2),(13,15)

4．不属于 Anaconda 命令的是(　　)。

A．conda list　　B．conda -h

C．conda –version　　D．conda info -env

5．关于 mglearn 包的说法，错误的是(　　)。

A．mglearn 包可以对 k 均值聚类的迭代过程进行演示

B．可以通过 mglearn.plot_linear_regression_wave()查看线性回归在回归问题中的使用情况

C．mglearn 包集成了 sklearn 包和数据的许多操作方法

D．可以通过输入“pip install mglearn”命令来安装 mglearn 包

6．关于 k 近邻分类算法，描述错误的是(　　)。

A．k 近邻分类算法属于有监督学习算法的一种

B．k 是指通过所求样本距离最近的 k 个样本所属分类情况进行分类

C．k 近邻分类算法中通过欧氏距离进行样本间距离的度量的

D．在 sklearn 包中，k 近邻分类算法可以通过 neighbors 模块中的 KNeighborsClassifier 类来实现

7．关于 Anaconda 的说法，正确的是(　　)。

A．Anaconda 是 Python 官方自带的一款集成开发环境

B．Anaconda 中包含的科学包有 numpy、scipy、conda、sklearn 等

C．Anaconda 安装完成后无须添加环境变量

D．Anaconda 仅支持 Windows 系统和 Linux 系统

8．下列选项中，说法错误的是(　　)。

A．k 近邻算法中，k 值越大，对应的模型复杂度越低

B．当数据训练结束后，可以通过求均值的方法进行模型得分的计算

C．当数据训练结束后，可以通过 score()函数对模型得分进行计算

D．通常使用 train_test_split()函数对数据集进行分割

9．二维空间中，求解向量 $\boldsymbol{A}(x_1,y_1)$ 与向量 $\boldsymbol{B}(x_2,y_2)$ 的欧氏距离公式是(　　)。

A．$d=|x_1-x_2|+|y_1-y_2|$

B．$d=\max(|x_1-x_2|,|y_1-y_2|)$

C．$d=\sqrt{(x_1-x_2)^2+(y_1-y_2)^2}$

D．$d=\dfrac{x_1x_2+y_1y_2}{\sqrt{x_1^2+y_1^2}\sqrt{x_2^2+y_2^2}}$

10.下列选项中，说法错误的是(　　)。

A．sklearn 包中自带的经典小数据集的数据一般包含在 target 和 data 字段中

B．鸢尾花数据集可适用于进行 k 近邻分类

C．可以使用切片的方式对数据进行分割

D．sklearn 包中提供的乳腺癌数据集是用于回归任务的经典数据集

二、思考题

1．将缺少的代码补全。其实现的功能是判断输入的数是否为质数。

```
num=int(input("请输入一个数："))
```

```
if num > 1:
   for i in ____________:
      if ____________:
         print(num,"不是质数")
         break
   else:
      print(num,"是质数")
else:
   print(num,"不是质数")
```

2. 阅读下面的程序，若输入数字为 4，判断其输出结果。

```
def fib(n):
   a,b=1,1
   while a<n:
      print(a,end=' ')
      a,b=b,a+b
n=int(input("输入一个整数："))
fib(n)
```

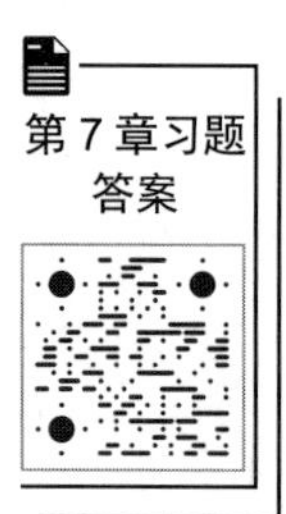

三、程序题

使用 Anaconda 编写 *k* 近邻算法。

第 8 章
有监督机器学习

如果所获得的数据有明确的分类信息，用有明确的分类信息的数据训练数据模型，就称为有监督学习(Supervised Learing)。本章重点介绍分类与回归的概念，对 k 近邻回归、线性回归、岭回归、Lasso 回归、Logistic 回归、线性支持向量机、决策树分类、随机森林算法、神经网络算法、核—SVM 算法、集成学习算法、弱学习机分类器算法进行深入研究。通过具体案例，读者可以掌握机器学习的基本理论与编程方法。

本章建议 6 个学时。

教 学 目 标

- 分类与回归的概念。
- k 近邻回归、线性回归、岭回归、Lasso 回归、Logistic 回归、线性支持向量机。
- 决策树分类、随机森林算法。
- 神经网络算法、核—SVM 算法、集成学习算法。
- 弱学习机分类器。

教 学 要 求

知识要点	能力要求	相关知识
分类与回归	(1) 分类与回归的基本概念; (2) k 近邻回归、线性回归、岭回归、Lasso 回归、Logistic 回归、线性支持向量机	回归算法设计与案例
决策树分类、随机森林算法	(1) 决策树的概念; (2) 随机森林算法的概念	算法设计
神经网络算法	(1) 神经网络算法的概念; (2) 算法流程	神经网络算法设计
核—SVM 算法、集成学习算法、弱学习机分类器	(1) 核—SVM 算法、集成学习算法、弱学习机分类器算法的概念; (2) 集成算法流程、弱学习机分类器算法流程	集成算法、弱学习机分类器算法设计与案例

推荐阅读资料

1．https://baike.so.com/doc/25071414-26044863.html
2．https://blog.csdn.net/weixin_38278334/article/details/83023958
3．http://cs229.stanford.edu/materials.html
4．http://open.163.com/special/opencourse/machinelearning.html
5．http://neuralnetworksanddeeplearning.com/index.html
6．http://ufldl.stanford.edu/wiki/index.php/UFLDL%E6%95%99%E7%A8%8B
7．https://github.com/amueller/introduction_to_ml_with_python

引例

机器学习

机器学习(Machine Learning，ML)是一门综合交叉边缘学科，涉及概率论、统计学、逼近论、凸分析、算法复杂度理论等多门学科。机器学习本质上是研究一系列算法，实现计算机模拟人类的学习行为，以获取新的知识或技能，并重新组织已有的知识结构使之不断改善自身的学习性能。

何时会用到机器学习？当遇到涉及大量数据和许多变量的复杂任务或问题时，在没有明确经验公式或方程式可用时，就可以考虑使用机器学习来解决未知问题。例如，人脸识别、语音识别、股票交易预测等领域。

到底使用哪个算法？面对复杂问题的求解，任何人都难以回答该用哪种算法。寻找算法的过程需要设计者具有较多的经验和对数据深刻的洞察能力，同时也是不断试错和比较的过程。

可以对机器学习进行以下简单划分。

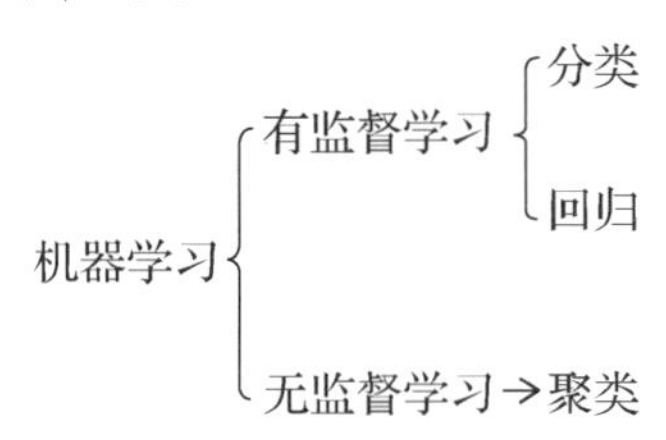

8.1　分类与回归

8.1.1　分类与回归

机器学习的目标是对新获得的数据进行分类与回归。进行分类的模型需要学习算法训

练。所谓监督学习，就是所获得的数据有明确的分类信息。用有明确的分类信息的数据训练模型，称为有监督学习。反之，没有明确分类信息的数据分类算法，称为无监督学习。分类有二分类和多分类。

分类的结果是指数据不具有连续性，如将一堆水果划分为苹果、梨子、香蕉 3 个类别。回归是数据的一种预测算法。所预测的数据可能具有连续性，如在电力系统中预测出的对地电场值为 232.2，也可能是 232.1。实际中人们不是太在意 232 的偏差有多少，但预测的值具有连续性的性质。

在机器学习中经常会提到过拟合、欠拟合、泛化的概念。所建立的数学模型在已有的数据上分类或拟合的结果非常理想，但在新的数据上分类或拟合的效果不佳，即泛化能力不强。这种情况一般称为过拟合。如果所建立的模型在已有数据集上训练或拟合后，分类或拟合效果不好，这种情况称为欠拟合。欠拟合的原因主要是模型建立的太简单所致，泛化能力更差。

1. *k* 近邻回归

k 近邻回归是典型的有监督学习。其本质思想就是给一个训练集，对于新的样本，去寻找训练集中 *k* 个与新样本最近的实例。这些实例会归于某类或拟合成一个值。这样，就把新样本也归为某类或拟合成一个值。用于回归的 *k* 近邻算法在 sklearn.neighbors 中的 KNeighborsRegressor 类中实现。

【例 8.1】　单相接地故障数据 *k* 近邻回归算法。

电力系统中经常会发生单相接地故障，现已积累到一些单相接地故障发生时的特征向量(保存在文件 ground_feature.csv 中)。当新的向量产生时，用 *k* 近邻回归算法看看能否对新的向量进行回归分析。其代码如下。

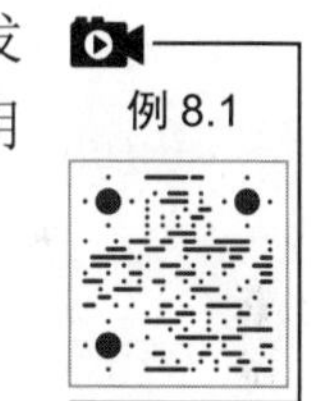


```
import numpy as py
#import matplotlib.pyplot as plt
import pandas as pd
from sklearn.model_selection import train_test_split
'''将 train_test_split()函数导入，这是 sklearn.model_selection 提供的数据分
割函数，可以将数据分割为训练集和测试集两部分'''
from sklearn.neighbors import KNeighborsRegressor
#将 KNeighborsRegressor 导入
df1=pd.read_csv('c:\python\ground_feature.csv')     #读取特征向量
data=df1.values
X=data[:,0:3]
y=data[:,3]
X_train,X_test,y_train,y_test=train_test_split(X,y,random_state=0)
#分割数据集
reg=KNeighborsRegressor(n_neighbors=1)
```

```
#将回归模型实例化，将参数邻居个数设置为1
reg.fit(X_train,y_train)
#利用分割的数据计算拟合模型
```

文件“ground_feature.csv”

可以利用以下语句对测试集进行预测。

```
print(reg.predict(X_test))
```

运行结果如图 8.1 所示。

```
In [306]: runfile('C:/Users/gutao/Desktop/软著/python 机器学习/
python_4.py', wdir='C:/Users/gutao/Desktop/软著/python 机器学习')
X_test Prediction:[1. 0. 1. 0. 0. 1.]
```

图 8.1　KNeighborsRegressor 类回归预测

利用以下语句可以评估模型得分，看看模型好坏。回归模型好坏主要看决定系数 R^2 的大小，其值越大，回归模型越好。

```
print("Test set R^2:{:.2f}".format(reg.score(X_test,y_test)))
```

运行结果如图 8.2 所示。

```
In [306]: runfile('C:/Users/gutao/Desktop/软著/python 机器学习/
python_4.py', wdir='C:/Users/gutao/Desktop/软著/python 机器学习')
X_test Prediction:[1. 0. 1. 0. 0. 1.]
Test set R^2:1.00
```

图 8.2　回归模型评估

利用以下语句查看系统对新特征向量的回归结果。

```
gf_new=np.array([[0.57,3.1,9.6]])    #新特征向量
print("New array Prediction:{}".format(reg.predict(gf_new))) #新特征向量预测
```

运行结果如图 8.3 所示。

```
In [306]: runfile('C:/Users/gutao/Desktop/软著/python 机器学习/
python_4.py', wdir='C:/Users/gutao/Desktop/软著/python 机器学习')
X_test Prediction:[1. 0. 1. 0. 0. 1.]
Test set R^2:1.00
New array Prediction:[1.]
```

图 8.3　新特征回归结果

对上面的 *k* 近邻回归算法汇总如下。

```
#k 近邻回归程序
# -*- coding: utf-8 -*-
"""
Created on Tue Jan 28 22:07:47 2020
@author: gutao
```

```
"""
#import numpy as py
import numpy as np    #也可以用 np 别名
#import matplotlib.pyplot as plt
import pandas as pd
from sklearn.model_selection import train_test_split
from sklearn.neighbors import KNeighborsRegressor
df1=pd.read_csv('c:\python\ground_feature.csv')
data=df1.values
X=data[:,0:3]
y=data[:,3]
X_train,X_test,y_train,y_test=train_test_split(X,y,random_state=0)
reg=KNeighborsRegressor(n_neighbors=1)
reg.fit(X_train,y_train)
print("X_test Prediction:{}".format(reg.predict(X_test)))
print("Test set R^2:{:.2f}".format(reg.score(X_test,y_test)))
gf_new=np.array([[0.57,3.1,9.6]])
print("New array Prediction:{}".format(reg.predict(gf_new)))
```

程序运行界面如图 8.4 所示。

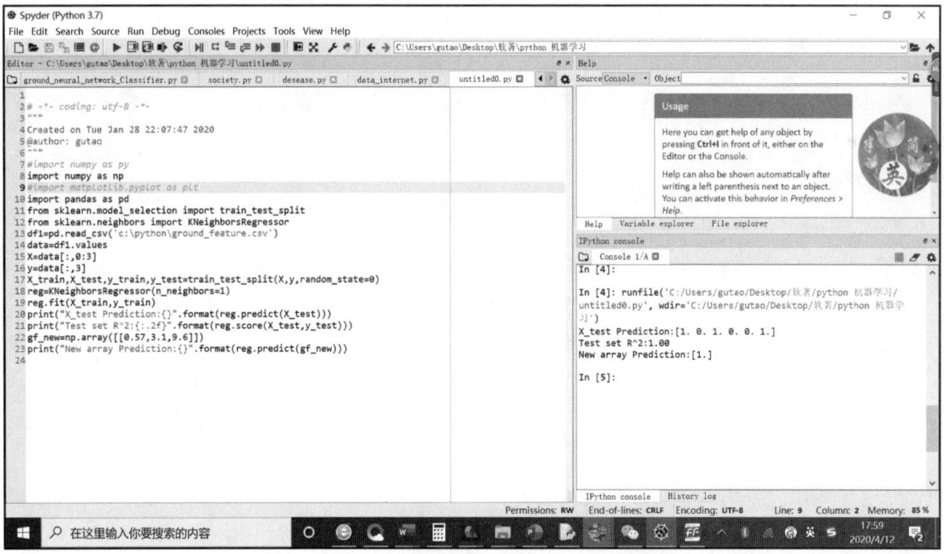

图 8.4　单相接地故障数据 *k* 近邻回归算法

k 近邻回归模型很简单，但分类或回归的结果好坏与分类器最重要的参数即相邻点的个数密切相关，读者可以调整 n_neighbors 的值，通过运行程序看看回归结果的区别。如果特征数很多，样本空间很大，*k* 近邻方法的预测速度会比较慢。

2. 线性回归模型

设向量 $\boldsymbol{W}$ 和向量 $\boldsymbol{X}$ 分别为

$$\boldsymbol{W}=\begin{bmatrix}W_0\\W_1\\\vdots\\W_p\end{bmatrix},\quad \boldsymbol{X}=\begin{bmatrix}X_0\\X_1\\\vdots\\X_p\end{bmatrix},\quad \boldsymbol{W}^{\mathrm{T}}\text{是}\boldsymbol{W}\text{的转置。}$$

线性回归模型一般可以写为

$$\hat{\boldsymbol{y}}=\boldsymbol{W}^{\mathrm{T}}\boldsymbol{X}+\boldsymbol{b} \tag{8-1}$$

当只有一个特征时，线性回归模型退化为直线方程。

$$\hat{\boldsymbol{y}}=\boldsymbol{W}_0\boldsymbol{X}_0+\boldsymbol{b} \tag{8-2}$$

如果对式(8-1)再施加函数 $z(\bullet)$ 操作，就可以构建出感知器模型。

【例 8.2】 线性回归模型。

单相接地故障线性回归程序如下。

```
import numpy as py    #此程序段没有用到
import matplotlib.pyplot as plt    #此程序段没有用到
import pandas as pd
from sklearn.linear_model import LinearRegression #导入LinearRegression模块
from sklearn.model_selection import train_test_split    #导入分割函数
df1=pd.read_csv('c:\python\ground_feature.csv')    #it's ok!
data=df1.values
X=data[:,0:3]    #从第一列开始，获取 data 前三列数据，
y=data[:,3]
#分割数据
X_train,X_test,y_train,y_test=train_test_split(X,y,random_state=0)
gf=LinearRegression().fit(X_train,y_train)    #训练数据
print("gf.coef_:{}".format(gf.coef_))
print("gf.intercept_:{}".format(gf.intercept_))
print("Training set score:{:.2f}".format(gf.score(X_train,y_train)))
print("Test set score:{:.2f}".format(gf.score(X_test,y_test)))
```

程序运行结果如图 8.5 所示。

```
In [333]: runfile('C:/Users/gutao/Desktop/软著/python 机器学习/
ground_LinearRegression.py', wdir='C:/Users/gutao/Desktop/软著/
python 机器学习')
gf.coef_:[ 0.61494852 -0.00442976  0.05630708]
gf.intercept_:-0.3228538495596691
Training set score:0.68
Test set score:0.84
```

图 8.5 线性回归模型运行结果

从图 8.5 的运行结果可以看到模型的 W 参数值(权重参数的值)coef_以及偏移(截距)值 intercept_。

该线性回归模型在训练集上得分 0.68，在测试集上得分 0.84。训练集得分比较低，说明模型过于简单，存在欠拟合现象。程序运行界面如图 8.6 所示。

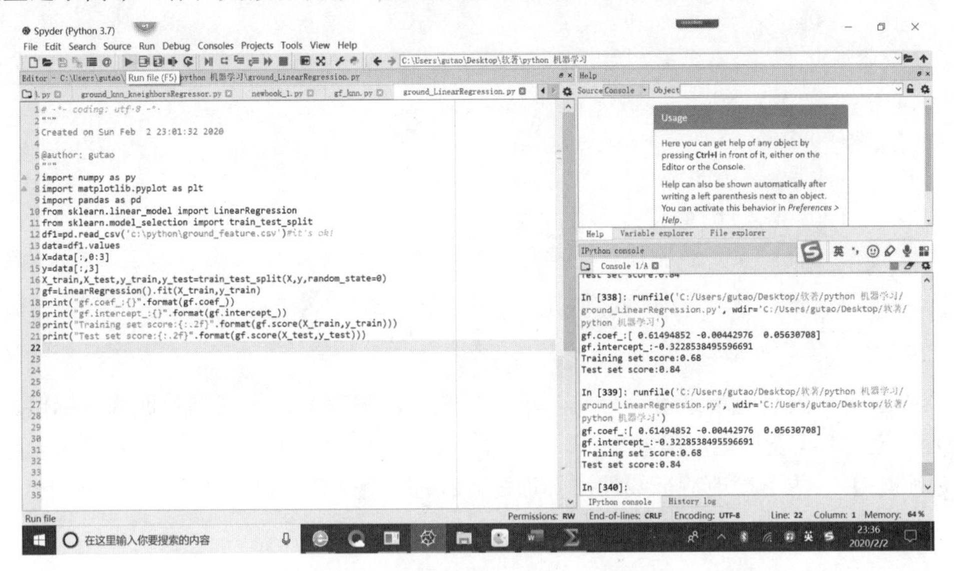

图 8.6　线性回归模型程序运行界面

读者这时可能会有疑问，到底选哪个算法比较好呢？不用着急，当学习了比较多的算法，掌握了每种算法的优缺点和要解决的目标后，心中自然会得出好的选择。这里举例只是让读者对每种算法的编程有一定的了解。

8.1.2　两个接地特征的线性回归分析

1. 线性回归

为了让读者更直观地从分类曲线上理解不同算法的分类效果，本节开始将单相接地故障特征数据文件中的 3 个特征值修改为两个特征值，以利于在二维图片中展示分类曲线。

具有两个接地特征值的数据文件 ground_feature0.csv 的数据结构如下。

```
array([[ 0.89, 11.4 ,  1.  ],
       [ 0.89,  0.4 ,  0.  ],
       [ 0.75,  8.6 ,  1.  ],
       [ 0.23,  4.3 ,  0.  ],
       [ 0.5 ,  3.2 ,  1.  ],
       [ 0.49,  0.7 ,  0.  ],
       [ 0.29,  2.2 ,  0.  ],
       [ 0.31,  3.5 ,  0.  ],
       [ 0.95, 10.9 ,  1.  ],
```

```
        [ 0.93,  5.6 ,  1.  ],
        [ 0.82,  7.8 ,  1.  ],
        [ 0.82,  0.9 ,  0.  ],
        [ 0.15,  3.3 ,  0.  ],
        [ 0.43,  0.5 ,  0.  ],
        [ 0.55,  2.9 ,  1.  ],
        [ 0.55, -0.5 ,  0.  ],
        [ 0.78,  6.9 ,  1.  ],
        [ 0.76,  0.8 ,  0.  ],
        [ 0.88, 10.5 ,  1.  ],
        [ 0.88,  0.3 ,  0.  ],
        [ 0.67,  5.9 ,  1.  ],
        [ 0.56, 12.  ,  1.  ]])
```

其中，第一列是电场跌落百分比，第二列是电流突变量，第三列是训练目标值。0 代表没有接地，1 代表接地故障发生。

【例 8.3】 两个接地特征线性回归训练。程序如下。

```
import numpy as np
import matplotlib.pyplot as plt
import pandas as pd
from sklearn.linear_model import LinearRegression
from sklearn.model_selection import train_test_split
from matplotlib.colors import ListedColormap
df1=pd.read_csv('c:\python\ground_feature0.csv')#it's ok!
data=df1.values
X=data[:,0:2]    #获取前两列数据
y=data[:,2]
X_train,X_test,y_train,y_test=train_test_split(X,y,random_state=10)

def plot_decision_regions(X, y, classifier, test_idx=None,resolution=
0.02):    #两类分类曲线绘图函数定义
    # setup marker generator and color map
    markers = ('s', 'x', 'o', '^', 'v')
    colors = ('red', 'blue', 'lightgreen', 'gray', 'cyan')
    cmap = ListedColormap(colors[:len(np.unique(y))])
    # plot the decision surface
    x1_min, x1_max = X[:, 0].min() - 1, X[:, 0].max() + 1
    x2_min, x2_max = X[:, 1].min() - 1, X[:, 1].max() + 1
    xx1, xx2=np.meshgrid(np.arange(x1_min,x1_max,resolution),np.arange
```

```
(x2_min,x2_max,resolution))
        Z = classifier.predict(np.array([xx1.ravel(), xx2.ravel()]).T)
        Z = Z.reshape(xx1.shape)
        plt.contourf(xx1, xx2, Z, alpha=0.4, cmap=cmap)
        plt.xlim(xx1.min(), xx1.max())
        plt.ylim(xx2.min(), xx2.max())
        # plot all sample
        X_test,y_test=X[test_idx,:],y[test_idx]
        for idx, cl in enumerate(np.unique(y)):
            plt.scatter(x=X[y == cl,0], y=X[y==cl,1],alpha=0.8,c=cmap(idx),
marker=markers[idx],label=cl)
    gf=LinearRegression().fit(X_train,y_train)
    print("gf.coef_:{}".format(gf.coef_))
    print("gf.intercept_:{}".format(gf.intercept_))
    print("Training set score:{:.2f}".format(gf.score(X_train,y_train)))
    print("Test set score:{:.2f}".format(gf.score(X_test,y_test)))
    plot_decision_regions(X,y,classifier=gf,test_idx=range(16,22))
    plt.xlabel('Drop percentage LinearRegressor')
    plt.ylabel('Ascending mutation value')
    plt.legend(loc='upper right')
    plt.show()
```

程序运行结果如图 8.7 所示。

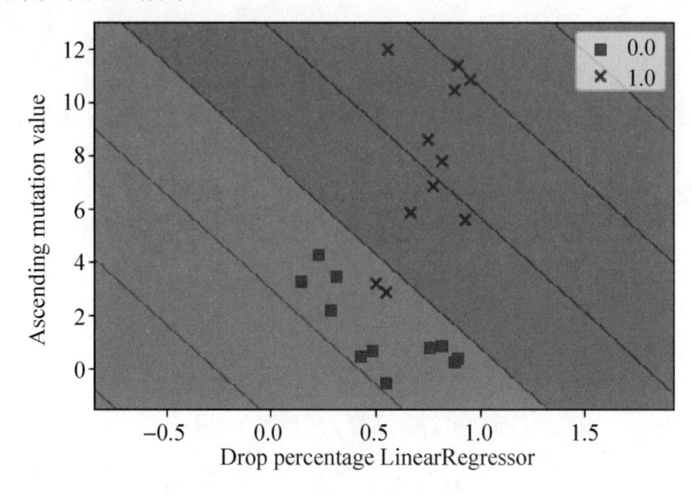

图 8.7　线性回归结果

继续运行以下语句。

```
gf_new=np.array([[0.590,15.9]])      #设置新特征向量
print("gf.coef_:{}".format(gf.coef_))
```

```
    print("gf.intercept_:{}".format(gf.intercept_))
    print("Training set score:{:.2f}".format(gf.score(X_train,y_train)))
    print("Test set score:{:.2f}".format(gf.score(X_test,y_test)))
    print("LinearRegression  New  array  Prediction:{}".format(gf.predict
(gf_new)))
```

控制台窗口中的输出结果如下。

```
gf.coef_:[0.57924565 0.08177374]
gf.intercept_:-0.24511049471851198
Training set score:0.72
Test set score:0.46
LinearRegression New array Prediction:[1.39684691]
```

这种回归结果预测出大于 1 的值，说明分类结果是发生单相接地故障，但测试分值比较低，说明存在欠拟合。从回归分类曲线看，多条直线并没有把样本空间通过分类曲线分开。这种回归模型不适合单相接地故障分类。

2. *岭回归*

岭回归是一种改良的最小二乘估计法，它是用于解决在线性回归分析中自变量存在共线性的问题。有正则化约束的岭回归线性模型也可以对数据进行回归分析。

【例 8.4】 岭回归分析。程序如下。

```
    from sklearn.linear_model import Ridge    #导入岭回归模块
    #改变 alpha 参数，可以调整回归模型回归效果
    gf_ridge=Ridge(alpha=25).fit(X_train,y_train)
    plot_decision_regions(X,y,classifier=gf_ridge,test_idx=range(16,22))
    plt.xlabel('Drop percentage Ridge ')
    plt.ylabel('Ascending mutation value')
    plt.legend(loc='upper right')
    plt.title('One-phase ground ')
    plt.show()
    gf_new=np.array([[0.590,15.9]])
    print("Ridge Training set score:{:.2f}".format(gf_ridge.score(X_train,
y_train)))
    print("Ridge  Test  set  score:{:.2f}".format(gf_ridge.score(X_test,
y_test)))
    print("Ridge New array Prediction:{}".format(gf_ridge.predict(gf_new)))
```

设置参数 alpha=25 时的岭回归分类曲线如图 8.8 所示。

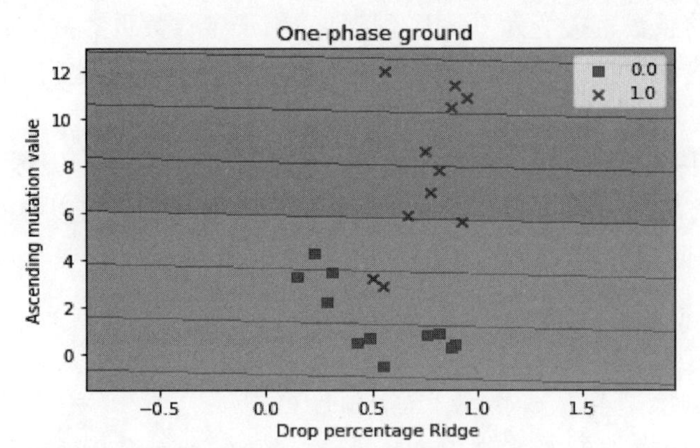


```
Ridge Training set score:0.65
Ridge Test set score:0.50
Ridge New array Prediction:[1.49866647]
```

图 8.8　岭回归分类曲线

从训练集和测试集得分看，在接地故障回归分析中，训练集和测试集得分低，效果并不好。分类曲线也没有将样本空间分开，说明这类分类问题并不适合岭回归模型处理。

调整参数 alpha=0.25，岭回归分类曲线如图 8.9 所示。

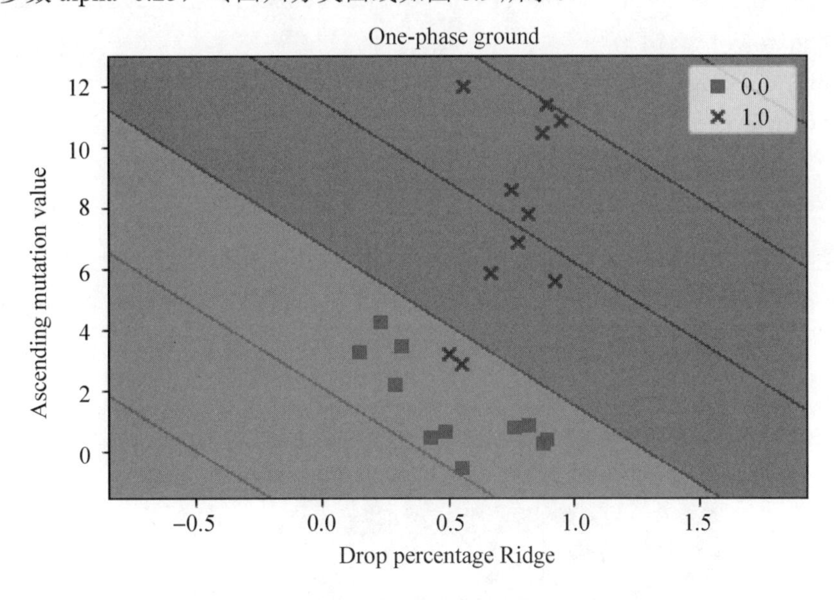

图 8.9　岭回归分类曲线

参数 alpha=0.25 的分类曲线与线性回归基本一致，性能稍微有所提升。当有几个特征比较重要时，在线性回归中，选择使用 Lasso 模型会好点。

3. Lasso 回归

Lasso 回归有时也称线性回归的 L1 正则化，和岭回归的主要区别在于正则化项。岭回归用的是 L2 正则化，而 Lasso 回归用的是 L1 正则化。Lasso 回归使得一些系数变小，甚至使一些绝对值较小的系数直接变为 0，因此特别适用于参数数目缩减与参数的选择，常用来估计稀疏参数的线性模型。下面的举例用在单相接地故障识别上，只是重点强调其使用方法。

L1 正则化一般又称 L1 范数，一般指元素绝对值之和。L2 正则化一般又称 L2 范数，一般指元素绝对值平方和之开平方。关于 *n* 阶范数的详细概念读者可以参阅相关资料。

【例 8.5】 Lasso 回归分析。程序如下。

```
from sklearn.linear_model import Lasso
gf_lasso=Lasso(alpha=0.01,max_iter=100000).fit(X_train,y_train)
#可以修改 alpha、max_iter 两个参数，提高回归效果
plot_decision_regions(X,y,classifier=gf_lasso,test_idx=range(16,22))
plt.xlabel('Drop percentage Lasso Regression ')
plt.ylabel('Ascending mutation value')
plt.legend(loc='upper right')
plt.title('One-phase ground ')
plt.show()
gf_new=np.array([[0.590,15.9]])
print(" Lasso Regression Training set score:{:.2f}".format(gf_lasso.
score(X_train,y_train)))
print(" Lasso Regression Test set score:{:.2f}".format(gf_lasso.
score(X_test,y_test)))
print(" Lasso Regression New array Prediction:{}".format(gf_lasso.
predict(gf_new)))
```

Lasso 回归分类曲线如图 8.10 所示。

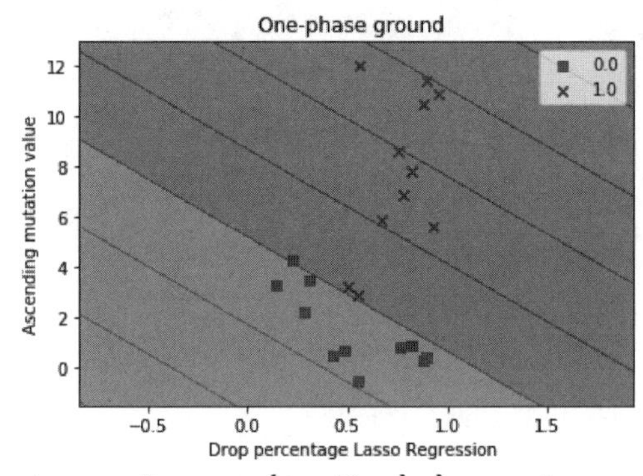


```
Lasso Regression Training set score:0.71
Lasso Regression Test set score:0.49
Lasso Regression New array Prediction:[1.45308051]
```

图 8.10 Lasso 回归分类曲线

为了降低欠拟合，尽管修改了 Lasso 训练参数，但训练集和测试集上的效果并不显著。说明此回归模型选择在解决单相接地故障分类问题上也不适合。

4. Logistic 回归

常见的线性分类器还有 Logistic 回归和线性支持向量机。Logistic 回归是一种广义线性回归，与多重线性回归分析有很多相同之处。它们的模型形式基本上相同，都具有 $w'x+b$ 形式，其中 w 和 b 是待求参数。其区别在于它们的因变量不同，多重线性回归直接将 $w'x+b$ 作为因变量，即 $y=w'x+b$。Logistic 回归则通过函数 L 将 $w'x+b$ 对应一个隐状态 p，$p=L(w'x+b)$，然后根据 p 与 $1-p$ 的大小决定因变量的值。如果 L 是 Logistic 函数就是 Logistic 回归，如果 L 是多项式函数就是多项式回归。

【例 8.6】　单相接地故障 Logistic 回归分析。程序如下。

```
from sklearn.linear_model import LogisticRegression
gf_logRegression=LogisticRegression(C=1000).fit(X_train,y_train)
plot_decision_regions(X,y,classifier=gf_logRegression,test_idx=range(16,22))
plt.xlabel('Drop percentage LogisticRegression ')
plt.ylabel('Ascending mutation value')
plt.legend(loc='upper right')
plt.title('One-phase ground ')
plt.show()
gf_new=np.array([[0.590,15.9]])
print("LogisticRegression Training set score:{:.2f}".format(gf_logRegression.score(X_train,y_train)))
print("LogisticRegression Test set score:{:.2f}".format(gf_logRegression.score(X_test,y_test)))
print("LogisticRegression New array Prediction:{}".format(gf_logRegression.predict(gf_new)))
```

例 8.6

Logistic 回归分类曲线如图 8.11 所示。该算法勉强将两类样本分开，比较理想。在数据区低端和高端都留出了识别新向量的余地。

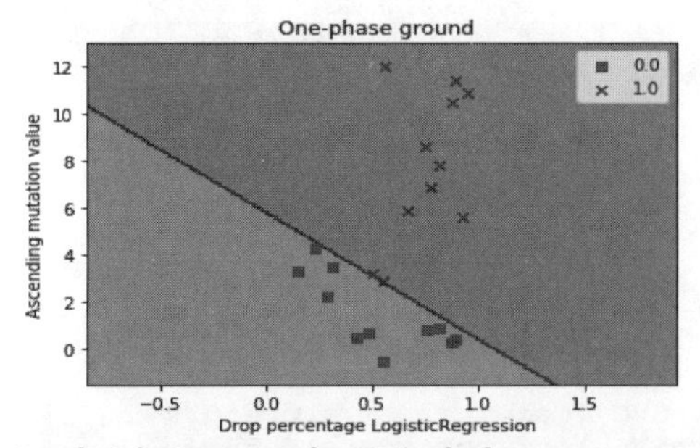


```
LogisticRegression Training set score:1.00
LogisticRegression Test set score:1.00
LogisticRegression New array Prediction:[1.]
```

图 8.11　Logistic 回归分类曲线

训练集和测试集上的得分也比较理想，测试向量的分类也正确，说明本分类算法比较令人满意。例 8.6 同时也说明了回归模型与分类模型之间的区别，即回归是对模拟量的一种估计，分类是对数据集划分为不同的类别。

以上案例也进一步说明了在解决实际问题时，针对不同问题选择合适算法模型的重要性。

5. 线性支持向量机

支持向量机(Support Vector Machine，SVM)是 Corinna Cortes 和 Vapnik 等人于 1995 年提出的，它在解决小样本、非线性及高维模式识别中表现出许多特有的优势。该算法根据有限的样本信息在模型的复杂性和学习能力之间寻求最佳折中，以期获得最佳的泛化能力。

【例 8.7】 线性 SVM 算法。

单相接地特征向量在单相接地故障发生时与正常状态时，其线性 SVM 算法如下。

```
from sklearn.svm import LinearSVC
gf_LinearSVC=LinearSVC(C=10000).fit(X_train,y_train)
plot_decision_regions(X,y,classifier=gf_LinearSVC,test_idx=range(16,22))
plt.xlabel('Drop percentage LinearSVC ')
plt.ylabel('Ascending mutation value')
plt.legend(loc='upper right')
plt.title('One-phase ground ')
plt.show()
gf_new=np.array([[0.590,15.9]])
print("LinearSVC Training set score:{:.2f}".format(gf_LinearSVC.score
(X_train,y_train)))
print("LinearSVC  Test  set  score:{:.2f}".format(gf_LinearSVC.score
(X_test,y_test)))
print("LinearSVC New array Prediction:{}".format(gf_LinearSVC.predict
(gf_new)))
```

线性 SVM 分类曲线如图 8.12 所示。

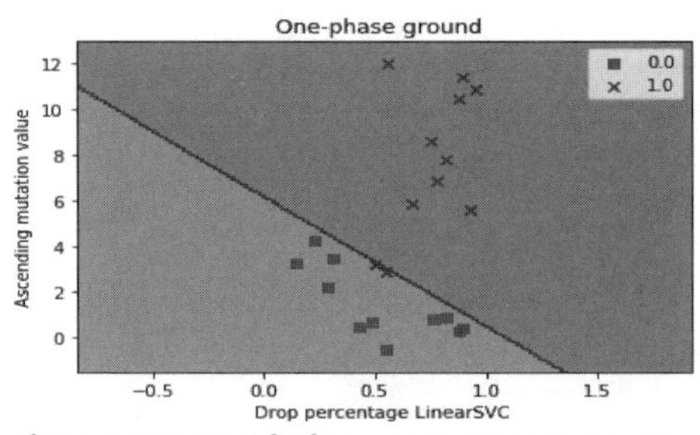


```
LinearSVC Training set score:0.94
LinearSVC Test set score:0.83
LinearSVC New array Prediction:[1.]
```

图 8.12 线性 SVM 分类曲线

从分类曲线看，该算法与 Logistic 回归分类性能相当。线性 SVM 分类还没有能够将两类完全划分出来，有过拟合现象。比线性 SVM 更优异的分类算法还有非线性核—SVM 算法，将在 8.4.1 节中介绍。

8.1.3 两个接地特征的 *k* 近邻分类与回归

1. 两个接地特征的 *k* 近邻分类

前面用到 *k* 近邻算法对接地特征进行回归分析，其效果并不理想。现在还用 *k* 近邻算法，对具有两个接地特征的向量空间进行分类，看看效果如何。

这里用到 KNeighborsClassifier 类，程序如下。

```
import numpy as np
import matplotlib.pyplot as plt
import pandas as pd
from sklearn.model_selection import train_test_split
from sklearn.neighbors import KNeighborsClassifier
from matplotlib.colors import ListedColormap
df1=pd.read_csv('c:\python\ground_feature0.csv')    #it's ok!
data=df1.values
X=data[:,0:2]
y=data[:,2]
X_train,X_test,y_train,y_test=train_test_split(X,y,random_state=10)
def    plot_decision_regions(X,    y,    classifier,    test_idx=None,
resolution=0.02):
    # setup marker generator and color map
    markers = ('s', 'x', 'o', '^', 'v')
    colors = ('red', 'blue', 'lightgreen', 'gray', 'cyan')
    cmap = ListedColormap(colors[:len(np.unique(y))])

    # plot the decision surface
    x1_min, x1_max = X[:, 0].min() - 1, X[:, 0].max() + 1
    x2_min, x2_max = X[:, 1].min() - 1, X[:, 1].max() + 1
    xx1, xx2=np.meshgrid(np.arange(x1_min,x1_max,resolution),np.arange
(x2_min,x2_max,resolution))
    Z = classifier.predict(np.array([xx1.ravel(), xx2.ravel()]).T)
    Z = Z.reshape(xx1.shape)
    plt.contourf(xx1, xx2, Z, alpha=0.4, cmap=cmap)
    plt.xlim(xx1.min(), xx1.max())
    plt.ylim(xx2.min(), xx2.max())
    # plot all sample
```

```
        X_test,y_test=X[test_idx,:],y[test_idx]
        for idx, cl in enumerate(np.unique(y)):
            plt.scatter(x=X[y == cl,0], y=X[y==cl,1],alpha=0.8,c=cmap(idx),
marker=markers[idx],label=cl)
    gf_knn=KNeighborsClassifier(n_neighbors=1)
    gf_knn.fit(X_train,y_train)
    gf_new=np.array([[0.59,1.9]])
    gf_prediction=gf_knn.predict(gf_new)
    plot_decision_regions(X,y,classifier=gf_knn,test_idx=range(16,22))
    plt.xlabel('Drop percentage KNN')
    plt.ylabel('Ascending mutation value')
    plt.legend(loc='upper right')
    plt.show()
    print("KNN New array Prediction:{}".format(gf_knn.predict(gf_new)))
    print("KNN  Training  set  score:{:.2f}".format(gf_knn.score(X_train,
y_train)))
    print("KNN set score:{:.2f}".format(gf_knn.score(X_test,y_test)))
```

k 近邻分类曲线如图 8.13 所示。

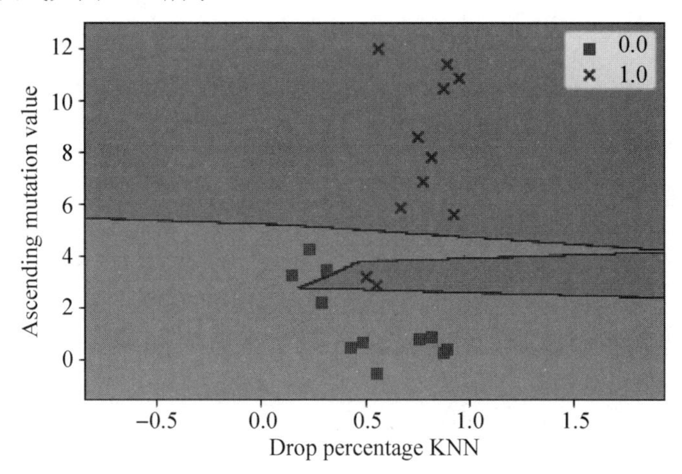

图 8.13　两个接地特征的 k 近邻分类曲线

输出结果如下。

```
KNN New array Prediction:[0.]
KNN Training set score:1.00
KNN set score:1.00
```

从分类曲线来看，该算法把特征向量空间进行了正确分类，该分类曲线是比较复杂的曲线。但该算法对处于临界状态的新向量的识别结果不太理想，即泛化能力较弱。例如，

本例的新向量，实践中应该分类为[1]，但算法却识别为[0.]了，这是因为 k 近邻模型对特征向量的计算方式比较简单所致。

2. 两个接地特征的 k 近邻回归

这里用到 KNeighborsRegressor 类，程序如下。

```
from sklearn.neighbors import KNeighborsRegressor
reg=KNeighborsRegressor(n_neighbors=1)
reg.fit(X_train,y_train)
plot_decision_regions(X,y,classifier=reg,test_idx=range(16,22))
plt.xlabel('Drop percentage KNN_Regressor')
plt.ylabel('Ascending mutation value')
plt.legend(loc='upper right')
plt.show()
print("X_test Prediction:{}".format(reg.predict(X_test)))
print("Test set R^2:{:.2f}".format(reg.score(X_test,y_test)))
#gf_new=np.array([[0.59,1.9]])
print("KNeighborsRegressor New array Prediction:{}".format(reg.predict
(gf_new)))
```

k 近邻回归曲线如图 8.14 所示。

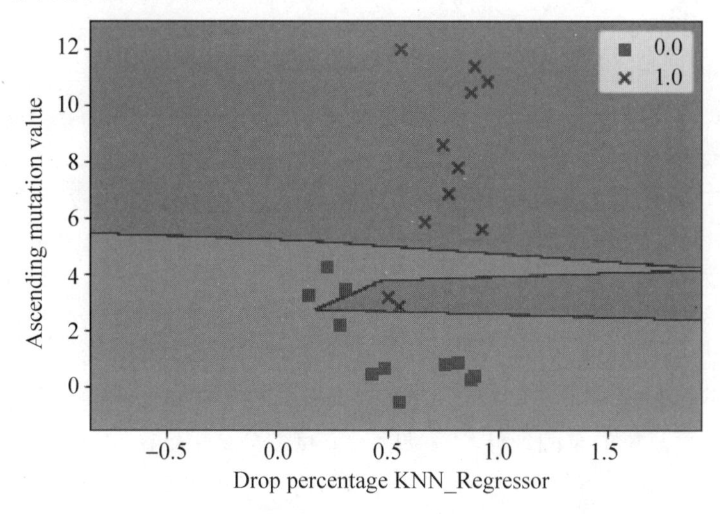

图 8.14　两个接地特征的 k 近邻回归曲线

对比 k 近邻分类和 k 近邻回归对单相接地故障特征向量空间的分类结果，两者性能基本没有改进，但非线性分类曲线把两类特征都分开了。

8.2 决策树和随机森林

8.2.1 决策树

决策树分类符合人们的决策过程，易于理解。早在 20 世纪 60—70 年代，J. Ross Quinlan 就提出了一种旨在减少树的深度的决策算法。后人在其算法基础上对缺值处理、剪枝技术、派生规则等方面做了相应改进，使决策树算法既适合分类又适合回归问题的解决。决策树学习本质上是从训练数据集中归纳出一组分类规则。能对训练数据进行正确分类的决策树可能会有多个，也可能没有。在选择决策树时，应选择一个与训练数据比较吻合的决策树，同时具有良好的泛化能力。单相接地故障分类可以用决策树模型实现。假设所有采集上来的数据都是高精度和高可靠的。那么 10kV 架空线路运行状态划分可以用如图 8.15 所示的决策模型描述线路运行状态。

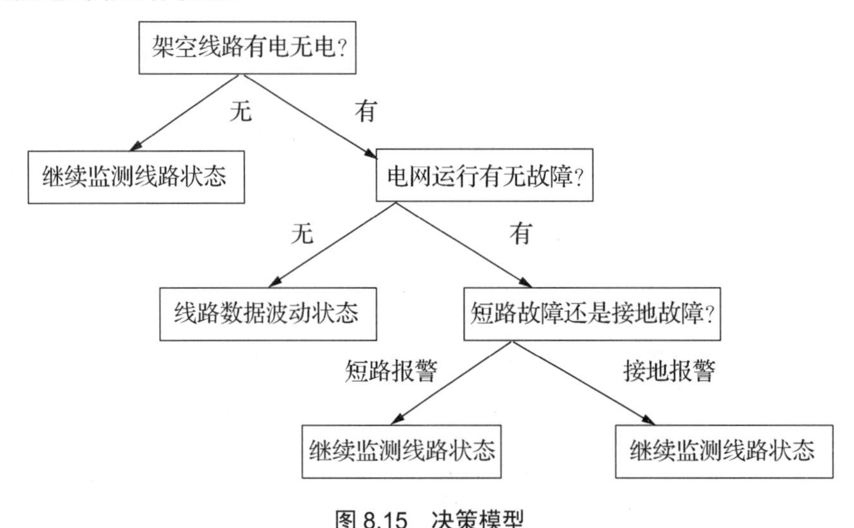

图 8.15 决策模型

图 8.15 所示的决策模型非常符合线路实际运行工作状态的判断，只要能够正确地采集到数据，并构建出线路特征向量，利用决策树模型是一个很好的选择。

可以从根节点开始，采用最大信息熵的特征来对数据进行划分。采用迭代算法，在每个子节点上重复信息熵大小的划分，直到叶子节点划分结束。假设决策树采用二叉树结构实现。

设 k 节点的信息熵定义为

$$L_H(k) = -\sum_{i=1}^{C} p(i|k)\log_2 p(i|k) \tag{8-3}$$

其中，$p(i|k)$ 为 k 节点中，属于类别 C 的样本占有节点 k 中的样本总数的比例。这样，可以定义信息熵增益目标函数为

$$\mathrm{IG}(D_P, F) = I(D_P) - \sum_{j=1}^{m} \frac{N_j}{N_P} I(D_j) \tag{8-4}$$

其中，IG 为信息熵增益；F 为特征向量；D_P 和 D_j 分别为父节点和子节点；N_p 和 N_j 分别为父节点和子节点的样本数量。图 8.15 中某些分支比较容易判断，为了防止过拟合，可以将某些分支去掉，即剪掉分支。

本书编者已经研发出高精度智能数据采集终端，通过该设备采集到的线路电场和电流数据是可靠的，由此所建立的单相接地故障向量空间集也是可信的。可以对此向量空间集建立决策树模型。

单相接地故障特征决策树分类代码如下。

```
"""
Created on Mon Feb  3 18:32:11 2020
@author: gutao
"""
import numpy as np
import matplotlib.pyplot as plt
import pandas as pd
#from sklearn.linear_model import LinearRegression
from sklearn.model_selection import train_test_split
from sklearn.tree import DecisionTreeClassifier
from matplotlib.colors import ListedColormap
df1=pd.read_csv('c:\python\ground_feature0.csv')#it's ok!
data=df1.values
X=data[:,0:2]
y=data[:,2]
X_train,X_test,y_train,y_test=train_test_split(X,y,random_state=10)
gf_tree=DecisionTreeClassifier(criterion='entropy',max_depth=3,rando
m_state=0)
gf_tree.fit(X_train,y_train)
print("Tree Training set score:{:.2f}".format(gf_tree.score(X_train,
y_train)))
print("Tree set score:{:.2f}".format(gf_tree.score(X_test,y_test)))
gf_new=np.array([[0.490,1.1]])    #新特征向量
print("Tree_New array Prediction:{}".format(gf_tree.predict(gf_new)))
def plot_decision_regions(X, y, classifier, test_idx=None,resolution=
0.02):
    # setup marker generator and color map
    markers = ('s', 'x', 'o', '^', 'v')
    colors = ('red', 'blue', 'lightgreen', 'gray', 'cyan')
    cmap = ListedColormap(colors[:len(np.unique(y))])
```

```
        # plot the decision surface
        x1_min, x1_max = X[:, 0].min() - 1, X[:, 0].max() + 1
        x2_min, x2_max = X[:, 1].min() - 1, X[:, 1].max() + 1
        xx1, xx2=np.meshgrid(np.arange(x1_min,x1_max,resolution),np.arange
(x2_min,x2_max,resolution))
        Z = classifier.predict(np.array([xx1.ravel(), xx2.ravel()]).T)
        Z = Z.reshape(xx1.shape)
        plt.contourf(xx1, xx2, Z, alpha=0.4, cmap=cmap)
        plt.xlim(xx1.min(), xx1.max())
        plt.ylim(xx2.min(), xx2.max())
        # plot all sample
        X_test,y_test=X[test_idx,:],y[test_idx]
        for idx, cl in enumerate(np.unique(y)):
           plt.scatter(x=X[y == cl,0], y=X[y==cl,1],alpha=0.8,c=cmap(idx),
marker=markers[idx],label=cl)
    x_combined=np.vstack((X_train,X_test))
    y_combined=np.hstack((y_train,y_test))
    plot_decision_regions(X,y,classifier=gf_tree,test_idx=range(16,22))
    plt.xlabel('Drop percentage')
    plt.ylabel('Ascending mutation value')
    plt.legend(loc='upper right')
    plt.show()
```

决策树分类曲线如图 8.16 所示。这是一条阶梯式分类曲线，完全将样本空间数据进行了正确分类。

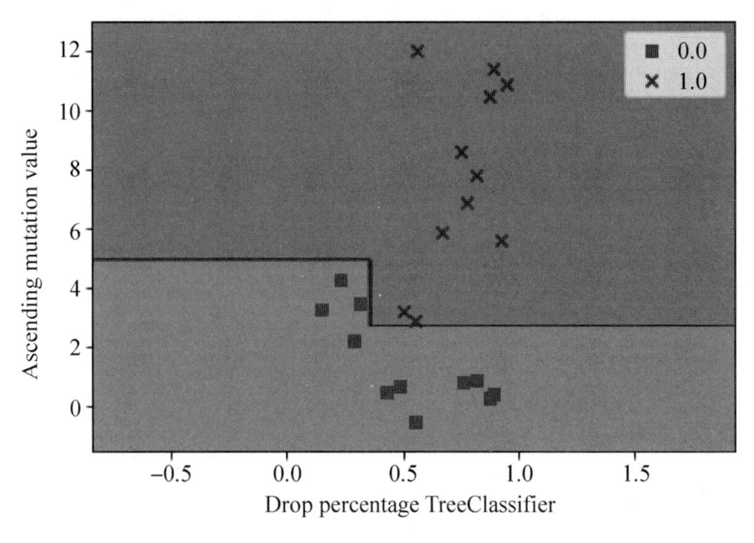

图 8.16　决策树分类曲线

在图 8.16 中，小×(1)代表接地，小方块(0)代表数据波动。由于短路故障可以很容易地判断出来，故而在数据处理过程中，先将此分支剪掉了。

无论是训练集数据还是测试集数据，本算法的得分都是 1，说明该模型比较完美。即输出如下所示。

```
Tree Training set score:1.00
Tree set score:1.00
```

通过对新特征向量识别结果与实验结果对比验证，识别结果准确性接近 95%以上。但问题是，实际采集的数据是变化的，该分类模型比较好，并不意味对所有新数据特征向量的识别效果都好。

图 8.17 所示是分类决策树结构，每个节点具有信息熵等值，请读者自己分析。

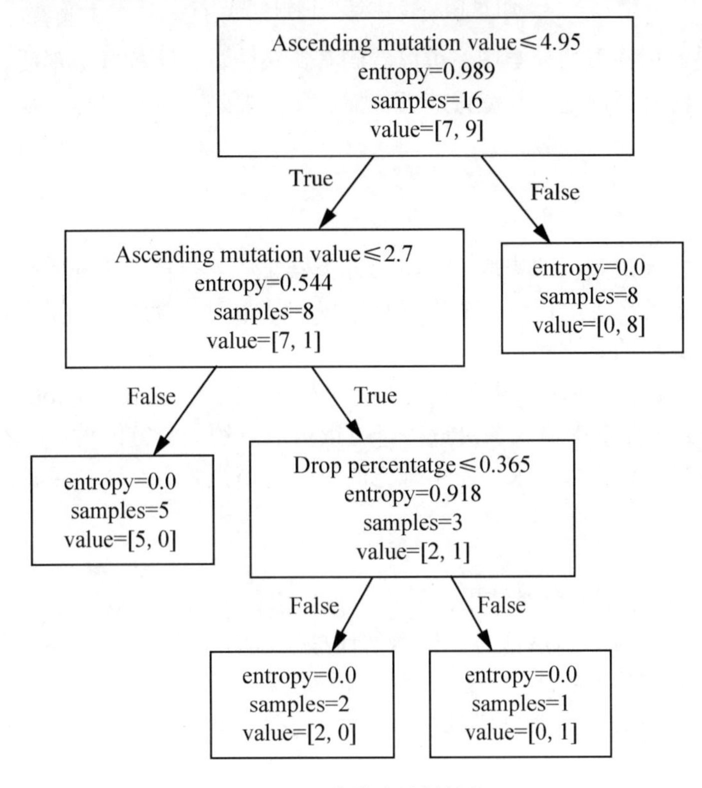

图 8.17　分类决策树结构

图 8.17 可以由下面的操作步骤获得。

(1) 获得 tree.dot 文件。执行以下语句。

```
from sklearn.tree import export_graphviz
export_graphviz(gf_tree,out_file='tree.dot',feature_names=['petal length','petal width'])
```

(2) 从网站下载 graphviz-2.38.zip 安装包。

(3) 图片生成。安装好 graphviz 软件后，进入其 dot.exe 目录，使用命令“c:\>dot -Tpng tree.dot -o tree.png”将 dot 文件转换成图片，其过程如图 8.18 所示。

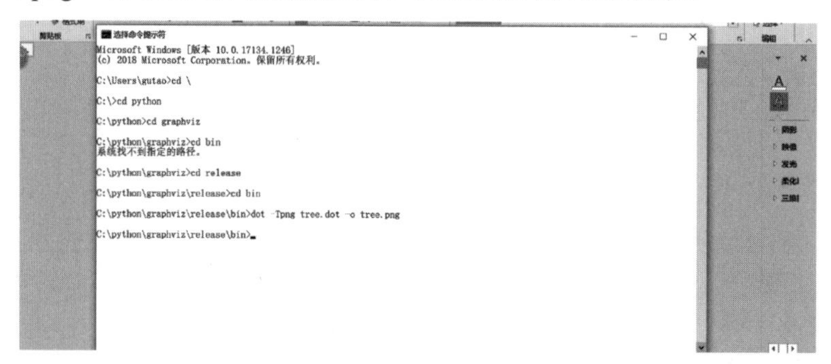

图 8.18　将 dot 文件转换成图片

仔细研究决策树模型的分类图，可以看到其决策边界是阶梯式矩形线。这种对于采集数据是连续变化的特征向量，其泛化能力依然有限。要进一步提高分类能力，可以用随机森林算法模型。

8.2.2　随机森林

随机森林是多棵决策树的集成，是将弱分类器集成为鲁棒性更强的强分类器模型，其泛化能力更强，不易产生过拟合。随机森林中树的棵数对分类结果有很大影响，使用时要注意。随机森林算法的基本思路如下。

(1) 在训练数据集中随机可重复地选择 n 个样本，选择方法使用 bootstrap 自展法抽样。

(2) 用选择出的样本构建一棵决策树。决策树节点的划分方法为：①不重复随机选择 k 个特征；②根据目标函数要求，使用选定的特征对节点划分。这里目标函数采用最大化信息增益实现。

(3) 重复上述过程 1～2000 次。

(4) 汇总每棵决策树的分类结果，采用多数投票分类器完成最后分类。

上面所述的 bootstrap 自展法是小样本估计总体值的一种非参数方法，在接地样本空间较小的时候，是非常有效的。

单相接地故障分类随机森林算法的代码如下，这里主要用到 RandomForestClassifier 模块。

```
    from sklearn.ensemble import RandomForestClassifier
    gf_forest=RandomForestClassifier(criterion='entropy',n_estimators=10,
random_state=1,n_jobs=2)
    gf_forest.fit(X_train,y_train)
    plot_decision_regions(X,y,classifier=gf_forest,test_idx=range(16,22))
    plt.xlabel('Drop percentage RandomForestClassifier')
    plt.ylabel('Ascending mutation value')
    plt.legend(loc='upper right')
```

```
plt.show()
print("RandomForestClassifier  Training  set  score:{:.2f}".format(gf_
forest.score(X_train,y_train)))
print("RandomForestClassifier   Test   set   score:{:.2f}".format(gf_
forest.score(X_test,y_test)))
print("RandomForestClassifier  New  array  Prediction:{}".format(gf_
forest.predict(gf_new)))
```

程序运行后，其分类曲线如图 8.19 所示。分类界面近似由两条互相垂直的直线构成。显然，读者可以看出在这种情况下的分类曲线，对新特征向量的分类具有更强的泛化能力。

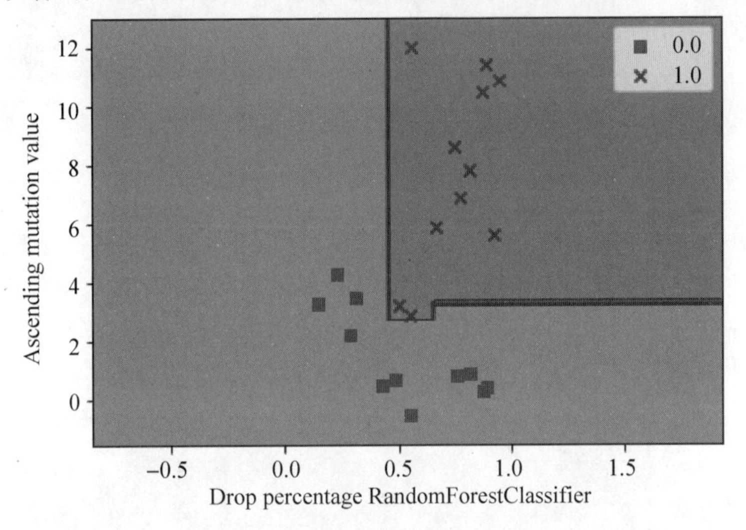

图 8.19　随机森林分类曲线(10 棵树)

10 棵树情况下的训练数据集与测试数据集得分分别如下。

```
RandomForestClassifier Training set score:1.00
RandomForestClassifier Test set score:1.00
```

新特征向量分类识别结果符合预期，预测如下。

```
RandomForestClassifier New array Prediction:[0.]
```

取 10 棵树时的分类决策边界比较理想，对新样本识别可以达到 98%以上的准确率。随机森林算法中树的棵数取多少，会直接影响决策分类曲线形状。树的棵数取多少这个问题很重要，不是棵数越多越好。图 8.19 所示是 10 棵树时的分类曲线，图 8.20 所示是 1000 棵树时的分类曲线。

对比分类曲线，可见取 1000 棵树时的分类性能与图 8.16 单棵决策树分类性能几乎一样，并没有性能上的提高。

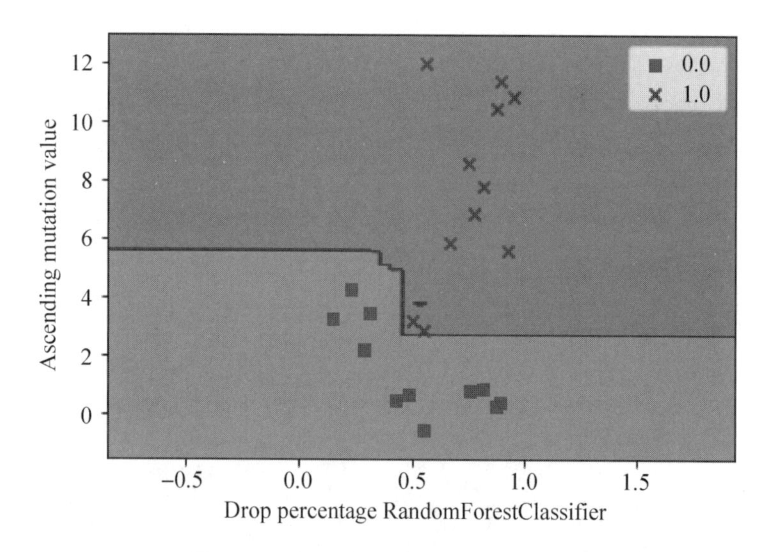

图 8.20　随机森林分类曲线(1000 棵树)

为了说明树的棵数多少直接影响分类曲线形状，这里进一步取树的棵树为 500 进行说明。图 8.21 所示是 500 棵树时的决策分类曲线，可见 500 棵树的随机森林决策分类曲线，与 10 棵树的决策分类曲线接近，性能上并没有显著提高。从计算量上考量，5～15 棵树对小样本空间效果最佳。

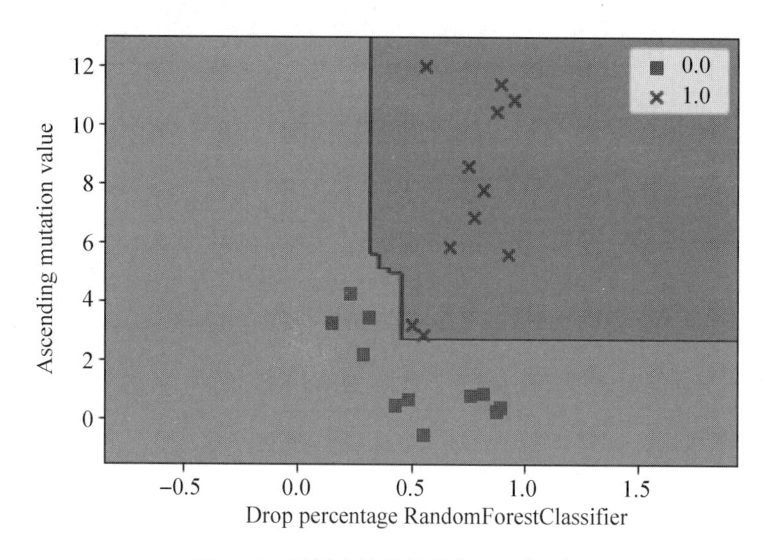

图 8.21　随机森林分类曲线(500 棵树)

另一个较好的分类方法可以采用神经网络算法，使决策边界为曲线，其决策分类曲线比较接近随机森林决策分类曲线，下一节将学习这种分类算法。

8.3　神经网络分类

8.3.1　神经网络算法

人工神经元是一个多输入/多输出的非线性信息处理单元，是对生物神经元的简化和模拟。现在数学上已经证明，人工神经元的输出值可以以任意精度值逼近输入值。这就为神经网络的应用奠定了坚实的数学基础。图 8.22 所示为人工神经元模型。

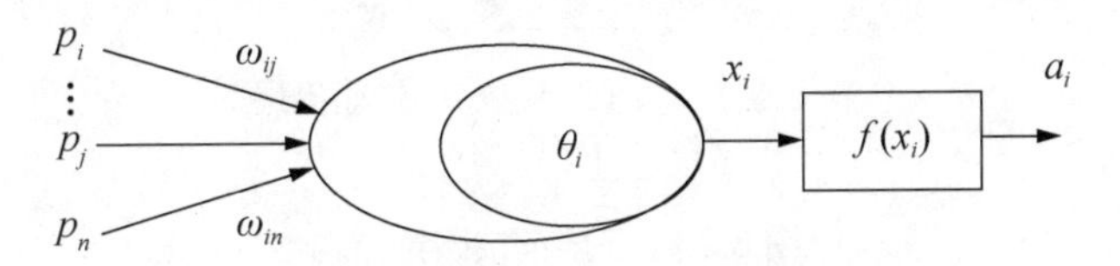

图 8.22　人工神经元模型

图 8.22 中，a_i 为神经元 i 的输出，它可与其他多个神经元通过权值连接；

p_j 为与神经元 i 连接的神经元 j 的输出，也是 i 的输入；

ω_{ij} 为神经元 j 至 i 的连接权值；

θ_i 为神经元 i 的阈值；

$f(x_i)$为非线性激发函数。

神经元 i 的输出 a_i 可用以下公式描述。

$$a_i = f\left(\sum_{j=1}^{n}\omega_{ij}\ p_j - \theta_i\right),\ i \neq j \tag{8-5}$$

设

$$x_i = \sum_{j=1}^{n}\omega_{ij}\ p_j - \theta_i \tag{8-6}$$

则

$$a_i = f(x_i) \tag{8-7}$$

每一个神经元的输出，为 0 或 1，分别表示“抑制”或“兴奋”状态。当神经元 i 的输入加权和超过阈值时，输出为 1，即“兴奋”状态；反之，输出为 0，即“抑制”状态。

若把阈值也作为一个权值，则式(8-7)可改写为

$$a_i = f\left(\sum_{j=0}^{n}\omega_{ij}\ p_j\right) \tag{8-8}$$

式中，$\omega_{i0} = -\theta_i$，$p_0=1$。

神经元模型是人工神经元模型的基础，也是人工神经网络理论的基础。

8.3.2　多层前馈网络结构

1986 年，Rumelhart 和 McClelland 提出误差反向传播(Back Propagation，BP)神经网络

概念，这是一种按照误差逆向传播算法训练的多层前馈神经网络，是目前应用最广泛的神经网络。多层前馈网络结构如图 8.23 所示。设 $\boldsymbol{p}$、$\boldsymbol{a}$ 是网络的输入、输出向量，每一神经元用一个节点表示，网络由输入层、隐层(可多层)、输出层节点组成，前层至后层节点通过权连接。由于该神经网络用 BP 学习算法，所以常又被称为 BP 神经网络。

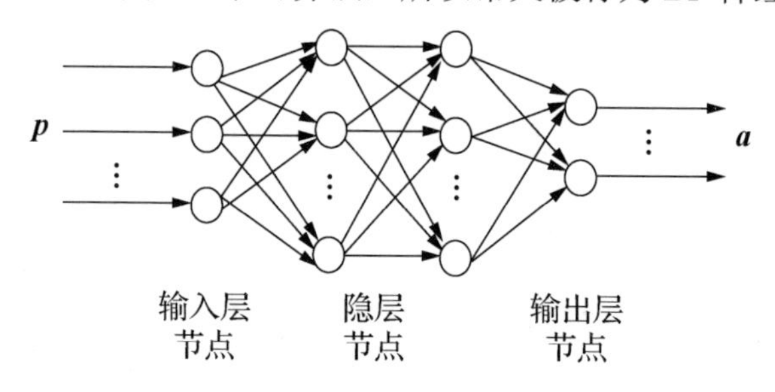

图 8.23　多层前馈网络结构

8.3.3　BP 学习算法

已知导师信号(输入/输出样本空间)，BP 学习算法由正向传播和反向传播组成。正向传播是输入信号从输入层经隐层传向输出层的过程，若输出层得到了期望的输出，则学习算法结束；否则，转至反向传播。反向传播就是将误差信号(样本输出与网络输出之差)按原连接通路反向回传计算，并按误差函数的负梯度方向，由梯度下降法调整各层神经元的权值和阈值，使误差信号减少。因此，BP 学习算法是一种以梯度法为基础的搜索算法，在算法实现上，充分体现出了神经网络并行处理的特点。BP 学习算法的步骤如下。

(1) 设置初始权系数 $W(0)$为较小的随机非零值。

(2) 给定输入/输出样本空间，计算网络的输出。

设第 k 组样本的输入、输出分别为

$$\boldsymbol{P}_k=(p_{1k},p_{2k},\cdots,p_{nk})$$

$$\boldsymbol{d}_k=(d_{1k},d_{2k},\cdots,d_{qk}),\quad k=1,2,\cdots,L$$

节点 i 在第 k 组样本输入时，输出为

$$\boldsymbol{a}_{ik}(t)=f[x_{ik}(t)]=f[\sum_j \omega_{ij}(t)I_{jk}] \tag{8-9}$$

式中，I_{jk} 为在第 k 组样本输入时，节点 i 的第 j 个输入。$F(\bullet)$取可微分的 S 型激发函数，如

$$f(x)=\frac{1}{1+\exp(-x)} \tag{8-10}$$

可由输入层经隐层传至输出层，求得网络输出层节点的输出。

(3) 计算网络的目标函数 $\boldsymbol{J}$。设 $\boldsymbol{E}_k$ 为在第 k 组样本输入时网络的目标函数，取 L_2 范数，则

$$\boldsymbol{E}_k(t)=\frac{1}{2}\|\boldsymbol{d}_k-\boldsymbol{a}_k\|_2^2=\frac{1}{2}\sum_q[\boldsymbol{d}_{qk}-\boldsymbol{a}_{qk}(t)]^2=\frac{1}{2}\sum_q e_{qk}{}^2(t) \tag{8-11}$$

式中，$\boldsymbol{a}_{qk}(t)$为在第 k 组样本输入时，经 t 次权值调整，网络的输出。q 是输出层第 q 个节

点(神经元)。

网络的总目标函数为

$$J(t)=\sum_{k}E_k(t) \tag{8-12}$$

作为对网络学习的状况的评价。

(4) 判断。若

$$J(t)\leqslant\varepsilon \tag{8-13}$$

则算法结束；否则，转到步骤(5)。式中ε为预先确定的大于零的数。

(5) 反向传播计算。由输出层，依据 $\boldsymbol{J}$，按梯度下降法反向计算，逐层调整权值。取步长为常数，可得到神经元 j 到神经元 i 的连接权 t+1 次调整算式。

$$w_{ij}(t+1)=w_{ij}(t)-\eta\frac{\partial \boldsymbol{J}(t)}{\partial w_{ij}(t)}=w_{ij}(t)-\eta\sum_{k}\frac{\partial E_k(t)}{\partial w_{ij}(t)}=w_{ij}(t)+\Delta w_{ij}(t) \tag{8-14}$$

式中，η为步长，即学习算子。可以证明，当η<2 时，能保证学习误差收敛。具体算法如下。

$$\frac{\partial E_k(t)}{\partial w_{ij}(t)}=\frac{\partial E_k(t)}{\partial x_{ik}(t)}\cdot\frac{\partial x_{ik}(t)}{\partial w_{ij}(t)} \tag{8-15}$$

设

$$\frac{\partial E_k(t)}{\partial x_{ik}(t)}=\delta_{ik},\frac{\partial x_{ik}(t)}{\partial w_{ij}(t)}=I_{jk} \tag{8-16}$$

式中，δ_{ik} 为第 i 个节点的状态 x_{ik} 对 $\boldsymbol{E}_k$ 的灵敏度(第 k 组样本输入时)。则有

$$\frac{\partial E_k(t)}{\partial w_{ij}(t)}=\delta_{ik}I_{jk} \tag{8-17}$$

可分以下两种情况计算 δ_{ik} 。

① 若 i 为输出节点，即 i=q，在输出层上。

由式(8-15)和式(8-16)，可得

$$\delta_{ik}=\delta_{qk}=\frac{\partial E_k(t)}{\partial x_{qk}(t)}=\frac{\partial E_k(t)}{\partial a_{qk}(t)}\cdot\frac{\partial a_{qk}(t)}{\partial x_{qk}(t)}=-e_{qk}f'(x_{qk}) \tag{8-18}$$

将式(8-18)代入式(8-17)中，有

$$\frac{\partial E_k(t)}{\partial w_{ij}(t)}=-e_{qk}f'(x_{qk})I_{jk} \tag{8-19}$$

② 若 i 不是输出节点，即 $i\neq q$，不在输出层上。

则有

$$\delta_{ik}=\frac{\partial E_k(t)}{\partial x_{ik}(t)}=\frac{\partial E_k(t)}{\partial a_{ik}(t)}\cdot\frac{\partial a_{ik}(t)}{\partial x_{ik}(t)}=\frac{\partial E_k(t)}{\partial a_{ik}(t)}f'(x_{ik}) \tag{8-20}$$

其中

$$\frac{\partial E_k(t)}{\partial a_{ik}(t)}=\sum_{m}\frac{\partial E_k(t)}{\partial x_{mk}(t)}\cdot\frac{\partial x_{mk}(t)}{\partial a_{ik}(t)}=\sum_{m}\frac{\partial E_k(t)}{\partial x_{mk}(t)}\cdot\frac{\partial}{\partial a_{ik}(t)}\sum_{j}w_{mj}I^{*}_{jk}=\sum_{m}\frac{\partial E_k(t)}{\partial x_{mk}(t)}w_{mi}=\sum_{m}\delta_{mk}w_{mi} \tag{8-21}$$

式中，m 为节点 i 后边一层的第 m 个节点。

I^*_{jk}为节点 m 的第 j 个输入(第 k 组样本输入时)，当 i=j 时，$a_{ik}=I^*_{jk}$。

将式(8-19)和式(8-20)代入式(8-17)，有

$$\frac{\partial E_k(t)}{\partial w_{ij}(t)}=f'(x_{ik})I_{jk}\sum_m \delta_{mk}w_{mi} \tag{8-22}$$

可见，由式(8-13)、式(8-16)，即可以对式(8-14)的权值进行调整计算。

为加快算法收敛速度，改进的 BP 学习算法是在式(8-14)中加入动量因子 a，有

$$w_{ij}(t+1)=w_{ij}(t)-\eta\frac{\partial J(t)}{\partial w_{ij}(t)}+\alpha[w_{ij}(t)-w_{ij}(t-1)] \tag{8-23}$$

式中，$\alpha\in(0,1)$，同时为避免学习过程产生振荡，其取值原则为

$$\alpha=\begin{cases}\alpha(\Delta E<0)\\0(\Delta E>0)\end{cases} \tag{8-24}$$

基于终端吸引子的改进的全局寻优自适应快速 BP 学习算法解决了基于梯度算法不能保证是全局最优的问题。

8.3.4 单相接地神经网络分类

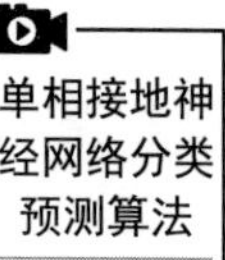
单相接地神经网络分类预测算法
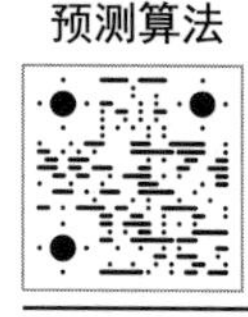

单相接地故障特征向量与正常特征向量之间也可以通过神经网络算法进行分类和预测。

单相接地故障神经网络分类与预测算法如下。

```
import numpy as np
import matplotlib.pyplot as plt
import pandas as pd
from sklearn.model_selection import train_test_split
from matplotlib.colors import ListedColormap
from sklearn.neural_network import MLPClassifier#neural network
df1=pd.read_csv('c:\python\ground_feature0.csv')#it's ok!
data=df1.values
X=data[:,0:2]
y=data[:,2]
X_train,X_test,y_train,y_test=train_test_split(X,y,random_state=10)
def plot_decision_regions(X, y, classifier, test_idx=None,resolution=
0.02):
    # setup marker generator and color map
    markers = ('s', 'x', 'o', '^', 'v')
    colors = ('red', 'blue', 'lightgreen', 'gray', 'cyan')
    cmap = ListedColormap(colors[:len(np.unique(y))])

    # plot the decision surface
    x1_min, x1_max = X[:, 0].min() - 1, X[:, 0].max() + 1
```

```
        x2_min, x2_max = X[:, 1].min() - 1, X[:, 1].max() + 1
        xx1,xx2=np.meshgrid(np.arange(x1_min,x1_max,resolution),np.arange
(x2_min,x2_max, resolution))
        Z = classifier.predict(np.array([xx1.ravel(), xx2.ravel()]).T)
        Z = Z.reshape(xx1.shape)
        plt.contourf(xx1, xx2, Z, alpha=0.4, cmap=cmap)
        plt.xlim(xx1.min(), xx1.max())
        plt.ylim(xx2.min(), xx2.max())
        # plot all sample
        X_test,y_test=X[test_idx,:],y[test_idx]
        for idx, cl in enumerate(np.unique(y)):
            plt.scatter(x=X[y == cl,0],y=X[y==cl, 1],alpha=0.8,c=cmap(idx),
marker=markers[idx], label=cl)
    gf_mlp=MLPClassifier(solver='lbfgs',random_state=0,hidden_layer_size
s=[100]).fit(X_train,y_train)#100
    plot_decision_regions(X,y,classifier=gf_mlp,test_idx=range(16,22))
    plt.xlabel('Drop percentage hidden_layer_sizes=[100]')
    plt.ylabel('Ascending mutation value')
    plt.legend(loc='upper right')
    plt.show()
    gf_new=np.array([[0.590,1.9]])    #非测试集中新特征
    print("Neural network New array Prediction:{}".format(gf_mlp.predict
(gf_new)))
    print("Neural network Training set score:{:.2f}".format(gf_mlp.score
(X_train,y_train)))
    print("Neural network set score:{:.2f}".format(gf_mlp.score(X_test,
y_test)))
```

程序运行结果如图 8.24 所示。新向量识别结果符合预期要求，训练数据集和测试数据集得分为 1，与实验验证对比，识别率大于 92%，说明模型泛化能力突出。

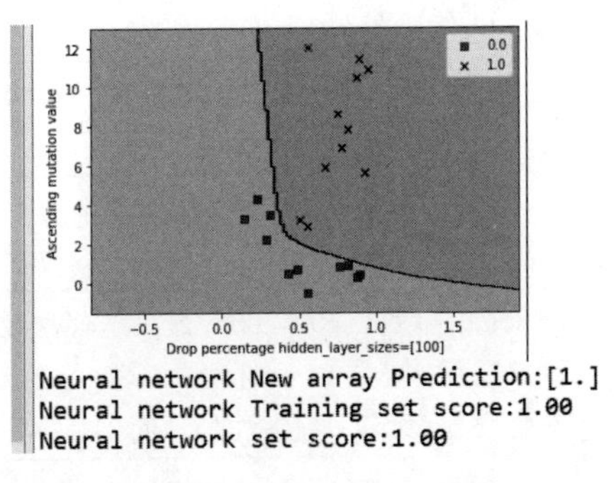

图 8.24　神经网络分类曲线

总之，神经网络算法分类界面为弧形曲线，把已有样本空间样本完全进行了正确分类，性能接近随机森林算法性能。

8.3.5 神经网络分类器主要参数

为了能够正确使用神经网络模型，需要对训练模型参数有所了解。MLPClassifier 分类器主要参数如表 8.1 所示，读者可以在使用模型时对照此表查找参考。

表 8.1 MLPClassifier 分类器主要参数

参数	说明
hidden_layer_sizes	tuple 型，length = n_layers - 2，默认值为(100)。第 *i* 个元素表示第 *i* 个隐藏层中的神经元数量
激活	{'identity'，'logistic'，'tanh'，'relu'}，默认值为'relu'。隐藏层的激活函数。'identity'是无操作激活，对实现线性瓶颈很有用，返回 f(x)= x；'logistic'是 logistic sigmoid 函数，返回 f(x)= 1 /(1 + exp(-x))；'tanh'是双曲 tan 函数，返回 f(x)= tanh(x)；'relu'是整流后的线性单位函数，返回 f(x)= max(0,x)
slover	{'lbfgs'，'sgd'，'adam'}，默认值为'adam'。权重优化的求解器。'lbfgs'是准牛顿方法族的优化器；'sgd'是随机梯度下降；'adam'是由 Kingma，Diederik 和 Jimmy Ba 提出的基于随机梯度的优化器。注意，默认解算器'adam'在相对较大的数据集(包含数千个训练样本或更多)方面，在训练时间和验证分数方面都能很好地工作。但是，对于小型数据集，'lbfgs'可以更快地收敛并且表现更好
alpha	float 型，可选，默认值为 0.0001。L2 惩罚(正则化项)参数
batch_size	int 型，optional，默认值为'auto'。随机优化器的 minibatch 的大小。如果 slover 参数设置为'lbfgs'，则分类器将不使用 minibatch。设置为'auto'时，batch_size = min(200，n_samples)
learning_rate	{'常数','invscaling','自适应'}，默认值为'常数'。用于权重更新。仅在 solver ='sgd'时使用。'constant'是'learning_rate_init'给出的恒定学习率；'invscaling'使用'power_t'的逆缩放指数在每个时间步't'逐渐降低学习速率 learning_rate_，effective_learning_rate = learning_rate_init / pow(t,power_t)；只要训练损失不断减少，adaptive 将学习速率保持为 learning_rate_init。每当两个连续的时期未能将训练损失减少至少 tol，或者如果'early_stopping'开启则未能将验证分数增加至少 tol，则将当前学习速率除以 5
learning_rate_init	double 型，可选，默认值为 0.001。使用初始学习率。它控制更新权重的步长。仅在 solver ='sgd'或'adam'时使用
power_t	double 型，可选，默认值为 0.5。反缩放学习率的指数。当 learning_rate 设置为'invscaling'时，它用于更新有效学习率。仅在 solver ='sgd'时使用
max_iter	int 型，optional，默认值为 200。最大迭代次数。solver 迭代直到收敛(由'tol'确定)或这个迭代次数。对于随机解算器('sgd', 'adam')，需注意，这决定了时期的数量(每个数据点的使用次数)，而不是梯度步数

续表

参数	说明
random_state	int 型、RandomState 实例或 None，可选，默认无随机数生成器的状态或种子。如果是 int 型，则 random_state 是随机数生成器使用的种子；如果是 RandomState 实例，则 random_state 是随机数生成器；如果为 None，则随机数生成器是 np.random 使用的 RandomState 实例
tol	float 型，optional，默认值为 1e-4。优化的容忍度，容差优化。当 n_iter_no_change 连续迭代的损失或分数没有提高至少 tol 时，除非将 learning_rate 参数设置为 'adaptive'，否则认为会达到收敛并且训练停止
verbose	bool 型，可选，默认值为 False。是否将进度消息输出到 stdout
warm_start	bool 型，可选，默认值为 False。设置为 True 时，重用上一次调用的解决方案以适合初始化，否则，只需擦除以前的解决方案
momentum	float 型，默认值为 0.9。梯度下降更新的动量。值应该在 0 和 1 之间。仅在 solver ='sgd'时使用
nesterovs_momentum	bool 型，默认值为 True。是否使用 Nesterov 动量。仅在 solver ='sgd'和 momentum> 0 时使用
early_stopping	bool 型，默认值为 False。当验证分数没有改善时，是否使用提前停止来终止训练。如果设置为 True，它将自动留出 10%的训练数据作为验证，并在验证分数没有改善至少为 n_iter_no_change 连续时期的 tol 时终止训练。仅在 solver= 'sgd'或'adam'时有效
validation_fraction	float 型，optional，默认值为 0.1。将训练数据的比例留作早期停止的验证集。值必须介于 0 和 1 之间。仅在 early_stopping 为 True 时使用
beta_1	float 型，optional，默认值为 0.9。估计一阶矩向量的指数衰减率应为[0,1)。仅在 solver ='adam'时使用
beta_2	float 型，可选，默认值为 0.999。估计一阶矩向量的指数衰减率应为[0,1)。仅在 solver ='adam'时使用
epsilon	float 型，optional，默认值为 1e-8。adam 稳定性的价值。仅在 solver ='adam'时使用
n_iter_no_change	int 型，optional，默认值为 10。不符合改进的最大历元数。仅在 solver ='sgd'或'adam'时有效
shuffle	bool 型，可选，默认值为 True。仅在 solver ='sgd'或'adam'时使用。是否在每次迭代中对样本进行洗牌

在单相接地故障判断上，比较随机森林算法和神经网络分类器决策面曲线形状和实际实验结果，实际上随机森林算法泛化能力更强。

8.4 集成学习

8.4.1 核—SVM 算法

核—SVM 算法其非线性分类基本思路是，通过映射函数将样本的原始特征映射到一个更高维空间中。在更高维空间中，新样本空间线性可分。

常用的核有径向基函数核(高斯核)，其本质上的作用是度量两个样本之间的相似性，当两个样本完全一样时，其值为 1，完全相异时，其值为 0。核函数如下。

$$k(\boldsymbol{X}^{(i)}, \boldsymbol{X}^{(j)}) = \exp\left(-\frac{\left\|\boldsymbol{X}^{(i)} - \boldsymbol{X}^{(j)}\right\|}{2\sigma^2}\right) \tag{8-25}$$

令 $\gamma = \frac{1}{2\delta^2}$，将其称为自由参数。实际训练时，该参数取值对分类结果影响很大，需要根据实际情况优化。

单相接地故障分类核—SVM 算法如下。读者若要单独运行此程序，需要补充相关包的导入并使用之。

```
from sklearn.svm import SVC
#gamma C 参数影响大，训练时要根据情况处理
gf_svm=SVC(kernel='rbf',random_state=0,gamma=0.10,C=100.0)
gf_svm.fit(X_train,y_train)
plot_decision_regions(X,y,classifier=gf_svm,test_idx=range(16,22))
plt.xlabel('Drop percentage kernel_svm Classifier')
plt.ylabel('Ascending mutation value')
plt.legend(loc='upper right')
plt.title('One-phase ground ')
plt.show()
print("kernel_svm Classifier Training set score:{:.2f}".format(gf_svm.
score(X_train,y_train)))
print("kernel_svm Classifier Test set score:{:.2f}".format(gf_svm.
score(X_test,y_test)))
print("kernel_svm Classifier New array Prediction:{}".format(gf_svm.
predict(gf_new)))
```

图 8.25 所示是核—SVM 单相接地分类曲线。

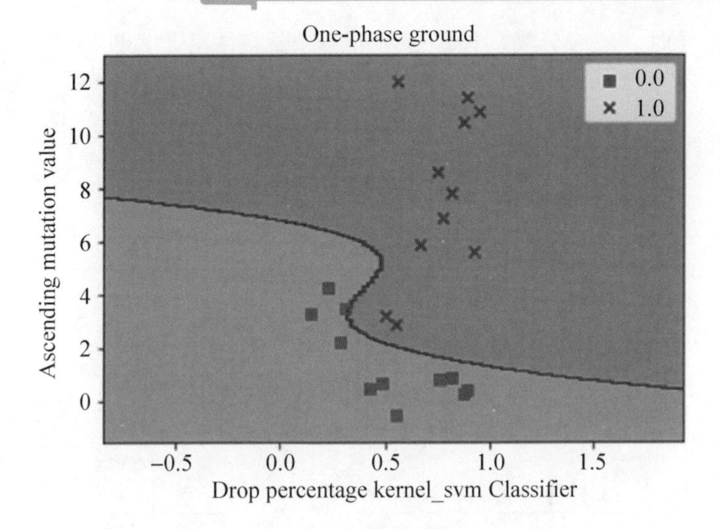

图 8.25　核—SVM 单相接地分类曲线

该模型得分和对新向量识别结果如下。

```
kernel_svm Classifier Training set score:1.00
kernel_svm Classifier Test set score:1.00
kernel_svm Classifier New array Prediction:[0.]
```

由结果可见，该模型的分类曲线接近前面介绍的决策树的分类曲线，在接地故障判断中，实际泛化能力弱于神经网络算法但优于线性 SVM 分类算法。

8.4.2　集成学习算法

集成学习的思路是将不同分类器组合成一个元分类器，利用多数投票原则对单个分类器的类标进行最后预测分类，将得票率最高的类选出。设整个样本空间可以划分为 $c_1, c_2, \cdots, c_n$，可用式(8-26)表示。

$$\hat{y} = \text{mode}\left\{c_1(x), c_2(x), \cdots, c_n(x)\right\} \tag{8-26}$$

基于加权和使用类别概率的多数投票器可以用式(8-27)表示。

$$\hat{y} = \arg\max_{i} \sum_{j=1}^{n} w_j p_{ij} \tag{8-27}$$

p_{ij} 指第 j 个分类器预测样本类别 i 的概率。

从概率论上讲，可以推出集成分类器出错概率要小于每个分类器出错概率。假设两类分类的集成学习中，有 n 个成员分类器，其互相独立，出错概率互不相关，都为ε。则集成分类器的出错概率为

$$P(y \geqslant k) = \sum_{k}^{n} \left\langle \begin{matrix} n \\ k \end{matrix} \right\rangle \varepsilon^k (1-\varepsilon)^{n-k} \tag{8-28}$$

单相接地故障分类集成学习的基本思路如图 8.26 所示。对于集成学习分类器，在其中每个分类器的性能都不好的情况下，集成后的分类器会好于原来单个分类器性能。但当单

个分类器性能优异时，集成分类器性能并不能超越最好的分类器性能。

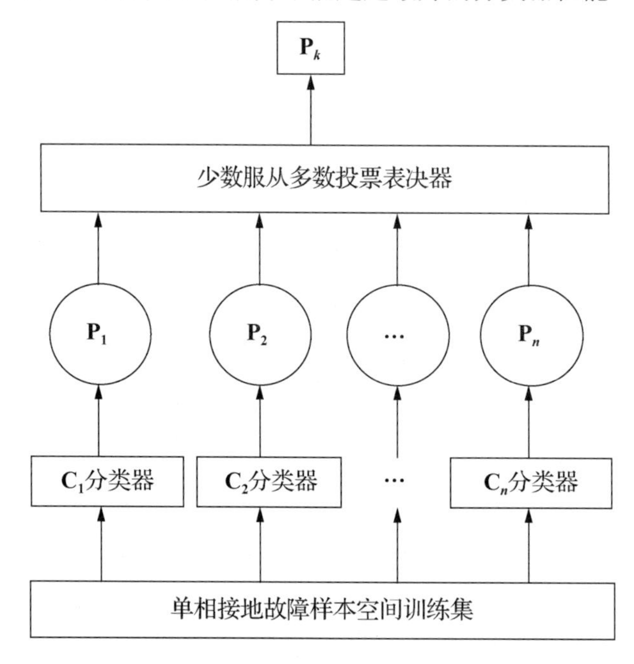

图 8.26 集成学习的基本思路

单相接地故障集成分类器算法如下。

```
from sklearn.model_selection import cross_val_score
from sklearn.ensemble import VotingClassifier
clf_labels=['Random Forest','Neural Network','Kernel-SVM']
gf_voting=VotingClassifier([('gf_forest',RandomForestClassifier(n_estimators=10)),('gf_mlp',MLPClassifier(solver='lbfgs',random_state=0,hidden_layer_sizes=[100])),('gf_svm',SVC(kernel='rbf',random_state=0,gamma=0.10,C=100.0,probability=True))],voting='soft')
clf_labels+=['Majority Voting']
all_clf=[gf_forest,gf_mlp,gf_svm,gf_voting]
for clf,label in zip(all_clf,clf_labels):
    scores=cross_val_score(estimator=clf,X=X_train,y=y_train,cv=5,scoring='roc_auc')
    print("Diffent  Accuracy:%0.2f(+/-%0.2f)[%s]"  %(scores.mean(),scores.std(),label))
#对于高性能分类器，组合后，性能不低于最低的分类器
gf_voting.fit(X_train,y_train)
print(gf_voting.predict(gf_new))
plot_decision_regions(X,y,classifier=gf_voting,test_idx=range(16,22))
plt.xlabel('Drop percentage Voting Classifier')
```

```
    plt.ylabel('Ascending mutation value')
    plt.legend(loc='upper right')
    plt.title('One-phase ground ')
    plt.show()
    print("Voting Classifier Training set score:{:.2f}".format(gf_voting.
score(X_train,y_train)))
    print("Voting Classifier Test set score:{:.2f}".format(gf_voting.
score(X_test,y_test)))
    print("Voting Classifier New array Prediction:{}".format(gf_voting.
predict(gf_new)))
```

集成分类曲线如图 8.27 所示。

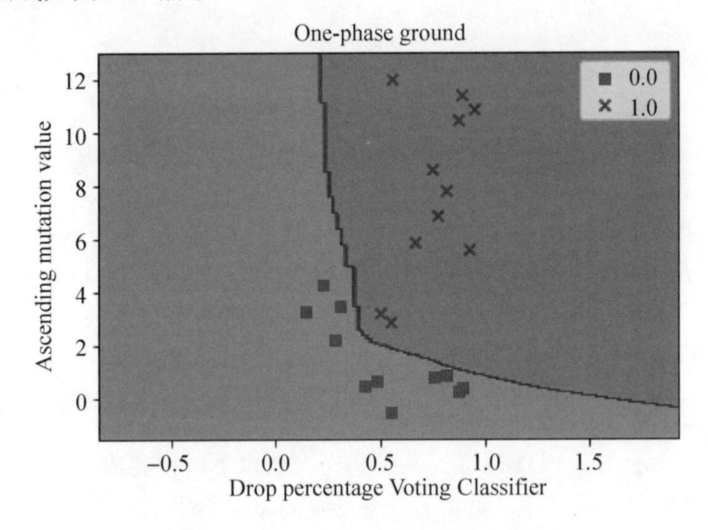

图 8.27　单相接地故障集成分类曲线

集成分类器训练数据集和测试数据集得分如下。

```
Voting Classifier Training set score:1.00
Voting Classifier Test set score:1.00
```

对新向量的识别符合预期结果。

```
Voting Classifier New array Prediction:[1.]
```

本集成学习集成了随机森林、神经网络和核—SVM 算法。在采用 5 交叉验证学习后，其分类性能如下。

```
Diffent Accuracy:0.90(+/-0.20)[Random Forest]
Diffent Accuracy:1.00(+/-0.00)[Neural Network]
Diffent Accuracy:0.90(+/-0.20)[Kernel-SVM]
Diffent Accuracy:0.90(+/-0.20)[Majority Voting]
```

由集成分类曲线可见，此分类器性能与神经网络分类性能接近。由于随机森林和核—SVM拉低了交叉验证分数，集成分类器总体得分并没有提高，反而被拖累了性能指标。

8.4.3 弱学习机分类器算法

自适应提升迭代算法(Adaptive Boosting，AdaBoost)，其核心思想是针对同一个训练数据集训练不同的分类器(弱分类器)，然后把这些弱分类器集合起来，构成一个更强的最终分类器(强分类器)。

在分类器性能比较低的情况下，弱学习分类提供了一个比较好的解决方案。通过提升方法(Boosting)可以提高弱学习机分类器性能。

Boosting 的基本思路如下。

(1) 从训练数据集 S 中以无放回抽样方式随机抽取一个训练子集 S_1，用于弱学习机分类器 C_1 的训练。

(2) 从训练数据集 S 中以无放回抽样方式随机抽取第二个训练子集 S_2，同时将 C_1 误分类样本的一半加入训练数据集中，训练得到弱学习机分类器 C_2。

(3) 再从训练数据集 S 中抽取 C_1 和 C_2 分类不一致的样本，构成训练子集 S_3，用于训练弱学习机分类器 C_3。

(4) 通过多数投票规则组合 C_1、C_2、C_3 分类器。

改进的自适应 Boosting 算法，采用整个训练数据集训练弱学习机分类器。在上一次弱学习基础上，训练样本重新修订权重，再进行下一次训练。如此反复，直至达到训练目标。具体过程描述如下。

(1) 给权重向量 $\boldsymbol{w}$ 赋予均值，且 $\sum_i w_i = 1$ 。

(2) 进行 n 次 Boosting 操作训练。其中每一次按以下过程完成训练与更新。

① 根据预测分类错误样本，计算权重错误率和相关系数。

② 重新分配权重。

③ 更新和归一化权重。

④ 利用相关系数作为权重进行多数投票。

以上过程所涉及的权重错误率、相关系数、更新权重计算、归一化权重计算公式分别如式(8-29)～式(8-32)所示。

权重错误率计算公式为

$$\varepsilon = w \cdot (\hat{y} == y) \tag{8-29}$$

相关系数计算公式为

$$\alpha_j = 0.5\log\frac{1-\varepsilon}{\varepsilon} \tag{8-30}$$

更新权重计算公式为

$$w := w \otimes \exp(-\alpha_j \otimes \hat{y} \otimes y) \tag{8-31}$$

归一化权重计算公式为

$$w := \frac{w}{\sum_i w_i} \tag{8-32}$$

针对单相接地故障的弱学习机分类器算法如下。

```
from sklearn.ensemble import AdaBoostClassifier
tree=DecisionTreeClassifier(criterion='entropy',max_depth=1)
#10 棵树好于 500 棵树
gf_ada=AdaBoostClassifier(base_estimator=tree,n_estimators=10,learni
ng_rate=0.1,random_state=0) gf_ada.fit(X_train,y_train)
print(gf_ada.predict(gf_new))
plot_decision_regions(X,y,classifier=gf_ada,test_idx=range(16,22))
plt.xlabel('Drop percentage AdaBoostClassifier')
plt.ylabel('Ascending mutation value')
plt.legend(loc='upper right')
plt.title('One-phase ground ')
plt.show()
print("Voting Classifier Training set score:{:.2f}".format(gf_ada.score
(X_train,y_train)))
print("Voting Classifier Test set score:{:.2f}".format(gf_ada.score
(X_test,y_test)))
print("Voting Classifier New array Prediction:{}".format(gf_ada.predict
(gf_new)))
```

弱学习机分类器分类曲线如图 8.28 所示。

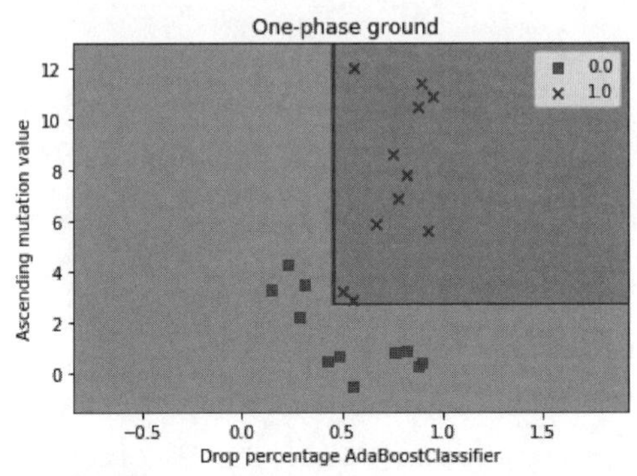


```
Voting Classifier Training set score:1.00
Voting Classifier Test set score:1.00
Voting Classifier New array Prediction:[1.]
```

图 8.28　弱学习机分类器曲线

采用决策树弱学习机制，从自适应弱学习机分类器分类曲线和对新向量的识别结果来看，与神经网络分类器、随机森林分类器和投票集成分类器分类曲线对比，该算法理论上达到最优分类。这是因为弱学习机分类器本质上是从错误的分类样本中学习正确的知识所致。由于该算法在机器学习领域内性能出色，两位算法提出者 Yoav Freund 和 Robert Schapire 于 2003 年分别获得理论计算机科学界最高奖哥德尔奖(Godel Prize)，以表彰他们的突出贡献。

8.4.4 分类器不确定性估计

分类器所做的分类估计到底靠不靠谱、可不可信？这个问题可以用分类估计的概率大小来评价。例如，对于神经网络单相接地故障分类器，可以用 print(gf_mlp.predict_proba(gf_new))语句查看神经网络对新特征向量预测结果的概率计算。该语句输出为[0.1 0.9]，说明类别为 0 的预测概率为 0.1，类别为 1 的预测概率为 0.9，因此系统将新特征向量分到分类为 1 的类别中。

分类的结果概率计算，一般在集成分类器中会用到。通过分类的结果概率计算，可以使投票分类器投出概率最大的分类结果。

8.4.5 机器学习算法汇总

为了使读者能够对本章中的各种算法有更深入的理解，以免遗漏或程序调试不当，特将本章所涉及的代码汇总如下，供读者分析及参考使用。

代码汇总“ground_Classifier.py”

```
# -*- coding: utf-8 -*-
"""
Created on Tue Feb  4 11:12:13 2020
@author: gutao
"""
#import numpy as py
import numpy as np
import matplotlib.pyplot as plt
import pandas as pd
#from sklearn.linear_model import LinearRegression
from sklearn.model_selection import train_test_split
from sklearn.tree import DecisionTreeClassifier
from matplotlib.colors import ListedColormap
from sklearn.neural_network import MLPClassifier#neural network

df1=pd.read_csv('c:\python\ground_feature0.csv')    #it's ok!
data=df1.values
X=data[:,0:2]
y=data[:,2]
X_train,X_test,y_train,y_test=train_test_split(X,y,random_state=10)
```

```
#X_train,X_test,y_train,y_test=train_test_split(X,y,test_size=0.5,ra
ndom_state=10)
'''  决策树训练，接地故障        '''
gf_tree=DecisionTreeClassifier(criterion='entropy',max_depth=3,rando
m_state=0)
gf_tree.fit(X_train,y_train)
print("Tree Training set score:{:.2f}".format(gf_tree.score(X_train,
y_train)))
print("Tree set score:{:.2f}".format(gf_tree.score(X_test,y_test)))
gf_new=np.array([[0.590,15.9]])
print("Tree_New array Prediction:{}".format(gf_tree.predict(gf_new)))
def plot_decision_regions(X, y, classifier, test_idx=None,resolution=
0.02):
    # setup marker generator and color map
    markers = ('s', 'x', 'o', '^', 'v')
    colors = ('red', 'blue', 'lightgreen', 'gray', 'cyan')
    cmap = ListedColormap(colors[:len(np.unique(y))])

    # plot the decision surface
    x1_min, x1_max = X[:, 0].min() - 1, X[:, 0].max() + 1
    x2_min, x2_max = X[:, 1].min() - 1, X[:, 1].max() + 1
    xx1, xx2 = np.meshgrid(np.arange(x1_min, x1_max, resolution),
np.arange(x2_min, x2_max, resolution))
    Z = classifier.predict(np.array([xx1.ravel(), xx2.ravel()]).T)
    Z = Z.reshape(xx1.shape)
    plt.contourf(xx1, xx2, Z, alpha=0.4, cmap=cmap)
    plt.xlim(xx1.min(), xx1.max())
    plt.ylim(xx2.min(), xx2.max())
    # plot all sample
    X_test,y_test=X[test_idx,:],y[test_idx]
    for idx, cl in enumerate(np.unique(y)):
        plt.scatter(x=X[y == cl,0], y=X[y == cl, 1], alpha=0.8,
c=cmap(idx), marker=markers[idx], label=cl)

x_combined=np.vstack((X_train,X_test))
y_combined=np.hstack((y_train,y_test))
plot_decision_regions(X,y,classifier=gf_tree,test_idx=range(16,22))
plt.xlabel('Drop percentage TreeClassifier')
plt.ylabel('Ascending mutation value')
```

```
    plt.legend(loc='upper right')
    plt.title('One-phase ground ')
    plt.show()

    '''  神经网络训练，接地故障          '''
    gf_mlp=MLPClassifier(solver='lbfgs',random_state=0,hidden_layer_size
s=[100]).fit(X_train,y_train)#100
    plot_decision_regions(X,y,classifier=gf_mlp,test_idx=range(16,22))
    plt.xlabel('Drop percentage hidden_layer_sizes=[100]')
    plt.ylabel('Ascending mutation value')
    plt.legend(loc='upper right')
    plt.title('One-phase ground ')
    plt.show()
    #gf_new=np.array([[0.590,1.9]])
    print("Neural network New array Prediction:{}".format(gf_mlp.predict
(gf_new)))
    print("Neural network Training set score:{:.2f}".format(gf_mlp.score
(X_train,y_train)))
    print("Neural network set score:{:.2f}".format(gf_mlp.score(X_test,
y_test)))

    ''' k近邻分类训练，接地故障          '''
    from sklearn.neighbors import KNeighborsClassifier
    gf_knn=KNeighborsClassifier(n_neighbors=1)
    gf_knn.fit(X_train,y_train)
    #gf_new=np.array([[0.59,1.9]])
    gf_prediction=gf_knn.predict(gf_new)
    plot_decision_regions(X,y,classifier=gf_knn,test_idx=range(16,22))
    plt.xlabel('Drop percentage KNN')
    plt.ylabel('Ascending mutation value')
    plt.legend(loc='upper right')
    plt.title('One-phase ground ')
    plt.show()
    print("KNN New array Prediction:{}".format(gf_knn.predict(gf_new)))
    print("KNN Training set score:{:.2f}".format(gf_knn.score(X_train,
y_train)))
    print("KNN set score:{:.2f}".format(gf_knn.score(X_test,y_test)))

    '''  k近邻回归训练，接地故障          '''
```

```
from sklearn.neighbors import KNeighborsRegressor
reg=KNeighborsRegressor(n_neighbors=1)
reg.fit(X_train,y_train)
plot_decision_regions(X,y,classifier=reg,test_idx=range(16,22))
plt.xlabel('Drop percentage KNN_Regressor')
plt.ylabel('Ascending mutation value')
plt.legend(loc='upper right')
plt.title('One-phase ground ')
plt.show()
print("X_test Prediction:{}".format(reg.predict(X_test)))
print("Test set R^2:{:.2f}".format(reg.score(X_test,y_test)))
#gf_new=np.array([[0.59,1.9]])
print("KNeighborsRegressor New array Prediction:{}".format(reg.predict
(gf_new)))

'''   线性回归训练，接地故障        '''
from sklearn.linear_model import LinearRegression
gf=LinearRegression().fit(X_train,y_train)
plot_decision_regions(X,y,classifier=gf,test_idx=range(16,22))
plt.xlabel('Drop percentage LinearRegressor')
plt.ylabel('Ascending mutation value')
plt.legend(loc='upper right')
plt.title('One-phase ground ')
plt.show()
print("gf.coef_:{}".format(gf.coef_))
print("gf.intercept_:{}".format(gf.intercept_))
print("Training set score:{:.2f}".format(gf.score(X_train,y_train)))
print("Test set score:{:.2f}".format(gf.score(X_test,y_test)))
print("LinearRegression  New  array  Prediction:{}".format(gf.predict
(gf_new)))

#gf_new=np.array([[0.59,1.9]])
'''   随机森林训练，接地故障        '''
from sklearn.ensemble import RandomForestClassifier
gf_forest=RandomForestClassifier(criterion='entropy',n_estimators=10
,random_state=1,n_jobs=2)
gf_forest.fit(X_train,y_train)
plot_decision_regions(X,y,classifier=gf_forest,test_idx=range(16,22))
plt.xlabel('Drop percentage RandomForestClassifier')
```

```
plt.ylabel('Ascending mutation value')
plt.legend(loc='upper right')
plt.title('One-phase ground ')
plt.show()
print("RandomForestClassifier Training set score:{:.2f}".format(gf_
forest.score(X_train,y_train)))
print("RandomForestClassifier Test set score:{:.2f}".format(gf_forest.
score(X_test,y_test)))
print("RandomForestClassifier New array Prediction:{}".format(gf_
forest.predict(gf_new)))

from sklearn.tree import export_graphviz
export_graphviz(gf_tree,out_file='tree.dot',feature_names=['Drop
percentage','Ascending mutation value'])
#export_graphviz(gf_forest.estimators_.,out_file='forest.dot',featur
e_names=['petal length','petal width'])

'''   核—SVM 训练，接地故障          '''
from sklearn.svm import SVC
#gamma C 参数影响大，训练时要根据情况处理
gf_svm=SVC(kernel='rbf',random_state=0,gamma=0.10,C=100.0)
gf_svm.fit(X_train,y_train)
plot_decision_regions(X,y,classifier=gf_svm,test_idx=range(16,22))
plt.xlabel('Drop percentage kernel_svm Classifier')
plt.ylabel('Ascending mutation value')
plt.legend(loc='upper right')
plt.title('One-phase ground ')
plt.show()
print("kernel_svm Classifier Training set score:{:.2f}".format(gf_svm.
score(X_train,y_train)))
print("kernel_svm Classifier Test set score:{:.2f}".format(gf_svm.
score(X_test,y_test)))
print("kernel_svm Classifier New array Prediction:{}".format(gf_svm.
predict(gf_new)))

''' 集成分类'''
import numpy as np
from scipy.special import comb#scipy.misc 中的 comb 已移到 scipy.special 中
import math
```

```
def ensemble_error(n_classifier,error):
    k_start=math.ceil(n_classifier/2.0)
    probs=[comb(n_classifier,k)*error**k*(1-error)**(n_classifier-k)
for k in range(k_start,n_classifier+1)]
    return sum(probs)
print(ensemble_error(n_classifier=3,error=0.15))
error_range=np.arange(0.0,1.01,0.01)
ens_errors=[ensemble_error(n_classifier=3,error=error) for error in
error_range]
plt.plot(error_range,ens_errors,label='Ensemble error',linewidth=2)
plt.plot(error_range,error_range,linestyle='--',label='Base
error',linewidth=2)
plt.xlabel('Base error')
plt.ylabel('Base/Ensemble error')
plt.legend(loc='upper left')
plt.grid()

plt.show()
print(np.argmax(np.bincount([0,0,1],weights=[0.2,0.2,0.6])))
print(gf_mlp.predict_proba(gf_new))
print(gf_forest.predict_proba(gf_new))
print(gf_tree.predict_proba(gf_new))
print(gf_knn.predict_proba(gf_new))
ex=np.array([[0.9,0.1],[0.8,0.2],[0.4,0.6]])
print(np.average(ex,axis=0,weights=[0.2,0.2,0.6]))


from sklearn.model_selection import cross_val_score
clf_labels=['Random Forest','Neural Network','Kernel-SVM']
for clf,label in zip([gf_forest,gf_mlp,gf_svm],clf_labels):
    scores=cross_val_score(estimator=clf,X=X_train,y=y_train,cv=5,
scoring='roc_auc')
#cv 值影响每个模型的得分。本例 cv 最大值为 7，超过有问题，不能大于 class 分量
    print("ROC AUC:%0.2f(+/-%0.2f)[%s]" %(scores.mean(),scores.std(),
label))

from sklearn.ensemble import VotingClassifier
gf_voting=VotingClassifier([('gf_forest',RandomForestClassifier(n_es
timators=10)),('gf_mlp',MLPClassifier(solver='lbfgs',random_state=0,hidde
```

```
n_layer_sizes=[100])),('gf_svm',SVC(kernel='rbf',random_state=0,gamma=0.1
0,C=100.0,probability=True))],voting='soft')
    clf_labels+=['Majority Voting']
    all_clf=[gf_forest,gf_mlp,gf_svm,gf_voting]
    for clf,label in zip(all_clf,clf_labels):
        scores=cross_val_score(estimator=clf,X=X_train,y=y_train,cv=5,
scoring='roc_auc')
        print("Diffent Accuracy:%0.2f(+/-%0.2f)[%s]" %(scores.mean(),scores.
std(),label))

    #对于高性能分类器，组合后，性能不低于最低的分类器
    gf_voting.fit(X_train,y_train)
    print(gf_voting.predict(gf_new))

    plot_decision_regions(X,y,classifier=gf_voting,test_idx=range(16,22))
    plt.xlabel('Drop percentage Voting Classifier')
    plt.ylabel('Ascending mutation value')
    plt.legend(loc='upper right')
    plt.title('One-phase ground ')
    plt.show()
    print("Voting Classifier Training set score:{:.2f}".format(gf_voting.
score(X_train,y_train)))
    print("Voting Classifier Test set score:{:.2f}".format(gf_voting.
score(X_test,y_test)))
    print("Voting Classifier New array Prediction:{}".format(gf_voting.
predict(gf_new)))


    #AdaBoost 集成分类器
    from sklearn.ensemble import AdaBoostClassifier
    tree=DecisionTreeClassifier(criterion='entropy',max_depth=1)
    gf_ada=AdaBoostClassifier(base_estimator=tree,n_estimators=10,learni
ng_rate=0.1,random_state=0)#10 棵树好于 500 棵树
    gf_ada.fit(X_train,y_train)
    print(gf_ada.predict(gf_new))
    plot_decision_regions(X,y,classifier=gf_ada,test_idx=range(16,22))
    plt.xlabel('Drop percentage AdaBoostClassifier')
    plt.ylabel('Ascending mutation value')
    plt.legend(loc='upper right')
```

```
    plt.title('One-phase ground ')
    plt.show()
    print("Voting Classifier Training set score:{:.2f}".format(gf_ada.score
(X_train,y_train)))
    print("Voting Classifier Test set score:{:.2f}".format(gf_ada.score
(X_test,y_test)))
    print("Voting Classifier New array Prediction:{}".format(gf_ada.
predict(gf_new)))

    #岭回归
    from sklearn.linear_model import Ridge
    gf_ridge=Ridge(alpha=0.25).fit(X_train,y_train)
    print(gf_ridge.predict(gf_new))
    plot_decision_regions(X,y,classifier=gf_ridge,test_idx=range(16,22))
    plt.xlabel('Drop percentage Ridge alpha=0.25 ')
    plt.ylabel('Ascending mutation value')
    plt.legend(loc='upper right')
    plt.title('One-phase ground ')
    plt.show()
    print("Ridge Training set score:{:.2f}".format(gf_ridge.score(X_train,
y_train)))
    print("Ridge Test set score:{:.2f}".format(gf_ridge.score(X_test,
y_test)))
    print("Ridge New array Prediction:{}".format(gf_ridge.predict(gf_new)))

    #k-均值聚类
    from sklearn.cluster import KMeans
    gf_kmeans=KMeans(n_clusters=2)
    gf_kmeans.fit(X_train)
    plot_decision_regions(X,y,classifier=gf_kmeans,test_idx=range(16,22))
    plt.xlabel('Drop percentage KMeans ')
    plt.ylabel('Ascending mutation value')
    plt.legend(loc='upper right')
    plt.title('One-phase ground ')
    plt.show()
    print(" KMeans Training set score:{:.2f}".format(gf_ridge.score(X_train,
y_train)))
    print(" KMeans Test set score:{:.2f}".format(gf_ridge.score(X_test,
y_test)))
```

```
    print(" KMeans New array Prediction:{}".format(gf_ridge.predict
(gf_new)))

    #Lasso 回归
    from sklearn.linear_model import Lasso
    gf_lasso=Lasso(alpha=0.01,max_iter=100000).fit(X_train,y_train)
    plot_decision_regions(X,y,classifier=gf_lasso,test_idx=range(16,22))
    plt.xlabel('Drop percentage Lasso Regression ')
    plt.ylabel('Ascending mutation value')
    plt.legend(loc='upper right')
    plt.title('One-phase ground ')
    plt.show()
    print(" Lasso Regression Training set score:{:.2f}".format(gf_lasso.
score(X_train,y_train)))
    print(" Lasso Regression Test set score:{:.2f}".format(gf_lasso.
score(X_test,y_test)))
    print(" Lasso Regression New array Prediction:{}".format(gf_lasso.
predict(gf_new)))

    #Logistic 回归
    from sklearn.linear_model import LogisticRegression
    gf_logRegression=LogisticRegression(C=1000).fit(X_train,y_train)
    plot_decision_regions(X,y,classifier=gf_logRegression,test_idx=range
(16,22))
    plt.xlabel('Drop percentage LogisticRegression ')
    plt.ylabel('Ascending mutation value')
    plt.legend(loc='upper right')
    plt.title('One-phase ground ')
    plt.show()
    print("LogisticRegression Training set score:{:.2f}".format(gf_
logRegression.score(X_train,y_train)))
    print("LogisticRegression Test set score:{:.2f}".format(gf_
logRegression.score(X_test,y_test)))
    print("LogisticRegression New array Prediction:{}".format(gf_
logRegression.predict(gf_new)))

    #线性支持向量机
    from sklearn.svm import LinearSVC
    gf_LinearSVC=LinearSVC(C=10000).fit(X_train,y_train)
```

```
    plot_decision_regions(X,y,classifier=gf_LinearSVC,test_idx=range(16,22))
    plt.xlabel('Drop percentage LinearSVC ')
    plt.ylabel('Ascending mutation value')
    plt.legend(loc='upper right')
    plt.title('One-phase ground ')
    plt.show()
    print("LinearSVC Training set score:{:.2f}".format(gf_LinearSVC.score
(X_train,y_train)))
    print("LinearSVC  Test  set  score:{:.2f}".format(gf_LinearSVC.score
(X_test,y_test)))
    print("LinearSVC New array Prediction:{}".format(gf_LinearSVC.predict
(gf_new)))
```

本 章 小 结

(1) 有监督学习是指有明确的分类信息下的数据训练过程，可以进一步划分为分类和回归两种情况。拟合效果好，泛化能力强是建立分类模型的目标。

(2) 掌握 k 近邻回归、线性回归、岭回归、Logistic 回归、线性支持向量机、决策树分类、随机森林算法、神经网络算法、核—SVM 算法、集成学习算法、弱学习机分类器等算法的使用。

(3) 集成学习算法通过投票器理论上可以提高元分类器算法的拟合和泛化性能。弱学习机分类器算法非常适合以 50%概率分类的情况下使用。

习　　题

一、选择题

1. 属于有监督学习任务的有(　　)。

   ①降维　　②分类　　③回归　　④聚类

   A. ①②　　B. ②③　　C. ③④　　D. ①④

2. 下列说法中正确的是(　　)。

   A. 决策树只能用于二分类问题

   B. 神经网络可以用于多分类问题

   C. 有监督学习与无监督学习的主要区别是，有监督学习的训练样本无标签

   D. 分类任务的评价指标精确率和准确率是同一个概念

3. 在 sklearn 包中，关于岭回归模型的说法，错误的是(　　)

   A. 参数 alpha 为正则化因子

   B. solver 用来设置计算参数的方法

C．fit_intercept 表示是否计算截距

D．可以使用 sklearn.model.Ridge 调用岭回归模型

4．sklearn 通过使用 DecisionTreeClassifier 构建决策树，关于其参数描述错误的是(　　)。

A．criterion 是特征选择标准，默认值为 gini

B．max_depth 是决策树最大深度，默认值为 None

C．splitter 是特征划分点选择标准，默认值为 random

D．class_weight 是类别权重，默认值为 None

5．关于有监督学习的说法，错误的是(　　)。

A．线性回归与岭回归有不同的预测公式

B．数据集中包含的数据点的变化范围越大，可以使用的模型就越复杂

C．sklearn 包中的函数 decision_function()和 predict_proba()可用于获取分类器的不确定度估计

D．决策树算法完全不受数据缩放的影响，得到的模型很容易可视化

6．关于分类和回归的说法，错误的是(　　)。

A．分类和回归都可能发生过拟合问题

B．分类和回归都是有监督机器学习问题

C．回归模型只能用来解决回归问题

D．预测结果为有限个离散变量的问题属于分类问题

7．不是造成过拟合原因的有(　　)。

A．训练集样本数过多

B．参数过多，模型过于复杂

C．数据存在噪声

D．模型存在不合理

8．关于 SVM 和 Logistic 回归的说法，错误的是(　　)。

A．Logistic 回归可以预测样本的类别并计算出分类的概率信息

B．Logistic 回归可以用来解决 0/1 分类问题

C．SVM 的核心思想是间隔最大化

D．SVM 可以控制模型复杂度，但并不能避免过拟合问题

9．关于集成学习的说法，错误的是(　　)。

A．各分类器之间相关性较低

B．各分类器之间相关性较高

C．每个分类方法的算法可以相同也可以不同

D．集成学习通过每个分类器的预测进行投票来分类

10．能够解决模型偏差问题的是(　　)。

A．增加特征数量

B．减少特征数量

C．增加数据

D．A 和 C

二、思考题

1．将缺少的代码补全，创建线性回归模型。

```
    import matplotlib.pyplot as plt
    import numpy as np
    from sklearn import linear_model

linear = linear_model.________()
```

2．将缺少的代码补全，创建 k 为 3 的 k 近邻分类器。

```
import numpy as np
from os import listdir
from sklearn import neighbors
knn = neighbors.KNeighborsClassifier(algorithm='kd_tree', __________)
```

三、程序题

利用 sklearn 包自带的波士顿房价数据集，分别采用线性回归、岭回归、Lasso 回归进行模型预测、绘图，并查看准确率。

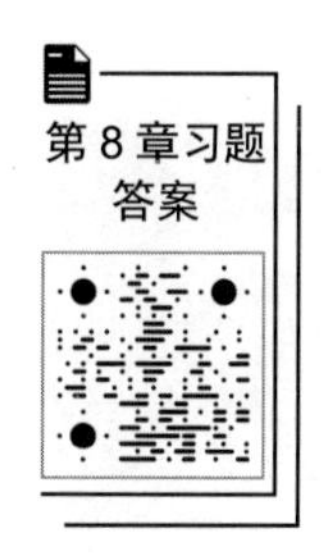

第 9 章 无监督学习与模型泛化

对没有分类标签的样本集分类，可以用无监督学习(unsupervised learning)设计其分类器。在无监督学习中，人们事先并不知道结果会是什么样子的，这种情况下一般可以通过聚类的方式从数据中提取一个特殊的数据结构。本章将介绍常用的 k-均值聚类算法、高斯混合模型、层次聚类、主成分分析、流形学习算法。

评价一个分类模型的好坏还要看其泛化能力，本章将介绍提高分类数据使用效率的交叉验证方法、提高分类器性能的参数网格搜索优化方法。

本章建议 2 个学时。

教学目标

- 无监督学习的概念。
- k-均值聚类。
- 交叉验证方法。
- 网格搜索方法。

教学要求

知识要点	能力要求	相关知识
k-均值聚类	(1) k-均值聚类算法思想; (2) 单相接地故障聚类	k-均值聚类程序设计
高斯混合模型 层次聚类	(1) 高斯混合模型算法思想; (2) 层次聚类算法思想	鸢尾花数据集高斯混合模型、层次聚类程序设计
交叉验证	(1) 分类数据划分有效性; (2) 交叉验证数据划分	数据交叉验证
网格搜索	(1) 模型参数优化; (2) 网络搜索思路	模型参数网格划分

续表

知识要点	能力要求	相关知识
主成分分析	(1) PCA 算法思想;	PCA 程序设计
流形学习	(2) t-SNE 算法思想	t-SNE 程序设计

推荐阅读资料

1. https://www.runoob.com/python/python-tutorial.html (Python 基础教程)
2. https://www.runoob.com/python/python-100-examples.html (Python 环境搭建)
3. 江红，余清松，2017. Python 程序设计与算法基础教程[M]. 北京：清华大学出版社.

未来人工智能

无论你是否关心人工智能技术的发展，未来它都会深刻影响你的生活。随着边缘计算的提出和芯片性能的提高，人工智能技术将会从云端前移到数据采集端。人工智能技术芯片的推出，进一步加快了这种前移的速度。

人工智能技术是一把“双刃剑”。毫无疑问，未来人工智能技术的发展既会给人类带来无尽的便利，也会带来无尽的灾难。当科技被人类滥用时，人工智能技术将会是人类的梦魇。

9.1　无监督学习

9.1.1　*k*–均值聚类算法

无监督学习是指事先并不知道实际的输出和分类结果，要做的就是从一堆数据中尝试找到新的知识。最基本的算法有 *k*–均值聚类算法(*k*-means clustering algorithm)。*k*–均值聚类思路是将每个数据点分配给最近的簇中心，然后将每个簇中心设置为所分配的所有数据点的平均值，当簇的分配不再变化时，算法则结束。

k–均值聚类算法具体可以描述如下。

(1) 任意选择 k 个点，作为初始的聚类中心。

(2) 遍历每个对象，分别对每个对象求与 k 个中心点的距离，把对象划分到与最近的中心所代表的类别中去。

(3) 对于每一个中心点，遍历它们所包含的对象，计算这些对象所有维度的和的中值，获得新的中心点。

(4) 计算当前状态下的损失，如果当前损失比上一次迭代的损失相差大于某一值(如 1)，则继续执行第(2)、(3)步，直到连续两次的损失差为某一设定值为止(达到最优，通常设置为 1)。

聚类是将数据划分为组，这些组称为簇。聚类的目的就是从数据中发现可能的新的规律。

例 9.1

【例 9.1】 单相接地故障 k-均值聚类算法。

```
from sklearn.cluster import KMeans
gf_kmeans=KMeans(n_clusters=2)
gf_kmeans.fit(X_train)
plot_decision_regions(X,y,classifier=gf_kmeans,test_idx=range(16,22))
plt.xlabel('Drop percentage KMeans ')
plt.ylabel('Ascending mutation value')
plt.legend(loc='upper right')
plt.title('One-phase ground ')
plt.show()
print(" KMeans Training set score:{:.2f}".format(gf_ridge.score(X_train,
y_train)))
print(" KMeans Test set score:{:.2f}".format(gf_ridge.score(X_test,
y_test)))
print(" KMeans New array Prediction:{}".format(gf_ridge.predict(gf_new)))
```

k-均值聚类分类曲线如图 9.1 所示。

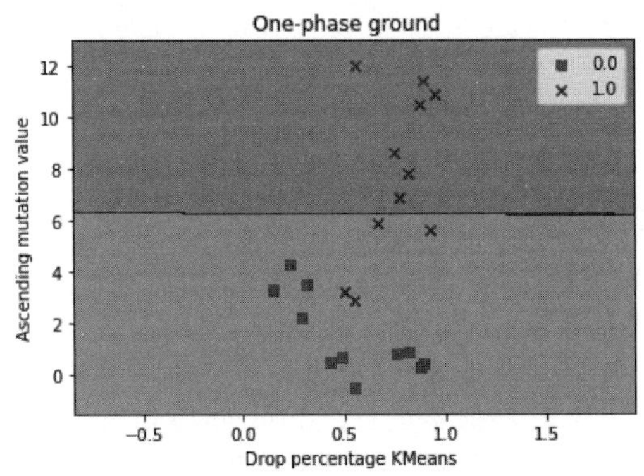


```
KMeans Training set score:0.72
KMeans Test set score:0.49
KMeans New array Prediction:[1.44066823]
```

图 9.1 k-均值聚类分类曲线

这种聚类分类曲线，在解决单相接地故障分类上效果显然并不好，无论是训练数据集还是测试数据集得分都比较低。一部分接地故障案例被错误地划入非接地故障案例中。

9.1.2 新型传染病聚类分析

在一种新型传染病传染的前期阶段，人们尚缺少有效检测方法如核酸检测等去应对，

也不能根据流行病的规模大小来决策是否是一种新型传染病。即使该病例案例丰富，能说明其具有传染性，但由于各种影响因素和决策环节居多，决策者们常有各种考量，最后导致病疫控制错失良机。当该病在局部地区流行起来，往往造成重大社会损失。根据新型病的前期特征，利用医学经验，建立新型病的特征向量，利用机器学习来识别是否是新型传染病，往往不受人为因素的影响。利用 AI 技术，构建新型传染病网络预警系统，具有重大社会意义。

判断一种新型病是否能构成新的传染病类型，其实可以根据医学经验构建出该病前期阶段病例特征向量，一种可能的特征向量构造如下。

```
[同一地方，体温，肺 CT，三天治疗效果，七天治疗效果，14 天增加人数比率，病理相似性，异常级别]
```

该向量由 8 个分量组成，各自的含义如下。

同一地方表示病人是否到过同一地域。1～0 的数据，1 到过核心地带，0 没有。中间数据表示接近核心地带的边缘强度，如 0.7 表示病人接近核心地带边缘。

体温表示人的体温是否正常。1～0 的数据，1 代表高烧，0 代表正常。中间数据表示低烧。

肺 CT(计算机断层扫描)表示病人肺部病理类似度。1～0 的数据。1 代表完全相似，0 代表不相似。中间数据表示相似大小。

三天治疗效果为 1～0 的数据，1 代表恶化，0 代表治愈。中间数据代表病情的轻重分级。

七天治疗效果为 1～0 的数据，1 代表恶化，0 代表治愈。中间数据代表病情的轻重分级。

14 天增加人数比率，按净增加人数除以总人数计算，总人数为历史人数+净增人数。将此数据限制在 1～0。

病理相似性为 1～0 的数据，表示病例之间是否有相似性，1 代表完全相似，0 代表不相似。中间数据代表相似度。

异常级别表示医生认为此病比传统疾病异常与否。1～0 的数据，1 代表异常最大，0 代表不异常。中间数据代表异常烈度。

根据这些特征模拟出一些数据，进行聚类分析，看看是否可以从病例数据特征中推出目前疾病是否能够划归为一类新型传染病。模拟数据如图 9.2 所示。

	A	B	C	D	E	F	G	H
1	same_place	body_T	Lung_CT	ThreeD_result	SevenD_result	14Day_growth_rate	desease_Similarity	abnormal
2	1	1	1	1	1	0.5	0.8	1
3	0	1	0.2	0	0	0.2	0	0
4	0.8	0.9	0.9	0.9	0.9	0.7	0.8	0.8
5	0	1	1	1	1	0.4	1	0.9
6	0.5	0.9	0.2	0.5	0	0.2	0.1	0
7	0.2	0.2	0.9	0.9	0.9	0.6	0.8	0.8
8	0.9	0.9	0.9	0.8	0.7	0.6	0.9	1
9	0.3	0.5	0.2	0.3	0	0.2	0.3	0
10	1	0.2	0	0	0	0.2	0.1	0

图 9.2　新型病例模拟数据

【例 9.2】 一种传染病前期病情 k–均值聚类分析。

文件“desease_1.csv”

传染病前期病情机器识别程序如下。

```
import pandas as pd
da=pd.read_csv('c:\python\desease_1.csv')
data1=da.values
from sklearn.cluster import KMeans
estimator = KMeans(n_clusters=2)    #n_clusters 为簇的个数，分类数目
estimator.fit(data1)
label_pred = estimator.labels_
print(label_pred)
```

程序运行结果如图 9.3 所示。

```
In [53]: runfile('C:/Users/gutao/Desktop/软著/python 机器学习/
desease.py', wdir='C:/Users/gutao/Desktop/软著/python 机器学习')
[0 1 0 0 1 0 0 1 1]
```

图 9.3 传染病前期病情机器识别

由运行结果可以看出，通过两类聚类划分，第一、三、四、六、七条数据划分为了一类，说明这些数据有共同特点，具有新型传染病共同特征。

当有了类标以后，下一步又可以构建出有类标的有监督学习系统，对新的病例进行识别归类。

9.1.3 机器学习模型保存

通过机器学习得到分类模型后，在使用分类模型时不可能每次都再训练一遍。因此已有分类模型参数需要保存，在使用时调用参数即可。保存 Python 分类模型需要用到 joblib 包。在命令窗口中输入“pip install joblib”命令并运行，可以安装 joblib 包。

【例 9.3】 分类模型保存。

将上述分类模型保存到 desease_cluster.pkl 文件中。

```
from sklearn.externals import joblib
joblib.dump(estimator, 'desease_cluster.pkl')    #将 estimator 模型保存到
desease_cluster.pkl 中
des = joblib.load('desease_cluster.pkl')    #读取模型分类数据
print(des.labels_)    #显示分类类标
```

程序运行结果如图 9.4 所示。

```
In [62]: joblib.dump(estimator, 'desease_cluster.pkl')
    ...: des = joblib.load('desease_cluster.pkl')
    ...: print(des.labels_)
[0 1 0 0 1 0 0 1 1]

In [63]: 
```

图 9.4 分类模型保存

【例 9.4】　新病例分类预测。

当通过聚类分析构建出新的分类模型后，就可以对新的病例数据进行分类。

```
x=[1,1,1,1,1,1,1,1] #新病例向量
zz=[x]
print(des.predict(zz)) #新病例预测归类
```

程序运行结果如图 9.5 所示。

```
In [71]: x=[1,1,1,1,1,1,1,1]
    ...: zz=[x]
    ...: print(des.predict(zz))
[0]

In [72]: |
```

图 9.5　新病例分类预测

将以上程序汇合起来，归纳如下。

```
import pandas as pd
da=pd.read_csv('c:\python\desease_1.csv')    #it's ok!
data1=da.values
from sklearn.cluster import KMeans
estimator =KMeans(n_clusters=2)
estimator.fit(data1)
label_pred = estimator.labels_
print(label_pred)
from sklearn.externals import joblib
joblib.dump(estimator, 'desease_cluster.pkl')
des = joblib.load('desease_cluster.pkl')
print(des.labels_)
x=[1,1,1,1,1,1,1,1]
zz=[x]
print(des.predict(zz))
```

程序运行结果如图 9.6 所示。

```
In [70]: runfile('C:/Users/gutao/Desktop/软著/python 机器学习/
desease.py', wdir='C:/Users/gutao/Desktop/软著/python 机器学习')
[0 1 0 0 1 0 0 1 1]
[0 1 0 0 1 0 0 1 1]
[0]
```

图 9.6　病例分类及新病例分类预测

由运行结果可见，使用 dump()函数将分类模型保存在当前目录下的 desease_cluster.pkl 文件中。使用 load()函数将模型参数读出赋值给 des，通过类标和预测函数就可以进行相关操作和新向量的识别，这样就不需要重新训练分类器了。

9.1.4 高斯混合模型

概率论中高斯分布的概率密度函数定义如下。

$$f(x\mid\mu,\sigma^2)=\frac{1}{\sqrt{2\sigma^2\pi}}\mathrm{e}^{-\frac{(x-\mu)^2}{2\sigma^2}}$$

其中，参数μ为均值；σ为标准差，决定分布的幅度。而高斯混合模型(Gaussian Mixture Model，GMM)就是将多个高斯分布进行混合来刻画数据的分布。其公式如下。

$$p(x)=\sum_{i=1}^{K}\phi_i\frac{1}{\sqrt{2\sigma_i^2\pi}}\mathrm{e}^{-\frac{(x-\mu_i)^2}{2\sigma_i^2}}$$

其中，K 表示有 K 个高斯分布；μ_i 和 σ_i 对应第 i 个高斯分布的参数；ϕ_i 为混合系数，且必须为正数，用来表示权重，所有的混合系数之和必须为 1。

当使用 GMM 进行模型训练时，最常用的方法就是期望最大算法(Expectation-Maximization algorithm，EM)。其基本思想是通过模型来计算数据的期望值，并不断更新各个参数使得期望值最大化，通过迭代的方式直到两次迭代中参数变化十分微小为止。

读者可以发现，GMM 的训练过程与 k–均值聚类算法有着很大的相似之处。k–均值聚类算法是不断计算与各个簇中心的距离，并选择最小距离作为自己的类，而 GMM 是不断迭代与每部分之间的概率并选择最大概率作为自己的类。

【例 9.5】 利用鸢尾花数据集进行 GMM 训练。

```
from sklearn.datasets import load_iris
from sklearn.mixture import GaussianMixture
import numpy as np
#加载鸢尾花数据集
iris=load_iris()
X=iris.data
y=iris.target
#构建高斯混合模型
gmm=GaussianMixture(n_components=3)
gmm.fit(X)
#分类结果
label_pred=gmm.predict(X)
#GMM 分类结果与原始分类结果比较
print('GMM 分类结果:\n{}'.format(label_pred))
print('原始分类结果:\n{}'.format(y))
print('GMM set score:{}'.format(np.mean(y==label_pred)))
```

程序运行结果如下。

```
GMM 分类结果:
```

```
[1 1 1 1 1 1 1 1 1 1 1 1 1 1 1 1 1 1 1 1 1 1 1 1 1 1 1 1 1 1 1 1 1 1 1
1 1
 1 1 1 1 1 1 1 1 1 1 1 1 1 0 0 0 0 0 0 0 0 0 0 0 0 0 0 0 0 0 0 2 0 2 0
2 0
 0 0 0 2 0 0 0 0 0 2 0 0 0 0 0 0 0 0 0 0 0 0 0 0 0 0 2 2 2 2 2 2 2 2 2
2 2
 2 2 2 2 2 2 2 2 2 2 2 2 2 2 2 2 2 2 2 2 2 2 2 2 2 2 2 2 2 2 2 2 2 2 2
2 2
 2 2]
原始分类结果:
[0 0 0 0 0 0 0 0 0 0 0 0 0 0 0 0 0 0 0 0 0 0 0 0 0 0 0 0 0 0 0 0 0 0 0
0 0
 0 0 0 0 0 0 0 0 0 0 0 0 0 1 1 1 1 1 1 1 1 1 1 1 1 1 1 1 1 1 1 1 1 1 1
1 1
 1 1 1 1 1 1 1 1 1 1 1 1 1 1 1 1 1 1 1 1 1 1 1 1 1 1 2 2 2 2 2 2 2 2 2
2 2
 2 2 2 2 2 2 2 2 2 2 2 2 2 2 2 2 2 2 2 2 2 2 2 2 2 2 2 2 2 2 2 2 2 2 2
2 2
 2 2]
GMM set score:0.3333333333333333
```

由运行结果可以发现，最后得分情况并不是很理想。但进一步仔细观察输出的分类标签可以发现，GMM 分类结果中标签为“1”的类与原始分类中标签为“0”的类的个数相同，GMM 分类结果中标签为“0”的类与原始分类中标签为“1”的类的个数相同，从标签相对数量上来看，GMM 训练后的分类效果是十分理想的。由于对标签的设置无法和原始数据完全相同，从而造成了这种表面上的不理想效果。其实可以修改代码，将 GMM 分类结果的标签类别表示含义修改为和原始标签相同，再来查看最后的得分情况。

【例 9.6】　改进例 9.5，使 GMM 分类结果的标签类别含义与原始标签含义相同。

```
from sklearn.datasets import load_iris
from sklearn.mixture import GaussianMixture
import numpy as np

#加载鸢尾花数据集
iris=load_iris()
X=iris.data
y=iris.target

#构建高斯混合模型
gmm=GaussianMixture(n_components=3)
```

```
gmm.fit(X)
#分类结果
label_pred=gmm.predict(X)

#定义欧氏距离函数
def distance(a,b):
    dist=np.sqrt(np.sum(np.square(a - b)))
    return dist
#原始均值矩阵
mean=np.array([np.mean(X[y == i], axis=0) for i in range(3)])
#GMM 均值矩阵
gmm_mean=gmm.means_
#调整标签以适应数据集中的标签
label_pred_new=np.zeros(len(y))
for change in range(3):
    dist_min = 100
    for j in range(3):
        #求解均值矩阵 gmm_mean 第 i 行与均值矩阵 mean 的每一行的距离
        dist=distance(np.array(gmm_mean[change]),np.array(mean[j]))
        #找到距离最小的一行进行标记
        if dist<dist_min:
            dist_min=dist
            gmm_target=j
    #构造新的标签分类矩阵
    for l in range(len(label_pred)):
        if label_pred[l]==change:
            label_pred_new[l]=gmm_target
label_pred_new=label_pred_new.astype(int)

#新的标签分类结果与原始分类结果比较
print('GMM 分类结果:\n{}'.format(label_pred_new))
print('原始分类结果:\n{}'.format(y))
print('GMM set score:{}'.format(np.mean(y==label_pred_new)))
```

程序运行结果如下。

```
GMM 分类结果:
[0 0 0 0 0 0 0 0 0 0 0 0 0 0 0 0 0 0 0 0 0 0 0 0 0 0 0 0 0 0 0 0 0 0 0 0
0 0
 0 0 0 0 0 0 0 0 0 0 0 0 0 1 1 1 1 1 1 1 1 1 1 1 1 1 1 1 1 1 1 2 1 2 1
```

```
2 1
    1 1 1 2 1 1 1 1 1 2 1 1 1 1 1 1 1 1 1 1 1 1 1 1 1 1 1 2 2 2 2 2 2 2 2 2
2 2
    2 2 2 2 2 2 2 2 2 2 2 2 2 2 2 2 2 2 2 2 2 2 2 2 2 2 2 2 2 2 2 2 2 2 2 2
2 2
    2 2]
原始分类结果:
[0 0 0 0 0 0 0 0 0 0 0 0 0 0 0 0 0 0 0 0 0 0 0 0 0 0 0 0 0 0 0 0 0 0 0 0
0 0
    0 0 0 0 0 0 0 0 0 0 0 0 1 1 1 1 1 1 1 1 1 1 1 1 1 1 1 1 1 1 1 1 1 1 1 1
1 1
    1 1 1 1 1 1 1 1 1 1 1 1 1 1 1 1 1 1 1 1 1 1 1 1 1 1 1 2 2 2 2 2 2 2 2 2
2 2
    2 2 2 2 2 2 2 2 2 2 2 2 2 2 2 2 2 2 2 2 2 2 2 2 2 2 2 2 2 2 2 2 2 2 2 2
2 2
    2 2]
GMM set score:0.9666666666666667
```

由运行结果可以发现，使用 GMM 进行分类后的结果基本与原分类结果相同。

9.1.5　层次聚类

层次聚类也是聚类算法中的一种，层次聚类分为“自上而下”和“自下而上”两种聚类方法。本节将介绍一种“自下而上”的聚类算法——合成聚类算法。该算法的基本思路如下。

(1) 将每个对象都看成一个聚类。

(2) 计算每个聚类之间的距离，找出距离最小的两个聚类将其归为一类。

(3) 重复步骤(2)，直到将所有聚类归为一类，生成一棵有层次的聚类树。同时需设置类别个数作为迭代终止条件。

【例 9.7】　利用层次聚类对鸢尾花数据集进行聚类分析。

```
from sklearn.datasets import load_iris
from sklearn.cluster import AgglomerativeClustering
import matplotlib.pyplot as plt

iris=load_iris()
X=iris.data

#使用合成聚类算法进行分类
iris_ac=AgglomerativeClustering(n_clusters=3)
iris_ac.fit(X)
```

```
#将分类结果可视化
plt.scatter(X[:,0],X[:,1],c=iris_ac.labels_)
plt.title('AHC Training Result')
plt.xlabel(iris.feature_names[0])
plt.ylabel(iris.feature_names[1])
plt.show()
```

程序运行结果如图 9.7 所示。

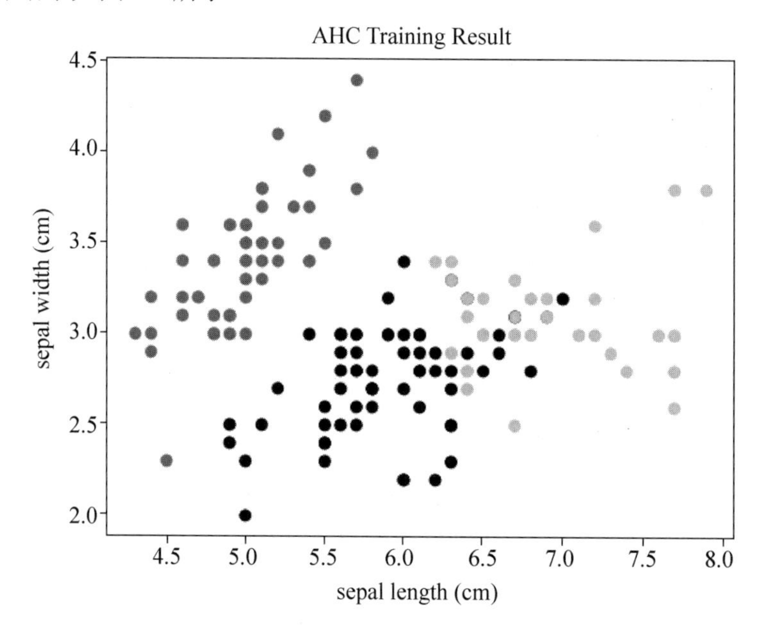

图 9.7　层次聚类法对鸢尾花数据集分类

由运行结果可以发现，该算法在分类上具有较高的可靠性，基本上把 3 种类别的鸢尾花做出了正确分类。

9.2　分类模型泛化

9.2.1　数据划分有效性

学习到此，我们总结一下使用 Python 语言编写有监督学习算法的思路。

(1) 构建训练数据集，数据集可以保存为 CSV 文件格式。

(2) 使用 train_test_split()分割数据集，将数据划分为训练数据集和测试数据集两部分。

(3) 利用 fit()函数在训练数据集上构建模型。

(4) 利用 score()函数在测试数据集上评判分类模型好坏。

使用 train_test_split()函数单次分割数据集，有一个潜在的问题存在，就是某一次分割

的数据结果可能对模型训练有利，也可能不利。为了提高数据使用的效率，可以使用交叉验证方式。这种方法比单次划分训练数据集和测试数据集方法更加全面有效。

交叉验证思路是将数据多次划分，并训练多个模型。例如，5 折交叉验证的思路是将数据大致分为 5 个部分，将 1/5 数据用于测试，4/5 数据用于训练，构建出一个分类模型。然后根据组合的思路，再将另外一组的 1/5 数据用于测试，4/5 数据用于训练，构建出另一个分类模型。如此反复，构建出 5 个分类模型。通过使用交叉验证技术，可以最大化利用数据和提高模型的泛化能力。

对比一下单次划分数据的决策树模型分类与 5 折交叉验证所训练模型的得分差异。决策树模型分类程序如下。

决策树模型分类与 5 折交叉验证所训练模型的得分差异

```
import numpy as np
import matplotlib.pyplot as plt
import pandas as pd
from sklearn.model_selection import train_test_split
from sklearn.tree import DecisionTreeClassifier
from matplotlib.colors import ListedColormap
df1=pd.read_csv('c:\python\ground_feature0.csv')        #it's ok!
data=df1.values
X=data[:,0:2]
y=data[:,2]
X_train,X_test,y_train,y_test=train_test_split(X,y,random_state=10)
gf_tree=DecisionTreeClassifier(criterion='entropy',max_depth=3,random_state=0)
gf_tree.fit(X_train,y_train)
print("Tree Training set score:{:.2f}".format(gf_tree.score(X_train,y_train)))
print("Tree set score:{:.2f}".format(gf_tree.score(X_test,y_test)))
gf_new=np.array([[0.490,1.1]])
print("Tree_New array Prediction:{}".format(gf_tree.predict(gf_new)))
```

程序运行结果如下。

```
Tree Training set score:1.00
Tree set score:1.00
Tree_New array Prediction:[0.]
```

交叉验证程序如下。

```
from sklearn.model_selection import cross_val_score
#为了比较，都用分割后的数据集测试
```

```
scores=cross_val_score(gf_tree,X_train,y_train,cv=5)
#scores=cross_val_score(gf_tree,X,y,cv=5)
print("Cross-validation scores:{}".format(scores))
print("Average cross-validation score:{:.2f}".format(scores.mean()))
```

程序运行结果如下。

```
Cross-validation scores:[1.         1.         1.         0.66666667
0.5       ]
Average cross-validation score:0.83
```

采用交叉验证，可以看到不同模型的得分不一样，平均精度在 83%。也就是说，有 83%的把握可以认为分类器给出的分类结果是正确的，这点与一个模型得分有较大差异。通过这种办法提高了数据使用效能，提高了模型泛化能力。

9.2.2 更有效数据划分

1. 交叉验证分离器

如果想对数据划分进行更细微的控制，可以使用交叉验证分离器对 cv 参数进行设置。通过设置参数后，模型训练得分会大不相同。

```
from sklearn.model_selection import KFold
kfold=KFold(n_splits=5)
score_1=cross_val_score(gf_tree,X_train,y_train,cv=kfold)  #设置cv参数
print("Cross-validation scores:{}".format(score_1))
print("Average cross-validation score:{:.2f}".format(score_1.mean()))
```

程序运行结果如下。

```
Cross-validation scores:[0.25         1.           0.66666667   1.
0.66666667]
Average cross-validation score:0.72
```

由运行结果可以看到，最差的模型得分才达到 0.25，5 个模型的平均得分为 0.72。

2. 打乱交叉验证

在指定求取一个分类模型时，在样本空间设定训练数据集和测试数据集比例，训练一次，然后指定重复模型建立的次数。这种方法与 K 折交叉验证方法在数据划分上有很大区别。

```
from sklearn.model_selection import ShuffleSplit
shuffle_split=ShuffleSplit(test_size=.3,train_size=.7,n_splits=5)
#score_2=cross_val_score(gf_tree,X_train,y_train,cv=shuffle_split)
score_2=cross_val_score(gf_tree,X,y,cv=shuffle_split)
```

```
print("Cross-validation scores:{}".format(score_2))
print("Average cross-validation score:{:.2f}".format(score_2.mean()))
```

程序运行结果如下。

```
Cross-validation scores:[0.57142857 1.         0.57142857 0.71428571
1.        ]
Average cross-validation score:0.77
```

3. 分组交叉验证

为了提高高度相关的向量空间的模型泛化能力，可以使用分组交叉验证方法。这种方法多用在语音识别、病例识别、图像识别中。

```
from sklearn.model_selection import GroupKFold
group=np.transpose(y)
score_3=cross_val_score(gf_tree,X,y,group,cv=GroupKFold(n_splits=2))
print("Cross-validation scores:{}".format(score_3))
print("Average cross-validation score:{:.2f}".format(score_3.mean()))
```

程序运行结果如下。

```
Cross-validation scores:[0. 0.]
Average cross-validation score:0.00
```

由运行结果可以发现，分组交叉验证方法在单相接地故障分类中的效果极其不好。

9.2.3 模型参数优化

1. 网格搜索

参数寻优是算法设计中必须要具有的环节。sklearn 包中提供网格搜索方法，基本可以解决参数最优化问题。该方法将可能的参数进行组合，以查询不同组合参数下的分类器性能。

【例 9.8】 核—SVM 参数网格搜索。

单相接地故障核—SVM 参数网格搜索程序如下。

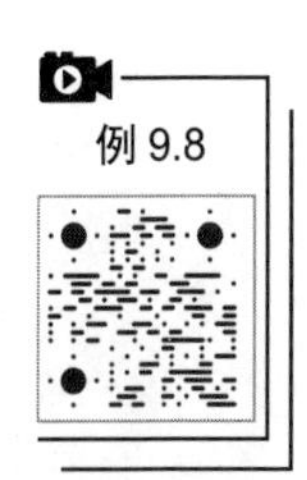


```
import numpy as np
import pandas as pd
from sklearn.svm import SVC
from sklearn.model_selection import train_test_split
df1=pd.read_csv('c:\python\ground_feature0.csv')#it's ok!
data=df1.values
X=data[:,0:2]
y=data[:,2]
```

```
X_train,X_test,y_train,y_test=train_test_split(X,y,random_state=10)
print("Size of training set:{} size of test set :{}".format(X_train.
shape[0],X_test.shape[0]))
best_score=0
for gamma in [0.001,0.01,0.1,1,10,100,500]:
    for C in [0.001,0.01,0.1,1,10,100,500]:
      #gamma 和 C 参数影响大，对每种参数组合都训练一个模型
      gf_svm=SVC(kernel='rbf',random_state=0,gamma=gamma,C=C)
      gf_svm.fit(X_train,y_train)
      #测试集评估 SVC
      score=gf_svm.score(X_test,y_test)
      if score>best_score:
         best_score=score
         parameters={'C':C,'gamma':gamma}


print("Best score:{:.2f}".format(best_score))
print("Best parameters:{}".format(parameters))
```

程序运行结果如下。

```
Size of training set:16 size of test set :6
Best score:1.00
Best parameters:{'C': 100, 'gamma': 0.1}
```

这样，通过组合搜索，可以知道 gf_svm=SVC(kernel='rbf',random_state=0,gamma=0.1, C=100)，能够创建更好的分类模型。

2. 交叉验证网格搜索

为了提高数据集使用效率，提高分类模型泛化能力，并能够得到最优的参数性能，可以联合网格搜索和交叉验证两个技术一起使用。

【例 9.9】 交叉验证网格搜索。

```
import numpy as np
import pandas as pd
from sklearn.svm import SVC
from sklearn.model_selection import cross_val_score
from sklearn.model_selection import train_test_split
df1=pd.read_csv('c:\python\ground_feature0.csv')#it's ok!
data=df1.values
X=data[:,0:2]
y=data[:,2]
```

```
X_train,X_test,y_train,y_test=train_test_split(X,y,random_state=10)
best_score=0
for gamma in [0.001,0.01,0.1,1,10,100,500]:
   for C in [0.001,0.01,0.1,1,10,100,500]:
     #gamma 和 C 参数影响大，对每种参数组合都训练一个模型
     gf_svm=SVC(kernel='rbf',random_state=0,gamma=gamma,C=C)
     #执行交叉验证，求取 5 个模型的得分
     scores=cross_val_score(gf_svm,X,y,cv=5)
     #求平均分
     score=np.mean(scores)
     if score>best_score:
        best_score=score
        parameters={'C':C,'gamma':gamma}
#用最优参数构建模型，并训练模型，求取最后模型泛化得分
svm=SVC(**parameters)
svm.fit(X_train,y_train)
print("Best_Model score:{:.2f}".format(svm.score(X_test,y_test)))
```

程序运行结果如下。

```
Best_Model score:1.00
```

在建立分类模型之前，数据一般还需要预处理，预处理后可以提高模型的性能。MinMaxScaler 类可以实现数据缩放。

【例 9.10】　数据集缩放预处理。

利用 MinMaxScaler 类，数据预处理程序如下。

```
import numpy as np
import pandas as pd
from sklearn.svm import SVC
from sklearn.preprocessing import MinMaxScaler
from sklearn.model_selection import train_test_split
df1=pd.read_csv('c:\python\ground_feature0.csv')#it's ok!
data=df1.values
X=data[:,0:2]
y=data[:,2]
X_train,X_test,y_train,y_test=train_test_split(X,y,random_state=10)
#计算数据的最小最大值
scaler=MinMaxScaler().fit(X_train)
#对训练数据集进行缩放
X_train_scaled=scaler.transform(X_train)
```

```
gf_svm=SVC()
gf_svm.fit(X_train_scaled,y_train)
X_test_scaled=scaler.transform(X_test)
print("Test_Model_
score:{:.2f}".format(svm.score(X_test_scaled,y_test)))
```

缩放预处理后，测试数据集得分如下。

```
Test_Model_ score:0.83
```

此模型效果尚不算佳。一般情况下，数据集过小会导致这种情况出现。

3. 管道使用

还可以构建管道，将数据集缩放与训练模型连接起来，形成一个新的整体。

```
from sklearn.pipeline import Pipeline
#将数据集缩放与训练模型连接起来
pipe=Pipeline([("scaler",MinMaxScaler()),("gf_svm",SVC())])
pipe.fit(X_train,y_train)
print("Pipe_Model_ score:{:.2f}".format(pipe.score(X_test,y_test)))
```

管道模型得分如下。

```
Pipe_Model_ score:0.83
```

9.2.4 主成分分析

主成分分析(principal components analysis，PCA)是一种无监督算法，常用来对数据进行可视化、压缩处理。在生活中，我们所接触到的数据集经常是有两个以上特征的高维数据集，是无法进行散点图绘制的。虽然可以像第 7 章中例 7.2 那样进行散点图矩阵的绘制，但如果数据特征过多，这种方法也同样有很大的缺陷。因此，可以使用主成分分析对数据进行降维处理之后再可视化，而且这样的可视化图像还能看到变量间主要的相互作用。

Python 语言中使用“from sklearn.decomposition import PCA”语句导入 PCA 模块进行主成分分析，其主要参数介绍如下。

n_components 指定 PCA 降维后的特征维度数目。

whiten 指定是否进行白化。

svd_solver 指定奇异值分解的方法，可选值有 4 个，{'auto', 'full', 'arpack', 'randomized'}。

【例 9.11】 使用葡萄酒数据集进行主成分分析并将数据集可视化。

```
from sklearn.datasets import load_wine
from sklearn.preprocessing import StandardScaler
from sklearn.decomposition import PCA
import matplotlib.pyplot as plt
```

```
#加载葡萄酒数据集
wine_data=load_wine()
X=wine_data['data']
y=wine_data['target']

#利用 SrandardScaler 缩放数据集，使特征方差均为 1
scaler=StandardScaler()
scaler.fit(X)
X_scaled=scaler.transform(X)

#主成分分析
#保留前两个主成分
pca=PCA(n_components=2)
#将数据拟合 PCA 模型
pca.fit(X_scaled)

#将数据变化到前两个主成分的方向
X_pca=pca.transform(X_scaled)
print('Original shape:{}'.format(str(X.shape)))
print('Reduced shape:{}'.format(str(X_pca.shape)))

#主成分分析前数据集的二维散点图
for c, i, target_name in zip("rgb", [0, 1, 2], wine_data.target_names):
    plt.scatter(X[y == i, 0], X[y == i, 1], c=c, label=target_name)
plt.xlabel(wine_data.feature_names[0])
plt.ylabel(wine_data.feature_names[1])
plt.legend(loc='best')
plt.show()

#利用前两个主成分绘制数据集的二维散点图
for c, i, target_name in zip("rgb", [0, 1, 2], wine_data.target_names):
    plt.scatter(X_pca[y    ==    i,    0],    X_pca[y    ==    i,    1],    c=c,
label=target_name)
plt.xlabel('First principal component')
plt.ylabel('Second principal component')
plt.legend(loc='best')
plt.show()
```

程序运行结果如下。

```
Original shape:(178, 13)
Reduced shape:(178, 2)
```

由运行结果可以看到，压缩后的维数由 13 降到了 2。在没有降维前 3 类葡萄酒的散点图是混在一起的，降维后数据得到了分离。图 9.8、图 9.9 对比了利用 PCA 算法进行降维处理前后的 3 种数据类别的分离情况。

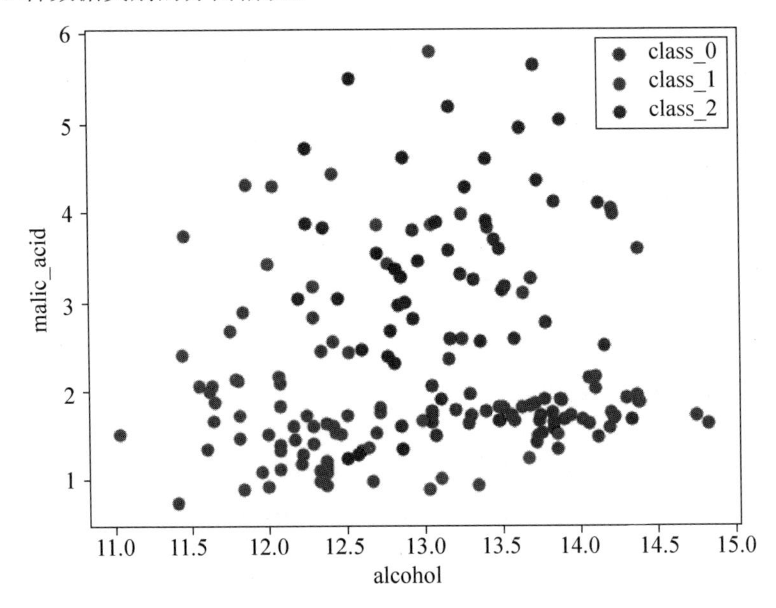

图 9.8　主成分分析前葡萄酒数据集二维散点图

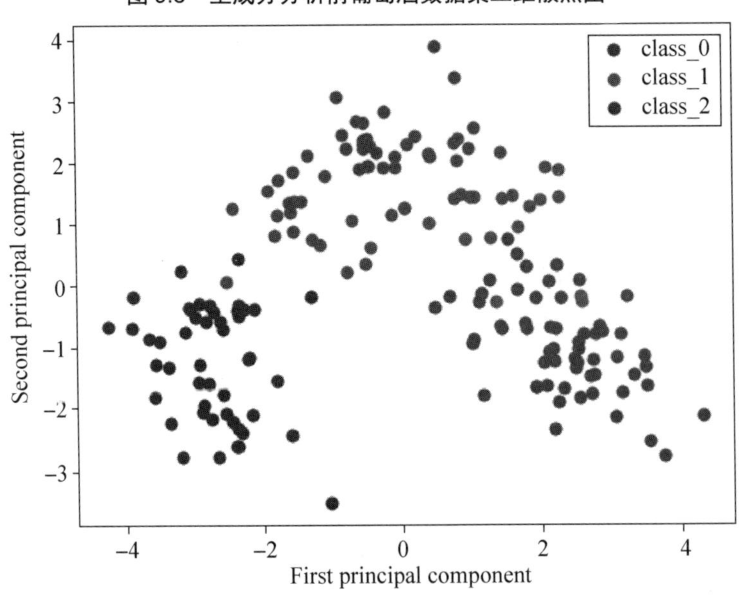

图 9.9　利用前两个主成分绘制葡萄酒数据集二维散点图

【例 9.12】　使用乳腺癌数据集进行 PCA 降维处理并调用逻辑回归对数据进行拟合。

```
#导入各类所需的库
from sklearn.datasets import load_breast_cancer
from sklearn.preprocessing import StandardScaler
from sklearn.decomposition import PCA
from sklearn.model_selection import train_test_split
from sklearn.linear_model import LogisticRegression
import matplotlib.pyplot as plt
import numpy as np
from matplotlib.colors import ListedColormap

#加载乳腺癌数据集
cancer_data=load_breast_cancer()
X=cancer_data['data']
y=cancer_data['target']

#分割数据集
X_train, X_test, y_train, y_test = train_test_split(X, y,random_state=0)
lr=LogisticRegression()
lr.fit(X_train,y_train)

#利用 SrandardScaler 缩放数据集，使特征方差均为 1
scaler = StandardScaler()
X_train_scaled = scaler.fit_transform(X_train)
X_test_scaled = scaler.fit_transform(X_test)

#主成分分析
pca = PCA(n_components=2)
#逻辑回归拟合模型
lr = LogisticRegression()
X_train_pca = pca.fit_transform(X_train_scaled)
X_test_pca = pca.fit_transform(X_test_scaled)
lr.fit(X_train_pca, y_train)

#对训练数据集和测试数据集数据分类结果可视化
plt.subplot(2, 1, 1)
plot_decision_regions(X_train_pca, y_train, classifier=lr)
plt.title('Training Result')
```

```
plt.xlabel('First principal component')
plt.ylabel('Second principal component')
plt.legend(cancer_data.target_names,loc='best')

plt.subplot(2, 1, 2)
plot_decision_regions(X_test_pca, y_test, classifier=lr)
plt.title('Testing Result')
plt.xlabel('First principal component')
plt.ylabel('Second principal component')
plt.legend(cancer_data.target_names,loc='best')
plt.tight_layout()
plt.show()
```

程序运行结果如图 9.10 所示。

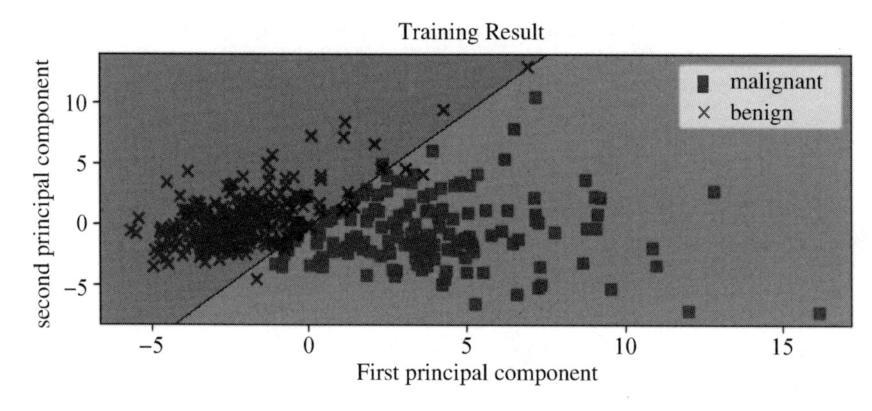

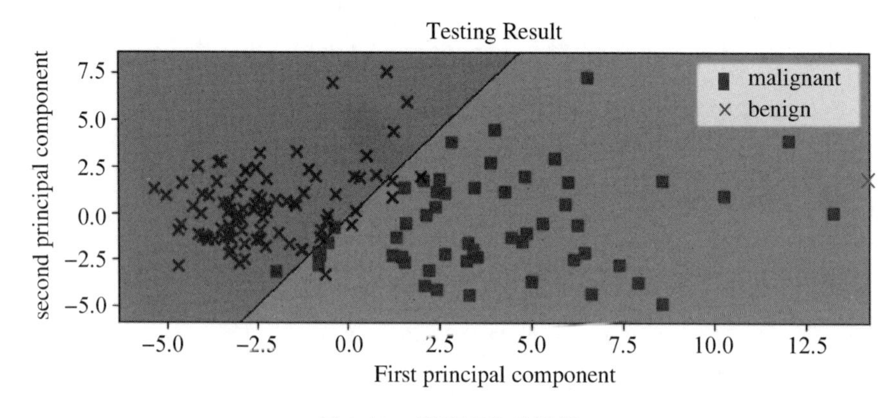

图 9.10　乳腺癌分类结果

由运行结果可以看到，良性用“×”表示，恶性用红色方块表示。通过 PCA 分析后，恶性在图中更加分散。

9.2.5　流形学习

流形学习(manifold learning)也是一种降维算法，是目前研究的热点之一，一样可以用于变换数据，将数据维数降维或数据可视化。但它和 PCA 不同，PCA 是一种线性算法，不能解释特征之间的复杂的多项式关系，而流形学习的基本思想是将高维度原始空间中的某些特征结构通过非线性降维方法在低维度中仍然能够保持。这里介绍流形学习中一种比较好的算法——t-分布随机邻域嵌入(t-distributed stochastic neighbor embedding，t-SNE)算法。该算法是基于在邻域图上随机游走的概率分布来找到数据内部的结构。感兴趣的读者可以参阅其他相关资料研究其具体算法原理，这里不做探讨。

【例 9.13】　t-SNE 流形学习算法的使用。

```
from sklearn.datasets import load_digits
from sklearn.manifold import TSNE
import matplotlib.pyplot as plt

digits=load_digits(n_class=6)     #导入手写字体学习数据
X=digits.data
y=digits.target

#使用 t-SNE 算法构建模型
tsne=TSNE(n_components=2,init='pca',random_state=0)
X_tsne=tsne.fit_transform(X)

#绘制散点图
plt.figure()
c=['red','green','blue','yellow','purple','black']
for i,color in zip(range(len(X)),c):
    p=X[y==i]
    plt.scatter(X_tsne[y==i,0],X_tsne[y==i,1],
               c=color,label=digits.target_names[i])
plt.legend()
plt.xlabel('t-SNE feature 0')
plt.ylabel('t-SNE feature 1')
plt.show()
```

程序运行结果如图 9.11 所示。

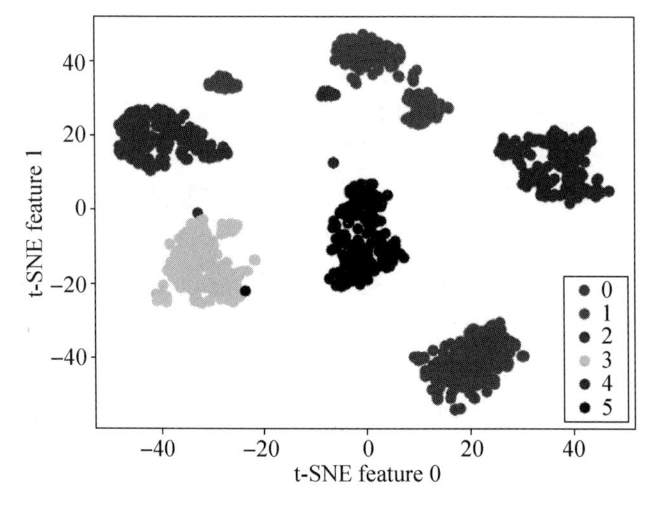

图 9.11　t-SNE 流形学习算法的使用

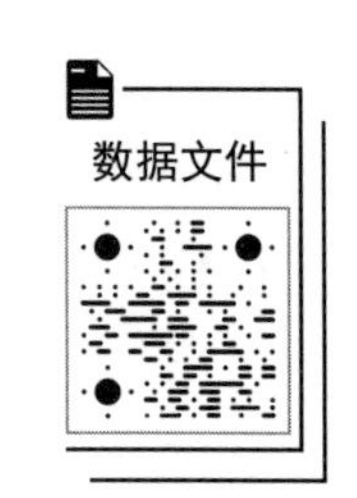

由运行结果可见，通过 t-SNE 模型学习，比较好地将原始数据进行了分类。

本书为读者提供了练习用数据文件 ground_feature1.csv 与 desease.csv(见附录 A、附录 B)，以方便读者更好地进行学习，可扫描二维码进行下载。

本 章 小 结

(1) 无监督学习适合那些没有分类标签的样本集分类，常用 *k*-均值聚类算法、高斯混合模型、层次聚类、主成分分析、流形学习算法实现分类。

(2) 对于新问题、新数据划归探索非常适合用无监督学习算法，本书用新型传染病聚类分析案例进行了说明。

(3) 可以使用交叉验证方法和参数网格搜索方法提高分类数据使用效率和分类器泛化能力。

习　　题

一、选择题

1．不属于无监督学习算法的是(　　)。

A．DBSCAN　　B．*k*-means　　C．KNN　　D．PCA

2．属于 sklearn 包中自带的数据集的是(　　)。

①鸢尾花数据集　②波士顿房价数据集　③手写数字数据集　④糖尿病数据集

A．①②③④　　B．②③④　　C．①②③　　D．①②④

3．关于交叉验证的说法，错误的是(　　)。

A．交叉验证是一种评估泛化性能的统计学方法

B．交叉验证比单次划分训练数据集和测试数据集的方法更加稳定

C．可以使用交叉验证分离器对 cv 参数进行设置

D．可以通过 from sklearn import KFold 语句导入 KFold 分离器类

4．关于网格搜索的说法，错误的是(　　)。

A．网格搜索主要是指尝试用户关心的参数的所有可能组合

B．网格搜索方法基本可以解决参数最优化问题

C．带交叉验证的网格搜索所花费的时间更少，效率更高

D．将交叉验证网格搜索结果可视化有助于理解模型泛化能力对所搜索参数的依赖关系

5．关于管道的说法，错误的是(　　)。

A．通过构建管道，可以将数据集缩放与训练模型连接起来，形成一个新的整体

B．在网格搜索中不可以使用管道

C．可以通过 named_steps 属性访问管道中的步骤

D．使用 make_pipeline()函数可以根据每个步骤所属的类为其自动命名

6．属于数据变换方法的是(　　)。

①StandardScaler　②RobustScaler　③MinMaxScaler　④Normalizer

A．①②③　　B．①②④　　C．②③④　　D．①②③④

7．可以使用 k-均值聚类进行数据分析的是(　　)。

A．分析超市销售数据，找出经常同时购买的产品

B．根据商场某产品销售数据预测该产品未来销售额

C．根据历史气象数据预测未来天气变化情况

D．以上选项都不适用

8．下面的样本特征为二维欧式空间点的二分类问题训练集，用最近邻法和三近邻法对测试样本点(1,1)进行预测的结果分别为(　　)。

样本点	类别
(-1,0)	0
(-1,1)	0
(0,-2)	1
(0,-1)	1
(2,1)	0
(2,-2)	1

A．1,1　　B．1,0　　C．0,1　　D．0,0

9．关于主成分分析的说法，错误的是(　　)。

A．主成分分析是一种无监督机器学习算法

B．使用主成分分析前无须对数据集进行缩放处理

C．进行主成分分析的目的是数据降维

D．第一主成分，第二主成分，……，第 n 主成分之间线性无关

10．关于高斯混合模型的说法，错误的是(　　)。

A．GMM 和 *k*-means 都是常见的聚类算法

B．可以使用最大期望算法来迭代求解模型中子模型的未知参数

C．可以使用最大似然估计对 GMM 参数进行求解

D．GMM 各高斯分量系数之和为 1

二、思考题

1．将缺少的代码补全，将 *k*-均值类实例化，并设置簇个数为 3，然后调用 fit()方法。

```
from sklearn.datasets import make_blobs
from sklearn.cluster import KMeans

X,y=make_blobs(random_state=1)
________________________
________________________
```

2．将缺少的代码补全，获取 data 中每条数据的聚类标签。

```
data = loadData()
km = KMeans(n_clusters=3)
label = km.________(data)
```

第 9 章习题答案

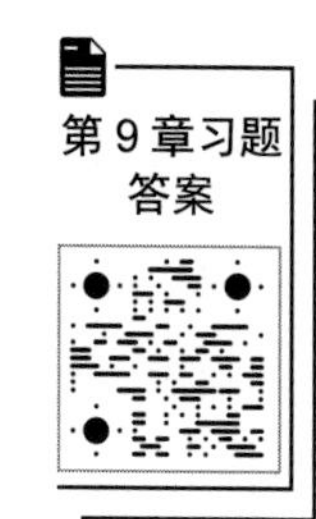

三、程序题

导入鸢尾花数据集，通过 *k*-均值聚类算法实现聚类，并查看聚类效果。若聚类效果不明显，尝试选择新的特征数据进行聚类。(取 k=3)

附录 A

ground_feature1.csv 文件内容如下。

Volt. Drop percentage, Currenr Ascending mutation value, Current Wavelet lifting mutation value, Multiplication of variation, target

```
0.89,    11.4,    13.5,10.2,      1
0.89,    0.4,     0.5,0.35,       0
0.75,    8.6,     14.6,6.45,      1
0.23,    4.3,     7.2,0.98,       0
0.5,     3.2,     8.4,1.6,        1
0.49,    0.7,     1.2,0.343,      0
0.29,    2.2,     3.6,0.638,      0
0.31,    3.5,     5.6,1.085,      0
0.95,    10.9,    18.5,10.355,    1
0.93,    5.6,     12.5,5.208,     1
0.82,    7.8,     16.2,6.396,     1
0.82,    0.9,     1.6,0.73,       0
0.15,    3.3,     7.6,0.495,      0
0.43,    0.5,     1.7,0.215,      0
0.55,    2.9,     4.6,1.595,      1
0.55,    -0.5,    1.2,-0.275,     0
0.78,    6.9,     15.6,5.382,     1
0.76,    0.8,     1.2,0.608,      0
0.88,    10.5,    20.3,9.24,      1
0.88,    0.3,     0.6,0.264,      0
0.67,    5.9,     13.4,3.953,     1
```

附录 B

desease.csv 文件内容如下。

same_place, body_T, Lung_CT, ThreeD_result, SevenD_result, 14Day_growth_rate, desease_Similarity，abnormal,New_infectious_diseases

1,1,1,1,1,0.5,0.8,1,1

0,1,0.2,0,0,0.2,0,0,0

0.8,0.9,0.9,0.9,0.9,0.7,0.8,0.8,1

0,1,1,1,1,0.4,1,0.9,1

0.5,0.9,0.2,0.5,0,0.2,0.1,0,0

0.2,0.2,0.9,0.9,0.9,0.6,0.8,0.8,1

0.9,0.9,0.9,0.8,0.7,0.6,0.9,1,1

0.3,0.5,0.2,0.3,0,0.2,0.3,0,0

1,0.2,0,0,0,0.2,0.1,0,0

参 考 文 献

江红，余青松，2017. Python 程序设计与算法基础教程[M]. 北京：清华大学出版社.

MATTHES E，2016. Python 编程：从入门到实践[M]. 袁国忠，译. 北京：人民邮电出版社.

穆勒，吉多，2018. Python 机器学习基础教程[M]. 张亮，译. 北京：人民邮电出版社.

拉施卡，2017. Python 机器学习[M]. 高明，徐莹，陶虎成，译. 北京：机械工业出版社.

北大版·本科电气类专业规划教材

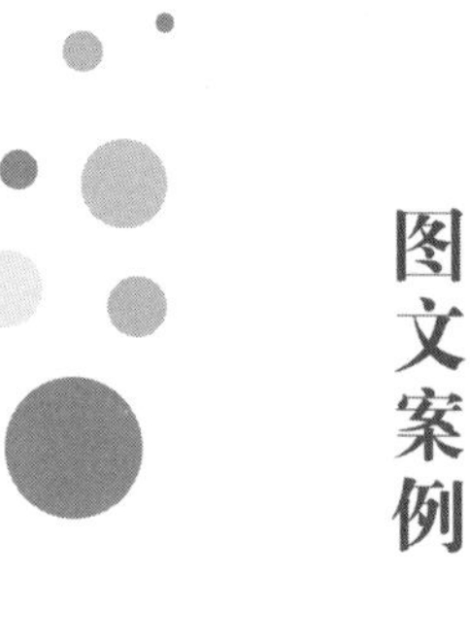
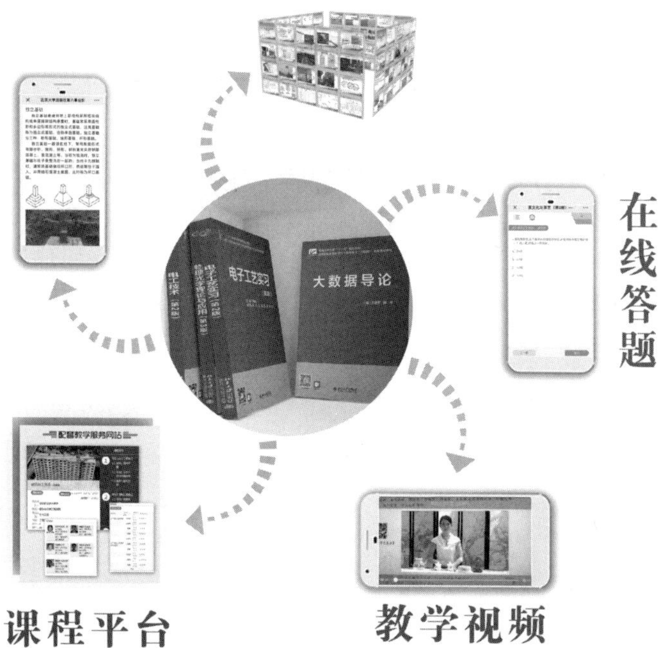

扫码进入电子书架查看更多专业教材，如需申请样书、获取配套教学资源或在使用过程中遇到任何问题，请添加客服咨询。